AULA POLITÈCNICA **ENGINYERIA MECÀNICA**

Mecánica. Problemas

Ramón Capdevila
Jordi Pujol
Jordi Romeu

La presente obra fue galardonada en el quinto concurso
"Ajuts a l'elaboració de material docent" convocado por la UPC.

Primera edición: septiembre de 1998
Segunda edición: septiembre de 2001
Tercera edición: septiembre de 2004
Reimpresión: octubre de 2009

Con la colaboración del Servei de Publicacions de la UPC

Diseño de la cubierta: Ernest Castelltort

©   Los autores, 1998

©   Edicions UPC, 1998
    Edicions de la Universitat Politècnica de Catalunya, SL
    Jordi Girona Salgado 1-3, 08034 Barcelona
    Tel.: 934 137 540   Fax: 934 137 541
    Edicions Virtuals: www.edicionsupc.es
    E-mail: edicions-upc@upc.edu

Producción: LIGHTNING SOURCE

Depósito legal: B-36085-2004
ISBN: 978-84-8301-780-7

Cualquier forma de reproducción, distribución, comunicación pública o transformación de esta obra solo puede ser realizada con la autorización de sus titulares, salvo excepción prevista por la ley. Diríjase a CEDRO (Centro Español de Derechos Reprográficos, www.cedro.org http://www.cedro.org) si necesita fotocopiar o escanear algún fragmento de esta obra.

PRESENTACIÓN

Al plantearse la realización de este libro los autores perseguían una doble finalidad. Por una parte facilitar la consolidación de los conceptos de la mecánica de los sólidos rígidos y por otra potenciar la adquisición de los métodos de trabajo propios de la ingeniería mecánica. El contenido es adecuado, por tanto, para los estudiantes de los cursos introductorios de mecánica, en las titulaciones vinculadas con la ingeniería.

La experiencia adquirida por los autores, en la docencia de la asignatura de Mecánica en una escuela de ingeniería industrial, ha sido la referencia básica y ha permitido recopilar una cantidad importante de material.

En este libro se han introducido dos capítulos adicionales, dedicados a la cinemática del punto el primero y a la dinámica de la partícula el cuarto, que no corresponden a lo que se entiende como mecánica del sólido rígido. Estos temas, a juicio de los autores, sirven de repaso y ayudan a consolidar los conocimientos previos, requisito necesario para una adecuada comprensión de los temas dedicados a la mecánica del sólido y, sobre todo, a la mecánica de los cuerpos rígidos en contacto.

El texto recopila más de 150 enunciados de problemas, de los que muchos han constituido ejercicios de examen en la ETSII de Terrassa a largo del último decenio. Más de la mitad de los problemas propuestos están resueltos y comentados, de los restantes se dan las soluciones en la parte final del libro.

En los diferentes libros de Mecánica que existen en el mercado se observa una tasa de coincidencia, motivada por la adecuación de un determinado dispositivo o sistema para la ilustración de un concepto. También en este libro se produce este hecho, los autores expresan su agradecimiento a todos aquellos autores cuyas ideas les han podido inspirar en alguno de los problemas incluidos en el texto; pero quieren reconocer y agradecer, expresamente, a quienes directamente han contribuido a la producción del material que ha permitido elaborar este texto. Todos ellos han sido o son profesores en la asignatura y se han visto en la obligación de diseñar ejercicios de examen o ejemplos de ilustración para la adecuada comprensión de sus explicaciones por parte de los estudiantes. Es imprescindible señalar a los profesores, D. Josep María Armengol, D. Javier Saluela, D. Gabriel Alarcón, D. Jordi Palmiola, todos ellos Ingenieros Industriales que han aportado materiales muy interesantes fruto de sus experiencias profesionales. Es de justicia reconocer también a D. Eloy Muñoz y a D. Jordi Picañol su trabajo en la preparación de originales, así como el esmerado trabajo de diseño, composición y edición que ha llevado a cabo D. Aleix Rius para la versión definitiva del texto. La aportación económica realizada por el Departamento de Ingeniería Mecánica ha permitido retribuir a quienes han realizado las tareas de trazado y diseño del libro. Los autores agradecen, de antemano, todas aquellos comentarios, sugerencias y aportaciones que puedan hacerse llegar, tanto para subsanar los errores que se hayan producido como para mejorar los razonamientos y exposición de los temas.

Los autores
Terrassa, enero del 2004

ÍNDICE

1. Problemas de cinemática de la partícula
    1.1. Problemas resueltos 1
    1.2. Problemas propuestos 22

2. Problemas de cinemática del espacio
    2.1. Problemas resueltos 25
    2.2. Problemas propuestos 56

3. Problemas de cinemática plana
    3.1. Problemas resueltos 65
    3.2. Problemas propuestos 96

4. Problemas de dinámica de la partícula
    4.1. Problemas resueltos 105

5. Problemas de dinámica del espacio
    5.1. Problemas resueltos 133
    5.2. Problemas propuestos 181

6. Problemas de dinámica plana
    6.1. Problemas resueltos 191
    6.2. Problemas propuestos 218

7. Respuestas a los problemas propuestos 226

1. PROBLEMAS DE CINEMÁTICA DE LA PARTÍCULA

1.1 Problemas resueltos

1.- Un vehículo (A) de guiado de aviones, equipado con una antena de radar, se está moviendo con una velocidad de 70 km./h, que aumenta a razón de 5,4 km./h cada segundo. El sistema de radar localiza la presencia de un avión (B), que vuela en su mismo plano vertical, a una altura de 2000 metros, en la misma dirección y con una celeridad absoluta de 540 km./h. En el instante de la detección la antena inicia el seguimiento del avión. Determinar la velocidad y aceleración angulares de la antena de seguimiento cuando ésta forma un ángulo de 30° con la horizontal

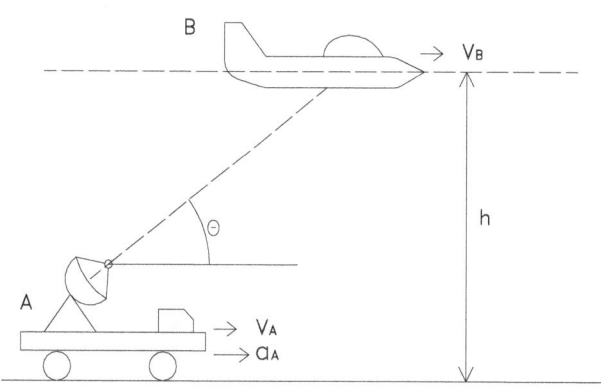

SOLUCIÓN

La referencia que se va a considerar se mueve con el vehículo terrestre. Es, por tanto, una referencia traslacional con velocidad y aceleración conocidas. Para la determinación del movimiento relativo se utilizará una base de coordenadas polares, centrada en la articulación de la antena y con el eje μ_r que pasa, permanentemente, por el avión, mientras que el eje μ_θ será ortogonal al anterior.

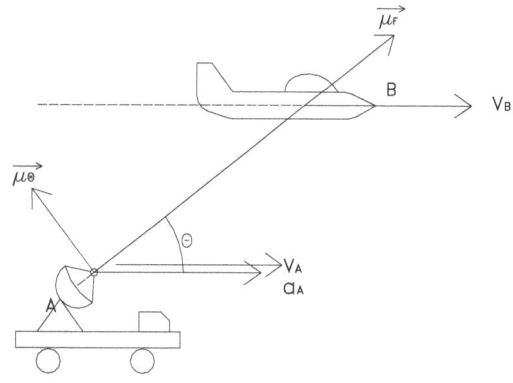

Una vez definida la base de trabajo e identificadas las referencias se podrá escribir:

$$\vec{V}_B = \vec{V}_a + \vec{V}_r \Rightarrow \begin{cases} \vec{V}_a = \vec{V}_A \\ \vec{V}_r = \dot{r}\vec{\mu}_r + r\dot{\theta}\vec{\mu}_\theta \end{cases}$$

en consecuencia, proyectando todos los vectores en la base indicada:

$$\begin{Bmatrix} V_B \cos\theta \\ -V_B \sen\theta \end{Bmatrix} = \begin{Bmatrix} V_A \cos\theta \\ -V_A \sen\theta \end{Bmatrix} + \begin{Bmatrix} \dot{r} \\ r\dot{\theta} \end{Bmatrix}$$

de modo que:

$$\dot{r} = (V_B - V_A)\cos\theta$$

$$\dot{\theta} = \frac{1}{r}(V_A - V_B)\mathrm{sen}\theta$$

En cuanto a las aceleraciones, se seguirá un proceso idéntico al anterior, de manera que se podrá escribir:

$$\vec{a}_B = \vec{a}_a + \vec{a}_r + \vec{a}_c \Rightarrow \begin{cases} \vec{a}_c = 0 \quad \text{Ref. traslacional} \\ \vec{a}_a = \vec{a}_A \\ \vec{a}_r = (\ddot{r} - r\dot{\theta}^2)\vec{\mu}_r + (r\ddot{\theta} + 2\dot{r}\dot{\theta})\vec{\mu}_\theta \end{cases}$$

Como $\mathbf{a_B} = 0$ quedará, proyectando en la base:

$$\begin{Bmatrix} 0 \\ 0 \end{Bmatrix} = \begin{Bmatrix} a_A\cos\theta \\ -a_A\mathrm{sen}\theta \end{Bmatrix} + \begin{Bmatrix} \ddot{r} - r\dot{\theta}^2 \\ r\ddot{\theta} + 2\dot{r}\dot{\theta} \end{Bmatrix}$$

De donde

$$\ddot{r} = r\dot{\theta}^2 - a_A\cos\theta$$

$$\ddot{\theta} = \frac{1}{r}(a_A\mathrm{sen}\theta - 2\dot{r}\dot{\theta})$$

Sustituyendo los valores numéricos, resultará:

$$\begin{array}{l} V_A = 72 \text{ km/h} = 20 \text{ m/s} \\ V_B = 540 \text{ km/h} = 150 \text{ m/s} \\ a_A = 5{,}4 \text{ km/hs} = 1{,}5 \text{ m/s}^2 \\ r = \dfrac{2000}{\mathrm{sen}30} = 4000 \text{ m} \end{array} \Rightarrow \begin{array}{l} \dot{r} = 112{,}58 \text{ m/s} \\ \dot{\theta} = -1{,}625 \cdot 10^{-2} \text{ r/s} \\ \ddot{\theta} = 1{,}1 \cdot 10^{-3} \text{ r/s}^2 \end{array}$$

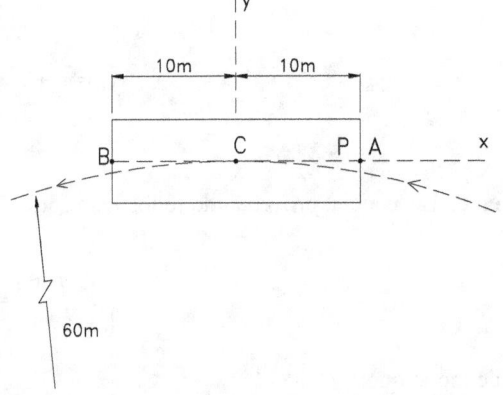

2.- Al tomar una curva sin peralte, con una celeridad uniforme **u**, el centro C del vagón de ferrocarril describe una trayectoria circular de radio ρ. El eje longitudinal del vagón permanece tangente a la circunferencia. Hallar la velocidad absoluta **V_P** de una persona P que camina por el vagón con una celeridad constante **v** relativa al mismo cuando se encuentre en los puntos A, B y C. Para dar los resultados emplear los ejes x-y indicados y solidarios del vagón

SOLUCIÓN

Al existir una referencia en movimiento (el vagón), una partícula que se mueve respecto a ésta (la persona) y pedirse los resultados en tres instantes específicos, el problema puede abordarse por composición de movimientos. Tal como se ha dicho existe una referencia móvil, el vagón, respecto de la cual se produce un movimiento de la persona. La referencia móvil quedará, por lo tanto, caracterizada por la velocidad lineal de uno de sus puntos, C, y por su velocidad y aceleración angulares si existen:

$$\overrightarrow{V_C} = -u\vec{i} \quad,, \quad \vec{\Omega} = \frac{u}{\rho}\vec{k} \quad,, \quad \dot{\vec{\Omega}} = 0$$

dado que la celeridad, **u**, del vagón es constante.

La expresión de la velocidad absoluta de la persona responderá a la expresión general:

$$\overrightarrow{V_P} = \overrightarrow{V_a} + \overrightarrow{V_r}$$

Deberán determinarse los valores de las velocidades de arrastre y relativa en cada una de las posiciones.

A. En esta posición, se supondrá que el movimiento relativo está dirigido hacia C, por lo que:

$$\overrightarrow{V_r} = -v\vec{i}$$

mientras que el movimiento de arrastre será el que tendría el punto A supuesto fijo en el vagón, es decir:

$$\overrightarrow{V_a} = \overrightarrow{V_C} + \vec{\Omega} \times \overrightarrow{CA} = -u\vec{i} + \frac{u}{\rho}\vec{k} \times a\vec{i} = \begin{Bmatrix} -u \\ \dfrac{ua}{\rho} \\ 0 \end{Bmatrix}$$

De modo que la velocidad absoluta resulta:

$$\overrightarrow{V_P} = \begin{Bmatrix} -u-v \\ \dfrac{ua}{\rho} \\ 0 \end{Bmatrix}$$

B. En esta posición, se supondrá que el movimiento relativo está dirigido hacia C en sentido opuesto al caso anterior, por lo que:

$$\overrightarrow{V_r} = v\vec{i}$$

El movimiento de arrastre será el que tendría el punto B supuesto fijo en el vagón, es decir:

$$\overrightarrow{V_a} = \overrightarrow{V_C} + \vec{\Omega} \times \overrightarrow{CB} = -u\vec{i} + \frac{u}{\rho}\vec{k} \times (-a\vec{i}) = \left\{ \begin{array}{c} -u \\ -\dfrac{ua}{\rho} \\ 0 \end{array} \right\}$$

De modo que la velocidad absoluta resulta:

$$\overrightarrow{V_P} = \left\{ \begin{array}{c} v-u \\ -\dfrac{ua}{\rho} \\ 0 \end{array} \right\}$$

C. En esta posición, si se supone que el movimiento relativo está dirigido en el mismo sentido, quedará:

$$\overrightarrow{V_r} = v\vec{i}$$

El movimiento de arrastre será el que tendría el punto C supuesto fijo en el vagón, teniendo en cuenta que el vector $\overleftarrow{CC} = 0$ resultará:

$$\overrightarrow{V_a} = \overrightarrow{V_C} + \vec{\Omega} \times \overrightarrow{CC} = -u\vec{i}$$

De modo que la velocidad absoluta es, en este caso:

$$\overrightarrow{V_P} = \left\{ \begin{array}{c} v-u \\ 0 \\ 0 \end{array} \right\}$$

3.- En el instante indicado, el coche B circula por una curva de radio **r** con una celeridad constante V_B, al propio tiempo el coche A se mueve, por un tramo recto, a una velocidad V_A que está disminuyendo a razón de **a** m/s². Determinar:

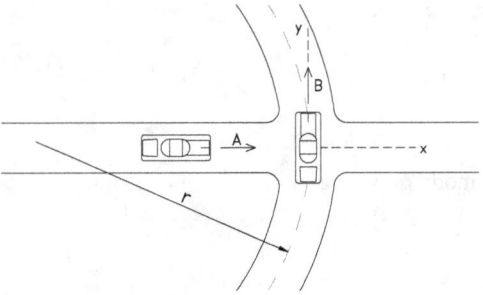

a) La velocidad y aceleración del coche B observadas desde el coche A.

b) La velocidad y aceleración del coche A observadas desde el coche B.

SOLUCIÓN

a) Si la referencia móvil es el vehículo A, los parámetros cinemáticos característicos asociados a su movimiento[1] son:

$$\vec{V_A} = V_A \vec{i} \quad,, \quad \vec{a_A} = a\vec{i} \quad,, \quad \vec{\Omega} = 0$$

El punto B, del que se quiere determinar el movimiento respecto de la referencia A, tiene una velocidad y aceleración absolutas conocidas:

$$\vec{V_B} = V_B \vec{j} \quad,, \quad \vec{a_B} = -\frac{V_B^2}{\rho}\vec{i}$$

Estos valores están relacionados con la velocidad y aceleración relativas mediante las expresiones de la composición de movimientos de modo que

$$\vec{V_B} = \vec{V_a} + \vec{V_r} \Rightarrow \vec{V_r} = \vec{V_B} - \vec{V_a}$$

$$\vec{a_B} = \vec{a_a} + \vec{a_r} + \vec{a_c} \Rightarrow \vec{a_r} = \vec{a_B} - \vec{a_a} - \vec{a_c}$$

Como el movimiento de arrastre no implica cambio de orientación de la referencia móvil, la velocidad de arrastre será

$$\vec{V_a} = V_A \vec{i} \Rightarrow \vec{V_r} = \vec{V_B} - \vec{V_a} = \begin{Bmatrix} 0 \\ V_B \\ 0 \end{Bmatrix} - \begin{Bmatrix} -V_A \\ 0 \\ 0 \end{Bmatrix} = \begin{Bmatrix} -V_A \\ V_B \\ 0 \end{Bmatrix}$$

El hecho de que no exista velocidad angular de la referencia móvil conlleva, así mismo, que la aceleración de coriolis sea nula[2] y, en consecuencia

---

[1] Recuérdese que los parámetros que caracterizan la cinemática de una referencia son la velocidad y aceleración lineales de uno de sus puntos y la velocidad y aceleración angulares de la propia referencia.
[2] Debe recordarse que la aceleración de coriolis surge como consecuencia de que coexistan, en la situación estudiada, movimiento de arrastre con cambio de orientación y movimiento relativo; si cualquiera de los dos no está presente el término de aceleración de coriolis deja de tener sentido y desaparece.

$$\vec{a}_r = \vec{a}_B - \vec{a}_a = \left\{\begin{array}{c} -\dfrac{V_B^2}{\rho} \\ 0 \\ 0 \end{array}\right\} - \left\{\begin{array}{c} -a \\ 0 \\ 0 \end{array}\right\} = \left\{\begin{array}{c} a - \dfrac{V_B^2}{\rho} \\ 0 \\ 0 \end{array}\right\}$$

b) Si la referencia móvil es el vehículo B, los parámetros cinemáticos característicos de su movimiento son:

$$\vec{V}_B = V_B \vec{j} \;\;,\;\; \vec{a}_A = -\dfrac{V_B^2}{\rho}\vec{i} \;\;,\;\; \vec{\Omega} = \dfrac{V_B}{\rho}\vec{k} \;\;,\;\; \dot{\vec{\Omega}} = 0$$

El punto A, del cual quiere determinarse el movimiento respecto de la referencia B, tiene una velocidad y aceleración absolutas conocidas:

$$\vec{V}_A = V_A \vec{i} \;\;,\;\; \vec{a}_A = -a\vec{i}$$

Estos valores están relacionados con la velocidad y aceleración relativas mediante las expresiones de la composición de movimientos, de modo que

$$\vec{V}_A = \vec{V}_a + \vec{V}_r \;\Rightarrow\; \vec{V}_r = \vec{V}_A - \vec{V}_a$$
$$\vec{a}_A = \vec{a}_a + \vec{a}_r + \vec{a}_c \;\Rightarrow\; \vec{a}_r = \vec{a}_A - \vec{a}_a - \vec{a}_c$$

Como el movimiento de arrastre implica cambio de orientación de la referencia móvil, la velocidad de arrastre será

$$\vec{V}_a = \vec{V}_B + \vec{\Omega} \times \vec{BA} = \left\{\begin{array}{c} 0 \\ V_B \\ 0 \end{array}\right\} + \left\{\begin{array}{c} 0 \\ 0 \\ \dfrac{V_B}{\rho} \end{array}\right\} \times \left\{\begin{array}{c} -d \\ 0 \\ 0 \end{array}\right\} = \left\{\begin{array}{c} 0 \\ V_B - \dfrac{V_B d}{\rho} \\ 0 \end{array}\right\}$$

$$\vec{V}_r = \vec{V}_A - \vec{V}_a = \left\{\begin{array}{c} V_A \\ 0 \\ 0 \end{array}\right\} - \left\{\begin{array}{c} 0 \\ V_B - \dfrac{V_B d}{\rho} \\ 0 \end{array}\right\} = \left\{\begin{array}{c} V_A \\ V_B - \dfrac{V_B d}{\rho} \\ 0 \end{array}\right\}$$

El proceso que debe seguirse para la determinación de la aceleración relativa es análogo, si bien debe recordarse que, al existir velocidad angular de la referencia móvil y movimiento relativo a ésta, existirá la aceleración de coriolis además de la aceleración de arrastre; en consecuencia,

$$\vec{a}_r = \vec{a}_A - \vec{a}_a - \vec{a}_c$$

La aceleración de arrastre vale:

$$\vec{a}_a = \vec{a}_B + \vec{\Omega} \times \left(\vec{\Omega} \times \vec{BA} \right) = \left\{ \begin{array}{c} -\dfrac{V_B^2}{\rho} + \dfrac{V_B^2 d}{\rho^2} \\ 0 \\ 0 \end{array} \right\}$$

mientras que la aceleración de coriolis tomará el valor:

$$\vec{a}_c = 2\vec{\Omega} \times \vec{V}_r = 2 \left\{ \begin{array}{c} \dfrac{V_B^2}{\rho} - \dfrac{V_B^2 d}{\rho^2} \\ \dfrac{V_B \cdot V_A}{\rho} \\ 0 \end{array} \right\}$$

de modo que la aceleración relativa será:

$$\vec{a}_r = \left\{ \begin{array}{c} -a - \dfrac{V_B^2}{\rho} + \dfrac{V_B^2 d}{\rho^2} \\ \dfrac{2 V_B \cdot V_A}{\rho} \\ 0 \end{array} \right\}$$

4.- El barco A se dirige hacia el Norte con una celeridad constante V_A, mientras que el B navega con otra celeridad constante V_B girando hacia babor (a la izquierda) a razón constante de ω grados/min. Cuando los barcos están separados **x** millas náuticas en las posiciones que se indican en

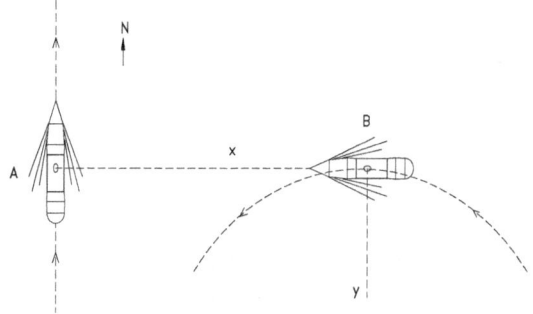

la figura, con B dirigido momentáneamente hacia el Oeste y con su línea de proa cruzando a A, el oficial de B mide la velocidad aparente de A. Hallar esta velocidad y especificar el ángulo β que forma, en sentido horario, con la dirección Norte medido.

SOLUCIÓN

La cuestión que se plantea en este problema es la determinación de la velocidad relativa del punto A respecto a la referencia solidaria del barco B que está describiendo una trayectoria circular y, por tanto, está cambiando su orientación. Los parámetros cinemáticos que caracterizan la referencia móvil:

$$\vec{V_B} = V_B \vec{i} \quad,, \quad \vec{\Omega} = \omega \vec{k}$$

Por otra parte, la velocidad absoluta del buque A es conocida, $\vec{V_A} = -V_A \vec{j}$ y, en consecuencia, se puede determinar la velocidad deseada a partir de la expresión de la composición de velocidades, que permite escribir:

$$\vec{V_A} = \vec{V_a} + \vec{V_r} \Rightarrow \vec{V_r} = \vec{V_A} - \vec{V_a}$$

La velocidad de arrastre es la velocidad del punto A, supuesto perteneciente a la referencia móvil, de modo que

$$\vec{V_a} = \vec{V_B} + \vec{\Omega} \times \vec{BA} = V_B \vec{i} + \begin{Bmatrix} 0 \\ 0 \\ \omega \end{Bmatrix} \times \begin{Bmatrix} x \\ 0 \\ 0 \end{Bmatrix} = \begin{Bmatrix} V_B \\ \omega x \\ 0 \end{Bmatrix}$$

en consecuencia, la velocidad relativa es:

$$V_r = \begin{Bmatrix} 0 \\ -V_A \\ 0 \end{Bmatrix} - \begin{Bmatrix} V_B \\ \omega x \\ 0 \end{Bmatrix} = -\begin{Bmatrix} V_B \\ V_A + \omega x \\ 0 \end{Bmatrix}$$

El ángulo β, por su parte será:

$$\beta = \text{arctg} \frac{V_B}{V_A + \omega x}$$

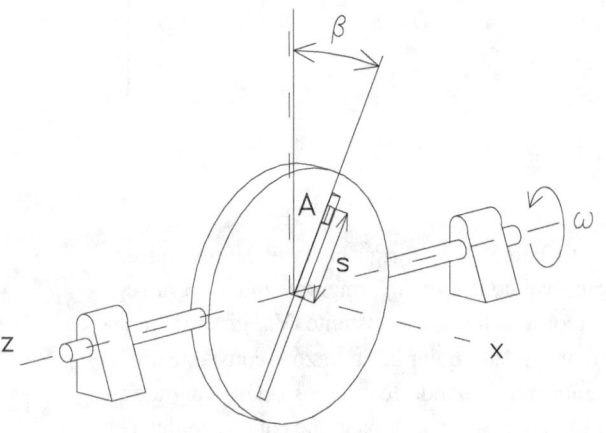

5.- El disco que se ilustra gira, alrededor del eje z, con velocidad angular constante ω. Al mismo tiempo, la corredera A oscila en su ranura con un un desplazamiento dado por s=s₀sen(**2πnt**), donde **n** es la frecuencia de oscilación y **t** el tiempo. Determinar la aceleración **a** de la corredera cuando alcanza la posición extrema **s=s₀** con $\ddot{s}$ negativa, y cuando pasa por la posición **s=0** con $\dot{s}$ positiva. Los ejes x-y-z están ligados al disco

SOLUCIÓN

Este problema se resolverá por composición de movimientos. Se tomará una referencia móvil solidaria del disco, dicha referencia estará animada de una velocidad angular ω dirigida según el eje z positivo, carecerá de aceleración angular, ya que el movimiento se realiza con ω=cte y el eje de rotación permanece fijo en el espacio.

La corredera se mueve por la ranura, inclinada respecto de la dirección y con un movimiento armónico que responde a los parámetros cinemáticos siguientes:

$$s=s_0\,\text{sen}(2\pi nt) \quad,, \quad \dot{s}=s_0\,2\pi n\cos(2\pi nt) \quad,, \quad \ddot{s}=-s_0\,4\pi^2 n^2\,\text{sen}(2\pi nt)$$

Dado que este movimiento se realiza a lo largo de la ranura, y ésta se encuentra inclinada respecto del eje y de la referencia considerada, los valores del vector de posición, velocidad y aceleración de la corredera respecto del disco serán:

$$\vec{r}=s\cos\theta\vec{j}-s\,\text{sen}\theta\vec{k}$$

$$\overrightarrow{v_r}=\dot{s}\cos\theta\vec{j}-\dot{s}\,\text{sen}\theta\vec{k}$$

$$\overrightarrow{a_r}=\ddot{s}\cos\theta\vec{j}-\ddot{s}\,\text{sen}\theta\vec{k}$$

El movimiento de arrastre se reduce al doble producto vectorial de la velocidad angular por el vector de posición; debe recordarse que el centro del disco (origen de la referencia) es un punto fijo y que no existe aceleración angular de arrastre, en consecuencia:

$$\vec{a}_a=\vec{\omega}\times(\vec{\omega}\times\vec{r})$$

La aceleración de coriolis, que existe y es distinta de cero, por cuanto existe velocidad angular de arrastre y velocidad relativa, valdrá:

$$\vec{a}_c=2\vec{\omega}\times\overrightarrow{v_r}$$

Para la posición extrema **s=s₀** se verifica:

$$s=s_0 \Rightarrow \text{sen}(2\pi nt)=1 \Rightarrow \cos(2\pi nt)=0 \Rightarrow \dot{s}=0 \Rightarrow \ddot{s}=-s_0\,4\pi^2 n^2$$

En consecuencia

$$\vec{v}_r = 0 \Rightarrow \vec{a}_c = 0 \quad,, \quad \vec{a}_r = \begin{Bmatrix} 0 \\ -s_0 4\pi^2 n^2 \cos\theta \\ s_0 4\pi^2 n^2 \sen\theta \end{Bmatrix} \quad,, \quad \vec{a}_a = \begin{Bmatrix} 0 \\ -s_0 \omega^2 \cos\theta \\ 0 \end{Bmatrix}$$

Con lo que la aceleración absoluta de la corredera A será:

$$\vec{a}_A = s_0 \begin{Bmatrix} 0 \\ -\left(4\pi^2 n^2 - \omega^2\right)\cos\theta \\ 4\pi^2 n^2 \sen\theta \end{Bmatrix}$$

Para la posición extrema $s=s_0$, con $\dot{s} > 0$ se verifica:

$$s=0 \Rightarrow \sen(2\pi nt)=0 \Rightarrow \cos(2\pi nt)=1 \Rightarrow \dot{s}=s_0 2\pi n \Rightarrow \ddot{s}=0$$

en consecuencia:

$$\vec{v}_r = \begin{Bmatrix} 0 \\ s_0 2\pi n \cos\theta \\ -s_0 2\pi n \sin\theta \end{Bmatrix} = 0 \qquad \vec{a}_a = \vec{a}_r = 0$$

$$\vec{a}_c = 4\pi n s_0 \omega \begin{Bmatrix} \cos\theta \\ 0 \\ 0 \end{Bmatrix} \qquad \vec{a}_A = 4\pi n \sin\theta \omega \begin{Bmatrix} \cos\theta \\ 0 \\ 0 \end{Bmatrix}$$

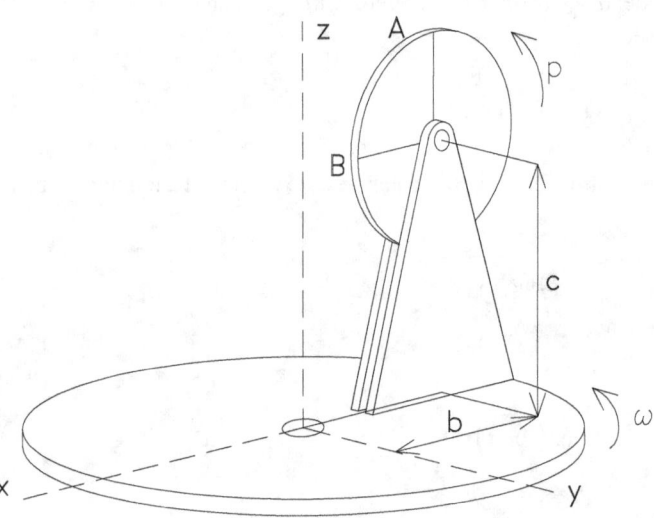

6.- El disco horizontal de la figura gira en torno a su eje vertical con velocidad angular constante ω en el sentido indicado. El disco pequeño, de radio r, gira a su vez en torno a su eje horizontal con celeridad angular constante p relativa al disco grande y en el sentido indicado.

Determinar las aceleraciones de los puntos A y B en el instante representado,

1 Cinemática de la partícula

SOLUCIÓN

Para hallar las aceleraciones de los puntos A y B, en el instante en cuestión, se utilizará una referencia móvil solidaria del disco grande horizontal. El hecho de emplear una referencia móvil implica la necesidad de determinar las aceleraciones de arrastre, relativa y de coriolis, con objeto de realizar la composición de aceleraciones en cada caso. En ambos casos se proyectará sobre la base xyz solidaria de la referencia móvil.

Posición A

Existirá aceleración de arrastre como consecuencia del movimiento del disco horizontal. La aceleración de arrastre será la aceleración que tendría el punto A, en este instante, si fuera solidario de la referencia móvil, en consecuencia:

$$\vec{a}_a^A = \vec{\omega} \times (\vec{\omega} \times \overrightarrow{OA}) = \begin{Bmatrix} 0 \\ 0 \\ \omega \end{Bmatrix} \times \left[\begin{Bmatrix} 0 \\ 0 \\ \omega \end{Bmatrix} \times \begin{Bmatrix} -b \\ 0 \\ c+r \end{Bmatrix} \right] = \begin{Bmatrix} \omega^2 b \\ 0 \\ 0 \end{Bmatrix}$$

La aceleración relativa será la aceleración del punto A con respecto del disco horizontal

$$\vec{a}_r^A = \vec{p} \times (\vec{p} \times \vec{r}_A) = \begin{Bmatrix} 0 \\ p \\ 0 \end{Bmatrix} \times \left[\begin{Bmatrix} 0 \\ p \\ 0 \end{Bmatrix} \times \begin{Bmatrix} 0 \\ 0 \\ r \end{Bmatrix} \right] = \begin{Bmatrix} 0 \\ 0 \\ -p^2 r \end{Bmatrix}$$

Para poder determinar la aceleración de coriolis será necesario hallar, previamente, la velocidad relativa del punto A

$$\vec{V}_r^A = \vec{p} \times \vec{r}_A = \begin{Bmatrix} pr \\ 0 \\ 0 \end{Bmatrix}$$

Por consiguiente:

$$\vec{a}_c^A = 2\vec{\omega} \times \vec{V}_r^A = \begin{Bmatrix} 0 \\ 2p\omega r \\ 0 \end{Bmatrix}$$

lo que lleva a una expresión final para la aceleración del punto A, en este instante.

$$\vec{a}_A = \begin{Bmatrix} \omega^2 b \\ 2p\omega r \\ -p^2 r \end{Bmatrix}$$

Punto B

Existirá aceleración de arrastre como consecuencia del movimiento del disco horizontal. La aceleración de arrastre será la aceleración que tendría el punto B, en este instante, si fuera solidario de la referencia móvil. En consecuencia:

$$\vec{a}_a^B = \vec{\omega} \times (\vec{\omega} \times \overrightarrow{OB}) = \begin{Bmatrix} 0 \\ 0 \\ \omega \end{Bmatrix} \times \left[\begin{Bmatrix} 0 \\ 0 \\ \omega \end{Bmatrix} \times \begin{Bmatrix} -(b-r) \\ 0 \\ c \end{Bmatrix} \right] = \begin{Bmatrix} \omega^2 (b-r) \\ 0 \\ 0 \end{Bmatrix}$$

La aceleración relativa será la aceleración del punto B con respecto del disco horizontal

$$\vec{a}_r^B = \vec{p} \times (\vec{p} \times \vec{r}_B) = \begin{Bmatrix} 0 \\ p \\ 0 \end{Bmatrix} \times \left[\begin{Bmatrix} 0 \\ p \\ 0 \end{Bmatrix} \times \begin{Bmatrix} r \\ 0 \\ 0 \end{Bmatrix} \right] = \begin{Bmatrix} -p^2 r \\ 0 \\ 0 \end{Bmatrix}$$

Para poder determinar la aceleración de coriolis será necesario hallar, previamente, la velocidad relativa del punto A

$$\vec{V}_r^B = \vec{p} \times \vec{r}_B = \begin{Bmatrix} 0 \\ 0 \\ -pr \end{Bmatrix}$$

por consiguiente, al ser la velocidad relativa de B, en este instante, paralela a la velocidad angular de la referencia móvil, la aceleración de coriolis será nula. Por tanto:

$$\vec{a}_B = \begin{Bmatrix} \omega^2 (b-r) - p^2 r \\ 0 \\ 0 \end{Bmatrix}$$

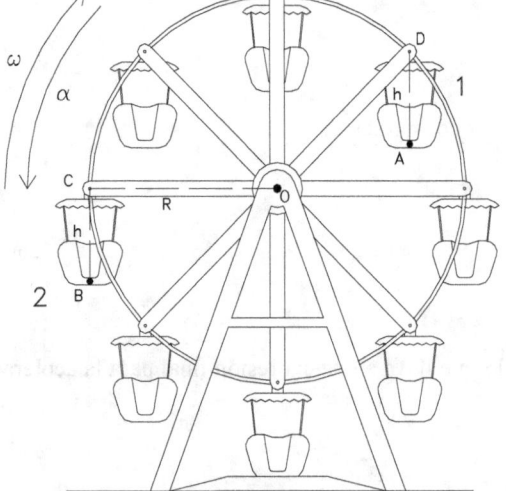

7.- La figura muestra una noria de feria que gira con velocidad angular ω. En el instante que ilustra la figura, empieza una desaceleración de un valor α. Las cabinas están distribuidas uniformemente.

Se pide:

    a) Determinar el valor α para que la cabina 1 quede detenida en la plataforma de acceso.

b) Velocidad y aceleración absolutas del punto A.
c) Velocidad y aceleración de A respecto a la cabina 2.

SOLUCIÓN

a) En el instante que se ilustra se inicia un proceso de desaceleración, que se supondrá con deceleración constante, y que debe conducir a la detención cuando la noria haya recorrido $3\pi/4$ radianes. Durante el proceso de frenado se verifica:

$$\omega_f = \omega_0 - \alpha t$$

$$\theta = \omega_0 t - \frac{1}{2}\alpha t^2$$

En el momento de la detención, transcurrido el giro de $3\pi/4$ radianes, la velocidad angular debe ser nula y en consecuencia $\omega_f=0$, por lo que:

$$0 = \omega_0 - \alpha t \implies t = \frac{\omega_0}{\alpha}$$

$$\frac{3\pi}{4} = \omega_0 \frac{\omega_0}{\alpha} - \frac{1}{2}\alpha\left(\frac{\omega_0}{\alpha}\right)^2 = \frac{\omega_0^2}{2\alpha}$$

En consecuencia:

$$\alpha = \frac{2\omega_0^2}{3\pi} \quad r/s$$

b) El movimiento de la noria es tal que las cabinas se encuentran en traslación curvilínea; en consecuencia, la velocidad y aceleración de todos sus puntos es la misma y, más concretamente, la velocidad y aceleración del punto A son idénticas a las del punto D que se halla en la periferia de la rueda. En consecuencia, la velocidad y aceleración serán, proyectadas en la base x,y que se indica:

$$\vec{V_A} = \omega R \sen 45\,\vec{i} - \omega R \cos 45\,\vec{j} = \omega R \frac{\sqrt{2}}{2}\vec{i} - \omega R \frac{\sqrt{2}}{2}\vec{j}$$

$$\vec{a_A} = -R\left(\omega^2 \cos 45 + \alpha \sen 45\right)\vec{i} - R\left(\omega^2 \sen 45 - \alpha \cos 45\right)\vec{j}$$

c) La cabina 2 está en movimiento de traslación curvilínea. No está, por tanto, animada de velocidad o aceleración angulares absolutas. Su movimiento queda caracterizado por la velocidad y aceleración lineales de uno de sus puntos y valen:

$$\vec{V}=\omega R\vec{j} \quad,, \quad \vec{a}=\omega^2 R\vec{i}-\alpha R\vec{j}$$

Si se toma como referencia móvil la cabina 2, el movimiento del punto A (determinado en el apartado anterior) puede calcularse por composición de movimientos, de modo que:

$$\vec{a}_A = \vec{a}_a + \vec{a}_r + \vec{a}_c$$

Como la referencia móvil no presenta velocidad angular, no existirá aceleración de coriolis, por lo que la aceleración relativa que se busca valdrá:

$$\vec{a}_r = \vec{a}_A - \vec{a}_a \Rightarrow \vec{a}_r = \frac{R\sqrt{2}}{2}\begin{bmatrix} -(\omega^2+\alpha) \\ -(\omega^2-\alpha) \end{bmatrix} - R\begin{bmatrix} \omega^2 \\ -\alpha \end{bmatrix}$$

8.- El avión 1 gira en torno al eje Oz vertical, mientras que el avión 2 se mueve horizontalmente y en línea recta (paralelamente al eje x) a una altura **h** respecto al primer avión. El módulo de la velocidad de C es **v** conocida en el instante de la figura. A su vez, se conoce el valor de su derivada temporal $\dot{v}$ en el instante considerado. El punto B del avión 1 también tiene los mismos valores de **v** y $\dot{v}$. Calcular, utilizando la base de la figura:

a) Velocidad del punto C que observa el piloto del otro avión.
b) Aceleración del punto C relativa a 1.

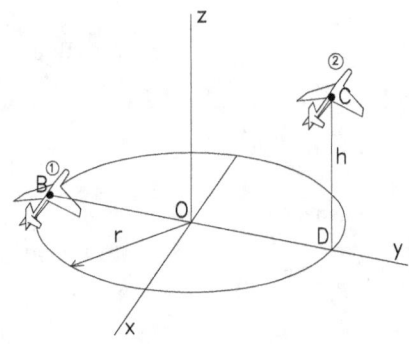

SOLUCIÓN

En este problema se trata de determinar el movimiento relativo del punto C a una referencia móvil solidaria del avión B. La referencia solidaria de B esta animada de una velocidad y una aceleración lineales del propio punto B y de una velocidad angular dado que describe una trayectoria circular. Como dicha trayectoria la describe con una velocidad de módulo variable ello implica que la referencia móvil está animada también de una aceleración angular, de modo que:

$$\vec{V}_B=-V\vec{i} \quad,, \quad \vec{a}_B=-\dot{V}\vec{i}+\frac{V^2}{r}\vec{j} \quad,, \quad \vec{\Omega}_{Ref}=-\frac{V}{r}\vec{k} \quad,, \quad \dot{\vec{\Omega}}_{Ref}=-\frac{\dot{V}}{r}\vec{k}$$

El punto C se mueve con una velocidad y una aceleración absolutas conocidas

$$\vec{V}_C=-V\vec{i} \quad,, \quad \vec{a}_C=-\dot{\vec{v}}$$

Por otra parte, por composición de movimientos se sabe que:

$$\vec{V}_C = \vec{V}_a + \vec{V}_r \Rightarrow \vec{V}_r = \vec{V}_C - \vec{V}_a$$

La velocidad de arrastre es:

$$\vec{V}_a = \vec{V}_B + \vec{\Omega}_{ref} \times \overrightarrow{BC} \Rightarrow \vec{V}_a = \begin{Bmatrix} -V \\ 0 \\ 0 \end{Bmatrix} + \begin{Bmatrix} 0 \\ 0 \\ -\dfrac{V}{r} \end{Bmatrix} \times \begin{Bmatrix} 0 \\ 2r \\ h \end{Bmatrix} = \begin{Bmatrix} V \\ 0 \\ 0 \end{Bmatrix}$$

De modo que

$$\vec{V}_r = \vec{V}_C - \vec{V}_a = \begin{Bmatrix} -V \\ 0 \\ 0 \end{Bmatrix} - \begin{Bmatrix} V \\ 0 \\ 0 \end{Bmatrix} = \begin{Bmatrix} -2V \\ 0 \\ 0 \end{Bmatrix}$$

Para determinar la aceleración relativa, se recurrirá también a la composición de movimientos, de modo que:

$$\vec{a}_C = \vec{a}_a + \vec{a}_r + \vec{a}_c \Rightarrow \vec{a}_r = \vec{a}_C - \vec{a}_r - \vec{a}_c$$

La aceleración de arrastre valdrá:

$$\vec{a}_a = \vec{a}_B + \vec{\Omega}_{ref} \times \left(\vec{\Omega}_{ref} \times \overrightarrow{BC}\right) + \dot{\vec{\Omega}}_{ref} \times \overrightarrow{BC}$$

$$\vec{a}_a = \begin{Bmatrix} -\dot{v} \\ \dfrac{v^2}{r} \\ 0 \end{Bmatrix} + \begin{Bmatrix} 0 \\ 0 \\ -\dfrac{V}{r} \end{Bmatrix} \times \left[\begin{Bmatrix} 0 \\ 0 \\ -\dfrac{V}{r} \end{Bmatrix} \times \begin{Bmatrix} 0 \\ 2r \\ h \end{Bmatrix} \right] + \begin{Bmatrix} 0 \\ 0 \\ -\dfrac{\dot{V}}{r} \end{Bmatrix} \times \begin{Bmatrix} 0 \\ 2r \\ h \end{Bmatrix}$$

La aceleración de coriolis será:

$$\vec{a}_c = 2\vec{\Omega}_{ref} \times \vec{V}_r = \begin{Bmatrix} 0 \\ 4\dfrac{v^2}{r} \\ 0 \end{Bmatrix}$$

De modo que

$$\vec{a}_r = \begin{Bmatrix} -2\dot{v} \\ -3\dfrac{v^2}{r} \\ 0 \end{Bmatrix}$$

9.- La plumilla del trazador, que se representa de forma esquemática, se mueve sobre su guía a una velocidad V. Mientras tanto, el tambor de arrastre está girando alrededor de su eje con una velocidad angular ω constante. Se pide determinar la velocidad, V, de la plumilla en función del ángulo girado por el tambor, para que quede dibujada en el papel situado sobre el tambor una función armónica de amplitud **A** y pulsación **k**.

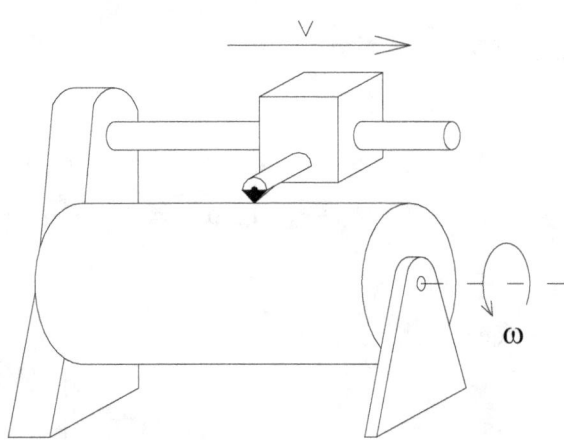

SOLUCIÓN

El movimiento que se estudia es el movimiento de la plumilla respecto del tambor (hoja de papel), que es el que ha de ser capaz de trazar una función armónica de amplitud A y pulsación **k**. Considerando como referencia móvil el tambor, la velocidad absoluta de la plumilla podrá expresarse como suma de la velocidad de arrastre con el tambor y de la velocidad relativa a éste, de modo que:

$$\vec{V}=\vec{V}_a+\vec{V}_r$$

Se considerará el sistema de ejes que se ilustra en la figura: con el eje x en la dirección paralela a la generatriz del cilindro, el eje y perpendicular al anterior y contenido en un plano horizontal y el eje z de forma que defina un triedro dextrógiro con los anteriores.

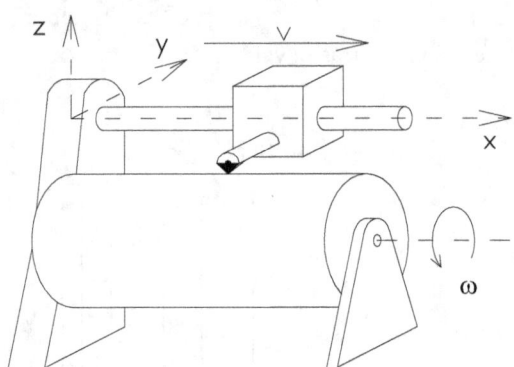

Dado que tanto la velocidad absoluta de la plumilla como la velocidad de arrastre son conocidas podrá escribirse:

$$\vec{V}_r=\vec{V}-\vec{V}_a=V\vec{i}+\omega r\vec{j}$$

Supóngase que, en esta referencia, la función armónica que se quiere representar es:

$$x=A\,\text{sen}\,ky$$

Diferenciando la expresión, se obtiene:
$$dx=Ak\cos ky\,dy$$

De modo que,

$$\frac{dx}{dy}=Ak\cos ky$$

Por otra parte, la aplicación de la derivación sucesiva (regla de la cadena) lleva a:

$$\frac{dx}{dt} = \frac{dx}{dy} \cdot \frac{dy}{dt}$$

Donde:

$$\frac{dx}{dt} = V \quad,, \quad \frac{dy}{dt} = \omega r$$

Por consiguiente,

$$V = Ak\cos ky \cdot \omega r$$

si se considera que

$$\frac{dy}{dt} = r\frac{d\theta}{dt} \Rightarrow dy = rd\theta \Rightarrow y = r\theta$$

De modo que la velocidad de la plumilla deberá ser:

$$V = Ak\omega r \cos kr\theta$$

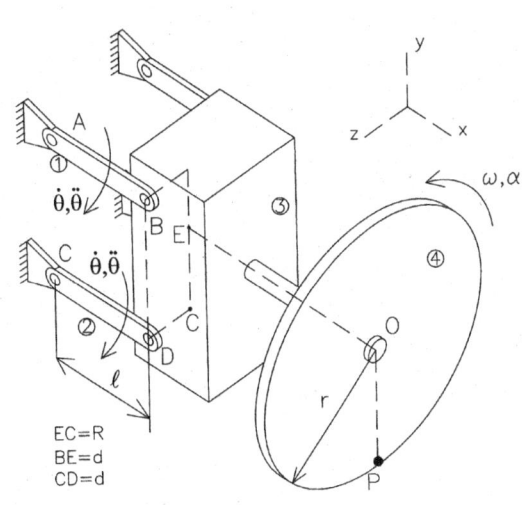

10.- En el dispositivo de la figura las barras giran con velocidad angular $\dot{\theta}$ y aceleración angular $\ddot{\theta}$ conocidas. En el mismo instante, el disco 4 gira respecto a la plataforma 3 con ω y α conocidas. Determinar, razonadamente, en el instante considerado (especificando en cada apartado la referencia móvil):

a) Aceleración $\vec{a}_p^a$ de arrastre de P si la referencia móvil es el brazo 1).
b) Aceleración $\vec{a}_p^r$ de P relativa a la plataforma 3).
c) Aceleración absoluta de P.

SOLUCIÓN

a) En este primer apartado, la referencia móvil es solidaria de la barra 1), mientras que la referencia fija es el laboratorio. En consecuencia, la referencia móvil está animada de una velocidad angular $\dot{\theta}$ y de una aceleración angular $\ddot{\theta}$. La aceleración de arrastre del punto P será, según la definición de movimiento de arrastre, la aceleración que tendría el punto P supuesto solidario de la barra 1) y moviéndose con ésta. Por tanto:

b)

$$\vec{a}_a^P = \vec{\ddot{\theta}} \times \left(\vec{\dot{\theta}} \times \overrightarrow{AP}\right) + \vec{\ddot{\theta}} \times \overrightarrow{AP}$$

En la base propuesta, los vectores, en este instante, son:

$$\overrightarrow{AP} = \begin{Bmatrix} l+h \\ -(R+r) \\ 0 \end{Bmatrix} \;,\; \vec{\dot{\theta}} = \begin{Bmatrix} 0 \\ 0 \\ -\dot{\theta} \end{Bmatrix} \;,\; \vec{\ddot{\theta}} = \begin{Bmatrix} 0 \\ 0 \\ -\ddot{\theta} \end{Bmatrix}$$

De modo que la aceleración de arrastre es:

$$\vec{a}_a^P = \begin{Bmatrix} -\dot{\theta}^2(l+h) - \ddot{\theta}(R+r) \\ \dot{\theta}^2(R+r) - \ddot{\theta}(l+h) \\ 0 \end{Bmatrix}$$

b) En el segundo apartado, la referencia móvil será solidaria al cuerpo 3). Éste se encuentra en movimiento de traslación curvilínea y no tiene ni velocidad ni aceleración angulares (se mantiene continuamente paralelo a sí mismo). El único movimiento que tiene el punto P es de rotación alrededor del eje del disco (dirección x), de modo que:

$$\vec{a}_r^P = \begin{Bmatrix} 0 \\ \omega^2 r \\ -\alpha r \end{Bmatrix}$$

c) En el tercer caso, para determinar la aceleración absoluta del punto P se utilizara la referencia móvil solidaria del cuerpo 3), cuyo movimiento se ha dicho que era de traslación curvilínea. El hecho de que el movimiento de arrastre sea estrictamente de traslación y que, por tanto, no exista velocidad angular de arrastre significa que la aceleración de coriolis es nula y reduce el movimiento de arrastre al de traslación de cualquier punto del bloque 3). En consecuencia, en el instante de la figura, la aceleración de arrastre será la del punto C, de modo que:

$$\vec{a}_a^P = \begin{Bmatrix} -\dot{\theta}^2 l \\ -\ddot{\theta} l \\ 0 \end{Bmatrix}$$

Añadiéndole a este término, la aceleración relativa calculada en el apartado anterior y recordando que la aceleración de coriolis es nula, quedará:

$$\vec{a}_a^P = \begin{Bmatrix} -\dot{\theta}^2 l \\ \omega^2 r - \ddot{\theta} l \\ -\alpha r \end{Bmatrix}$$

11.- La corredera A se mueve en la ranura al mismo tiempo que el disco gira en torno a su centro O con celeridad angular ω, considerada positiva en el sentido opuesto al de las agujas del reloj. Determinar las componentes **x** e **y** de la aceleración absoluta de A conociendo el valor de ω, $\dot{\omega}$, θ, $\dot{\theta}$ y $\ddot{\theta}$.

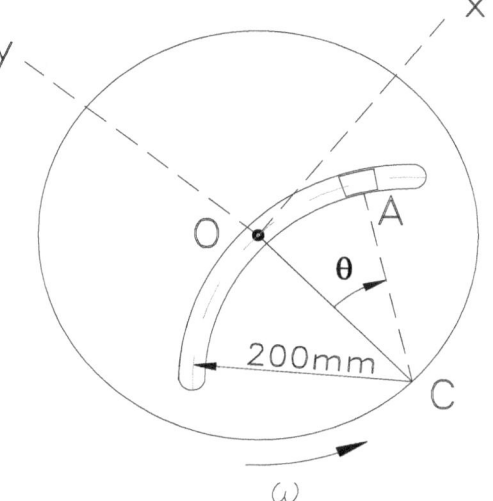

SOLUCIÓN

Dado que la corredera se mueve por el interior de la ranura practicada en el disco giratorio, la forma más adecuada de resolver el problema es la composición de movimientos. Para hacerlo se considerará una referencia móvil solidaria del disco, lo que permitirá definir las siguientes magnitudes cinemáticas:

$$\vec{\Omega} = \omega \vec{k}$$

$$\overrightarrow{v_r} = -\dot{\theta} R\cos\theta \vec{i} + \dot{\theta} R\sen\theta \vec{j}$$

$$\overrightarrow{a_r} = -\left(\ddot{\theta} R\cos\theta + \dot{\theta}^2 R\sen\theta\right)\vec{i} + \left(\ddot{\theta} R\sen\theta - \dot{\theta}^2 R\cos\theta\right)\vec{j}$$

$$\overrightarrow{OA} = R\sen\theta \vec{i} - R(1-\cos\theta)\vec{j}$$

que se han proyectado sobre la base (O,xy), que se indica en la figura.

Si se tiene en cuenta que el punto O es fijo y que el disco (referencia móvil) no está sometido a ninguna aceleración angular, la aceleración de arrastre será

$$\overrightarrow{a_a} = \vec{\Omega} \times \left(\vec{\Omega} \times \overrightarrow{OA}\right) = \begin{Bmatrix} -R\omega^2 \sen\theta \\ R\omega^2 (1-\cos\theta) \end{Bmatrix}$$

Dado que la referencia móvil está animada de una velocidad angular y la corredera A presenta un movimiento relativo al disco, existirá también aceleración de coriolis:

$$\overrightarrow{a_A} = 2\vec{\Omega} \times \vec{v}_r = 2 \begin{Bmatrix} 0 \\ 0 \\ \omega \end{Bmatrix} \times \begin{Bmatrix} -\dot{\theta}R\cos\theta \\ \dot{\theta}R\sin\theta \\ 0 \end{Bmatrix} = 2 \begin{Bmatrix} -\omega\dot{\theta}\sin\theta \\ -\omega\dot{\theta}\cos\theta \\ 0 \end{Bmatrix}$$

En consecuencia la aceleración de la corredera A será:

$$\overrightarrow{a_A} = \begin{Bmatrix} -R\omega^2\sin\theta - 2\omega\dot{\theta}R\sin\theta - \ddot{\theta}R\cos\theta - \dot{\theta}^2 R\sin\theta \\ R\omega^2(1-\cos\theta) - 2\omega\dot{\theta}R\cos\theta + \ddot{\theta}R\sin\theta - \dot{\theta}^2 R\cos\theta \\ 0 \end{Bmatrix}$$

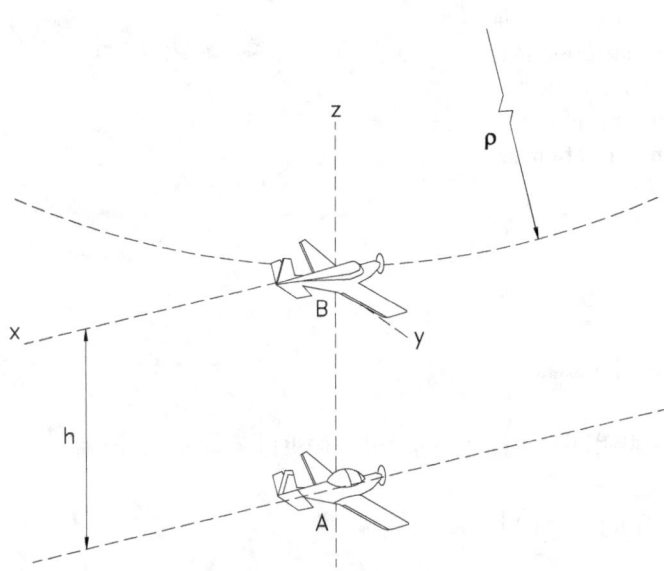

12.- En el punto más bajo de un rizo circular, el avión B lleva una velocidad constante. El avión A, que vuela horizontalmente en el plano del rizo, pasa a unos metros por debajo de B a una velocidad constante de **v**. En este instante y con los ejes x-y indicados solidarios de B, hallar la aceleración que aparenta llevar A para el piloto de B.

SOLUCIÓN

El objetivo del problema reside en encontrar el valor de la aceleración del avión A respecto a la referencia solidaria del avión B, que está describiendo un rizo vertical. Ello implica que dicha referencia móvil está sometida a un cambio de orientación y que, por consiguiente, presenta velocidad angular. En estas condiciones los parámetros cinemáticos que caracterizan el movimiento de la referencia B son, expresados en la base indicada,

$$\overrightarrow{V_B} = -V_B \vec{i} \quad,, \quad \overrightarrow{a_B} = \frac{V_B^2}{\rho}\vec{k} \quad,, \quad \vec{\Omega} = \frac{V_B}{\rho}\vec{j} \quad,, \quad \dot{\vec{\Omega}} = 0$$

Por otra parte la velocidad y aceleración absolutas del avión A son conocidas y valen respectivamente:

$$\overrightarrow{V_A} = -v\vec{i} \quad,, \quad \overrightarrow{a_A} = 0$$

Si se recuerda la expresión de la composición de aceleraciones $\vec{a}_A = \vec{a}_a + \vec{a}_r + \vec{a}_c$ puede deducirse que la aceleración que se está buscando es:

$$\vec{a}_r = \vec{a}_A - \vec{a}_a - \vec{a}_c$$

De modo que deberan determinarse las aceleraciones de arrastre y de coriolis para, restadas de la aceleración absoluta de A, determinar la aceleración solicitada.

Para hallar la aceleración de coriolis será necesario encontrar, previamente, la velocidad relativa de A respecto de la referencia B. Para ello se procederá, respecto a las velocidades, de forma análoga. De esta manera resultará:

$$\overrightarrow{V_r} = \overrightarrow{V_A} - \overrightarrow{V_a}$$

Como la velocidad de arrastre es:

$$\overrightarrow{V_a} = \overrightarrow{V_B} + \vec{\Omega} \times \overrightarrow{BA} = -V_B \vec{i} + \frac{V_B}{\rho}\vec{j} \times (-h\vec{k}) = -V_B\left(1 + \frac{h}{\rho}\right)\vec{i}$$

la velocidad relativa quedará:

$$\overrightarrow{V_r} = \overrightarrow{V_A} + \overrightarrow{V_a} = \left[V_B\left(1 + \frac{h}{\rho}\right) - v\right]\vec{i}$$

Por lo que concierne a las aceleraciones, resultará:

$$\overrightarrow{a_a} = \overrightarrow{a_B} + \vec{\Omega} \times \left(\vec{\Omega} \times \overrightarrow{BA}\right) + \dot{\vec{\Omega}} \times \overrightarrow{BA} = \frac{V_B^2}{\rho}\left(1 + \frac{h}{\rho}\right)\vec{k}$$

$$\overrightarrow{a_c} = 2\vec{\Omega} \times \overrightarrow{V_r} = -2\left[\frac{V_B^2}{\rho}\left(1 + \frac{h}{\rho}\right) - \frac{V_B v}{\rho}\right]\vec{k}$$

De modo que la aceleración relativa solicitada será:

$$\overrightarrow{a_r} = \overrightarrow{a_A} - \overrightarrow{a_a} - \overrightarrow{a_c} = \frac{V_B}{\rho}\left[V_B\left(1 + \frac{h}{\rho}\right) - 2v\right]\vec{k}$$

1.2. Problemas propuestos

13.- Los ejes x-y-z son los ligados a la estación espacial, la cual da vueltas a velocidad constante Ω alrededor del eje x. Determinar la aceleración del punto A en el extremo del panel solar si, en el instante representado, los paneles se están desplegando a razón de ω_1 rad/s cte., el panel forma un angulo θ con la vertical, y el eje x pasa por

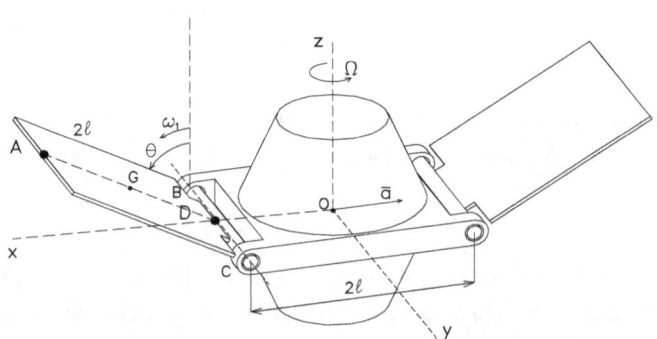

el centro de la Tierra. El centro de masa G de la estación espacial tiene una aceleración $\vec{a}$ dirigida hacia el centro de la Tierra que se considera fijo en el espacio.

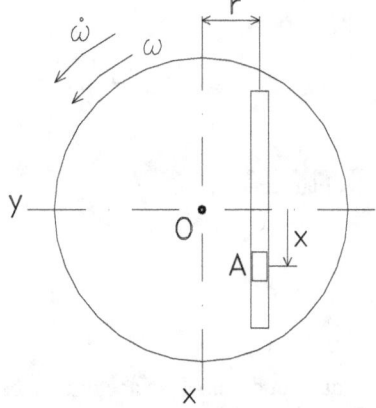

14.- La corredera A se mueve en la ranura al mismo tiempo que el disco gira en torno a su centro O con velocidad y aceleración angular ω, considerados positivos en el sentido opuesto al de las agujas del reloj. Determinar las componentes **x** e **y** de la aceleración absoluta de A, conociendo el valor de ω, $\dot{\omega}$, x, $\dot{x}$ e $\ddot{x}$.

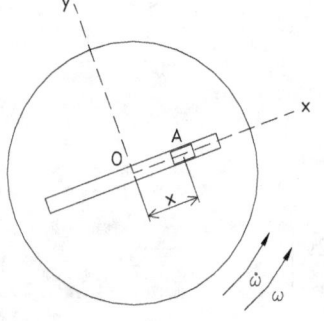

15.- El disco con la ranura radial gira alrededor de O con una aceleración angular $\dot{\omega}$ conocida cuando el cursor A se mueve con una celeridad constante de $\dot{x}$ relativa a la ranura, durante un cierto intervalo de su movimiento. Si la celeridad angular del disco es ω en el instante en que el cursor pasa por el centro de rotación O del disco, determinar la aceleración del cursor en este momento

16.- Un helicóptero, que vuela con velocidad horizontal v_0 y con el eje de su rotor inclinado un ángulo γ respecto a la vertical, según se ve en la figura, se prepara para un ascenso vertical disminuyendo γ a la velocidad constante de ω rad/s. Al mismo tiempo, la velocidad de O disminuye en a_0 por unidad de tiempo. Escribir las expresiones de la velocidad y aceleración del punto B en el extremo de una de las palas cuando ésta cruza el eje x en la posición indicada. Los ejes xyz están ligados al helicóptero. El eje y perpendicular al plano de la figura, el eje z coincide con el eje del rotor. La velocidad angular del rotor es **p**, constante y en el sentido de las agujas del reloj, según se ve por encima.

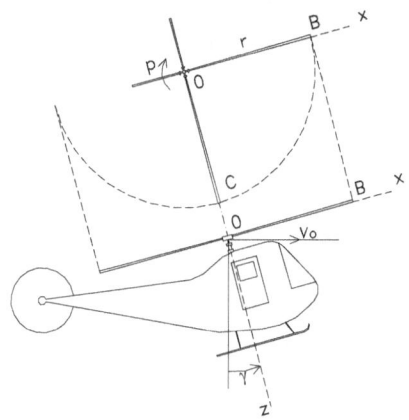

17.- En el punto más alto de su trayectoria vertical, un determinado cohete realiza una maniobra angular rápida para orientar su proa hacia abajo para el regreso a la Tierra. En el instante representado se conocen los valores de θ, $\dot{\theta}$ y se considera el valor de $\ddot{\theta}$ despreciable. El centro de masa G tiene una aceleración $\vec{a}$ dirigida hacia abajo. Determinar para este instante la aceleración de un punto A de la periferia de un disco de diámetro **d** que gira en torno al eje del cohete con celeridad constante **p** relativa al cohete y que en ese instante cruza el **eje x**. El cohete no presenta rotación propia alrededor de su eje. Los ejes x-z están ligados al cohete y en el plano vertical.

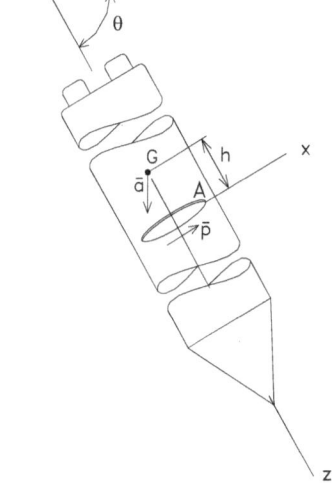

2. PROBLEMAS DE CINEMÁTICA DEL ESPACIO

2.1. Problemas resueltos

1.- El cono 1 rueda sin deslizamiento sobre el cono fijo 2. Ambos conos tienen una abertura de 120°. El ángulo φ girado por la recta CA, perpendicular al eje z, viene dado en función del tiempo por la expresión $\varphi = \frac{1}{2}kt^2$ donde k es constante. Sabiendo que OA= ℓ, determinar para el instante de la figura y utilizando la base de proyección indicada:

a) Velocidad angular $\vec{\omega}$ del cono móvil y velocidad angular $\vec{\omega}_r$ del mismo cono en torno de su eje OA.
b) Aceleración angular del cono móvil.
c) Velocidad y aceleración del punto B del cono móvil.

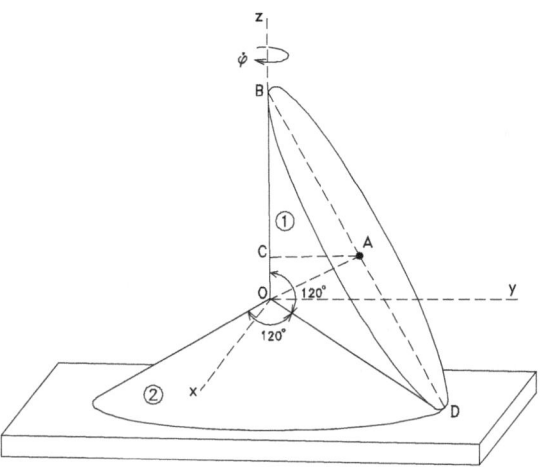

SOLUCIÓN

a) Como el cono 1 rueda sin deslizar, los puntos de la línea OD tendrán velocidad nula; por tanto, el eje instantáneo de rotación (conjunto de puntos de velocidad mínima) será la recta OD. Dado que la velocidad angular $\vec{\omega}$ del cono tiene la dirección de dicho eje, tendremos en la base indicada:

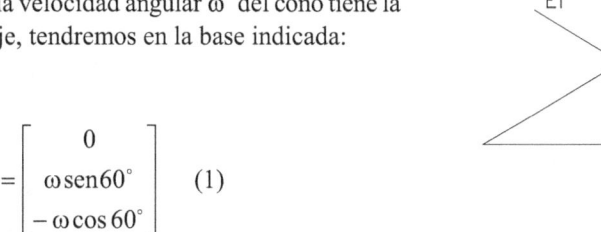

$$\vec{\omega} = \begin{bmatrix} 0 \\ \omega \, \mathrm{sen} 60° \\ -\omega \cos 60° \end{bmatrix} \quad (1)$$

donde ω es incógnita.

El cono, para el observador del plano OAC, gira en torno al eje OA, que para él es fijo; por tanto, su velocidad angular ω_r relativa a dicho plano tiene la dirección de OA. Es decir,

$$\vec{\omega}_r = \begin{bmatrix} 0 \\ \omega_r \, \mathrm{sen} 60° \\ \omega_r \cos 60° \end{bmatrix} \quad (2)$$

donde ω_r es desconocida.

La velocidad angular del plano OAC es $\vec{\varphi}$, o sea:

$$\vec{\varphi} = \begin{bmatrix} 0 \\ 0 \\ -\dot{\varphi} \end{bmatrix} \quad (3)$$

donde $\dot{\varphi} = kt$.

Pero la velocidad angular absoluta del cono es la suma de la relativa al plano OAC y la propia del plano, o sea,

$$\vec{\omega} = \vec{\omega}_r + \vec{\varphi} \quad (4)$$

Sustituyendo las expresiones dadas por (1), (2) y (3) en (4) e igualando componentes, se obtiene el sistema de ecuaciones:

$$\left. \begin{array}{r} \omega \operatorname{sen} 60° = \omega_r \operatorname{sen} 60° \\ -\omega_r \cos 60° = \omega \cos 60° - \dot{\varphi} \end{array} \right\}$$

cuya solución es:

$$\omega = \omega_r = \dot{\varphi}$$

Por tanto las respuestas pedidas serán:

$$\vec{\omega} = \begin{bmatrix} 0 \\ \dot{\varphi} \operatorname{sen} 60° \\ -\dot{\varphi} \cos 60° \end{bmatrix} (5), \vec{\omega}_r = \begin{bmatrix} 0 \\ \dot{\varphi} \operatorname{sen} 60° \\ \dot{\varphi} \cos 60° \end{bmatrix}$$

donde debe sustituirse $\dot{\varphi}$ por su valor kt.

b) Las expresiones que acabamos de obtener para la velocidad angular absoluta y la relativa del cono son genéricas, es decir, válidas en cualquier instante, en el supuesto de que la base de proyección (con direcciones x, y, z) de la figura sea *solidaria al plano OAC*. En efecto, la sección del dispositivo por dicho plano tiene siempre igual configuración geométrica y, por tanto, dará lugar a las mismas ecuaciones cinemáticas utilizadas en el apartado a). En consecuencia, subsistirán los resultados finales anteriormente obtenidos para las velocidades angulares.

Para obtener la aceleración angular $\vec{\alpha}$ del cono deberemos derivar en base móvil la velocidad angular dada en (5) en forma genérica, teniendo en cuenta que la base de proyección utilizada se mueve con velocidad angular

$$\vec{\Omega}_b = \vec{\varphi}$$

por el hecho de haberla considerado solidaria al plano OAC. Aplicando la fórmula de derivación en base móvil

$$\vec{a} = \left.\frac{d\vec{\omega}}{dt}\right|_b + \vec{\Omega}_b \times \vec{\omega} = \begin{bmatrix} 0 \\ \ddot{\varphi}\,\text{sen}\,60° \\ -\ddot{\varphi}\cos 60° \end{bmatrix} + \begin{bmatrix} 0 \\ 0 \\ -\dot{\varphi} \end{bmatrix} \times \begin{bmatrix} 0 \\ \dot{\varphi}\,\text{sen}\,60° \\ -\dot{\varphi}\cos 60° \end{bmatrix} = \begin{bmatrix} \dot{\varphi}^2\,\text{sen}\,60° \\ \ddot{\varphi}\,\text{sen}\,60° \\ -\ddot{\varphi}\cos 60° \end{bmatrix}$$

donde $\dot{\varphi}=kt, \ddot{\varphi}=k$.

c) Para hallar la velocidad del punto B del cono, aplicaremos la fórmula de velocidades para un sólido:

$$\vec{v}_B = \vec{v}_O + \vec{\omega} \times \overrightarrow{OB}$$

Como el punto O es fijo, será

$$\vec{v}_B = \vec{v}_O + \vec{\omega} \times \overrightarrow{OB} = \begin{bmatrix} 0 \\ 0 \\ 0 \end{bmatrix} + \begin{bmatrix} 0 \\ \dot{\varphi}\,\text{sen}\,60° \\ -\dot{\varphi}\cos 60° \end{bmatrix} \times \begin{bmatrix} 0 \\ 0 \\ b \end{bmatrix} = b\dot{\varphi}\,\text{sen}\,60°\,\vec{i}$$

con $b = \ell/\cos 60°$.

Para hallar la aceleración de B, aplicaremos la fórmula de aceleraciones para un sólido tomando punto base en O fijo. Será:

$$\vec{a}_B = \vec{a}_O + \vec{\alpha} \times \overrightarrow{OB} + \vec{\omega} \times (\vec{\omega} \times \overrightarrow{OB}) \quad (6)$$

donde es:

$$\vec{\alpha} \times \overrightarrow{OB} = \begin{bmatrix} \dot{\varphi}^2\,\text{sen}\,60° \\ \ddot{\varphi}\,\text{sen}\,60° \\ -\ddot{\varphi}\cos 60° \end{bmatrix} \times \begin{bmatrix} 0 \\ 0 \\ b \end{bmatrix} = \begin{bmatrix} b\ddot{\varphi}\,\text{sen}\,60° \\ -b\dot{\varphi}^2\,\text{sen}\,60° \\ 0 \end{bmatrix}$$

y también

$$\vec{\omega} \times (\vec{\omega} \times \overrightarrow{OB}) = \begin{bmatrix} 0 \\ \dot{\varphi}\,\text{sen}\,60° \\ -\dot{\varphi}\cos 60° \end{bmatrix} \times \begin{bmatrix} b\dot{\varphi}\,\text{sen}\,60° \\ 0 \\ 0 \end{bmatrix} = \begin{bmatrix} 0 \\ -b\dot{\varphi}^2\,\text{sen}\,60°\cos 60° \\ -b\dot{\varphi}^2\,\text{sen}^2 60° \end{bmatrix}$$

Sustituyendo estas dos últimas expresiones en la (6) se obtiene el valor buscado de la aceleración de B:

$$\vec{a}_B = \begin{bmatrix} b\ddot{\varphi}\,\text{sen}\,60° \\ -b\dot{\varphi}^2\,\text{sen}\,60° - b\dot{\varphi}^2\,\text{sen}\,60°\cos 60° \\ -b\dot{\varphi}^2\,\text{sen}^2 60° \end{bmatrix}$$

donde deben sustituirse b y los valores $\dot{\varphi}=kt, \ddot{\varphi}=k$

2.- La figura muestra, esquemáticamente, un dispositivo usual en los parques de atracciones. El rotor 1 gira con velocidad angular ω_1 constante. Al mismo tiempo, el accionamiento M hace que la distancia AC aumente. Como consecuencia de ello, el brazo 2 adquiere una velocidad angular p_2 constante con respecto al rotor. Finalmente, la cabina 3 está animada de un movimiento de rotación en torno a su propio eje, con una velocidad angular constante p_3 relativa al brazo 2. Determinar:

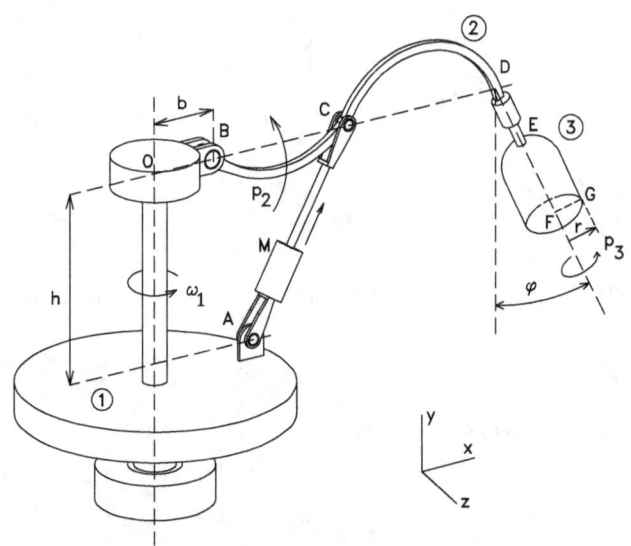

a) Velocidad del punto B respecto del observador de la cabina.
b) Aceleración de arrastre del punto G, si la referencia móvil es el brazo 2.
c) Velocidad de alargamiento de AC en el instante que se ilustra.
(Datos: BC = CD = l, DE = EF = m, AC = n, la línea BCD es horizontal en el instante considerado y el punto G está en el plano vertical por BD.)

SOLUCIÓN

a) Dado que el observador en la cabina (cualquier posición es equivalente) se mueve con velocidad angular $\vec{p}_3$ con respecto del brazo BD (sólido 2), éste se mueve con velocidad $-\vec{p}_3$ respecto de la cabina y, en consecuencia

$$\vec{v}_B^r = -\vec{p}_3 \times \overrightarrow{DB} = -\begin{bmatrix} -p_3 \sen\varphi \\ p_3 \cos\varphi \\ 0 \end{bmatrix} \times \begin{bmatrix} -2l \\ 0 \\ 0 \end{bmatrix} = \begin{bmatrix} 0 \\ 0 \\ -p_3 2l \cos\varphi \end{bmatrix}$$

b) La aceleración de arrastre de G es la aceleración absoluta con que la referencia móvil arrastra el punto, es decir, la aceleración absoluta de la partícula considerada solidaria de la referencia móvil (sólido 2). Por tanto, en este caso se trata de hallar la aceleración del punto G, suponiendo que no existe el movimiento relativo dado por $\vec{p}_3$, es decir, como si la cabina fuera solidaria del brazo BD.

El movimiento de la referencia móvil queda caracterizado por una velocidad angular $\vec{\omega}_2$, que vale:

$$\vec{\omega}_2 = \vec{p}_2 + \vec{\omega}_1 = \begin{bmatrix} 0 \\ \omega_1 \\ p_2 \end{bmatrix}$$

Dado que existe un cambio de dirección de la velocidad angular $\vec{p}_2$, habrá una aceleración angular que, aplicando la fórmula de derivación en base móvil, será:

$$\vec{\alpha}_2 = \left.\frac{d\vec{\omega}_2}{dt}\right|_b + \vec{\Omega}_b \times \vec{\omega}_2 = \begin{bmatrix} 0 \\ \omega_1 \\ 0 \end{bmatrix} \times \begin{bmatrix} 0 \\ \omega_1 \\ p_2 \end{bmatrix} = \begin{bmatrix} \omega_1 p_2 \\ 0 \\ 0 \end{bmatrix} \text{ donde } \vec{\Omega}_b = \vec{\omega}_1$$

En estas condiciones, la aceleración de arrastre del punto G vendrá dada por la expresión:

$$\vec{a}_G^a = \vec{a}_B + \vec{\omega}_2 \times (\vec{\omega}_2 \times \overrightarrow{BG}) + \vec{\alpha}_2 \times \overrightarrow{BG} \quad (1)$$

La aceleración del punto B, dado que dicho punto pertenece simultáneamente al brazo BD y al rotor 1, valdrá:

$$\vec{a}_B = \begin{bmatrix} -\omega_1^2 b \\ 0 \\ 0 \end{bmatrix}$$

Sustituyendo en (1) los valores obtenidos, tendremos:

$$\vec{a}_G^a = \begin{bmatrix} -\omega_1^2 b \\ 0 \\ 0 \end{bmatrix} + \begin{bmatrix} 0 \\ \omega_1 \\ p_2 \end{bmatrix} \times \left\{ \begin{bmatrix} 0 \\ \omega_1 \\ p_2 \end{bmatrix} \times \begin{bmatrix} c_x \\ c_y \\ 0 \end{bmatrix} \right\} + \begin{bmatrix} \omega_1 p_2 \\ 0 \\ 0 \end{bmatrix} \times \begin{bmatrix} c_x \\ c_y \\ 0 \end{bmatrix} = \begin{bmatrix} -\omega_1^2 b - \omega_1^2 c_x - p_2^2 c_x \\ -p_2^2 c_y \\ 2\omega_1 p_2 c_y \end{bmatrix}$$

donde c_x y c_y son las componentes del vector $\overrightarrow{BG}$, o sea:

$$c_x = 2\ell + 2m\,\text{sen}\,\varphi + r\cos\varphi$$
$$c_y = -2m\cos\varphi + r\,\text{sen}\,\varphi$$

c) La velocidad del punto C, respecto de la plataforma 1, es consecuencia del movimiento de la barra BD y vale:

$$\vec{v}_C = \vec{p}_2 \times \overrightarrow{BC} = \begin{bmatrix} 0 \\ 0 \\ p_2 \end{bmatrix} \times \begin{bmatrix} \ell \\ 0 \\ 0 \end{bmatrix} = \begin{bmatrix} 0 \\ p_2 \ell \\ 0 \end{bmatrix}$$

Esta velocidad, que es perpendicular a la línea horizontal BC, permitirá determinar la velocidad de alargamiento del accionamiento AC. Bastará descomponerla en la dirección AC y en una dirección perpendicular (haciendo *descomposición* de movimientos con referencia fija en la plataforma 1 y móvil en el accionamiento M). La primera será la velocidad de alargamiento del dispositivo mientras que la otra componente será consecuencia del giro del accionamiento entorno de la articulación A. Considerando además las características geométricas del dispositivo, quedará:

$$v_{al} = p_2 \cos\theta \quad \text{donde } \cos\theta = \frac{h}{m}$$

3.- La figura representa un robot de pintura. El sólido 1 sale del sólido 2 con una velocidad constante **v** respecto a éste. El sólido 2 gira con velocidad angular constante ω_2 respecto del sólido 3, alrededor del eje horizontal OF. El sólido 3 gira con velocidad angular constante ω_3 respecto de la bancada 4, alrededor del eje vertical EE' que pasa por O. Suponiendo una referencia (O,x,y,z), solidaria del sólido 2, determinar:

a) Aceleración angular del sólido 1 en la posición general que se indica.

b) Velocidad absoluta del punto A en el instante en que $\theta = 0$.

c) Aceleración absoluta del punto A en el instante en que $\theta = 0$.

d) Si en el instante en que $\theta = 0$, $\omega_3 = \omega_2$, escribir la ecuación del eje instantáneo de rotación del sólido

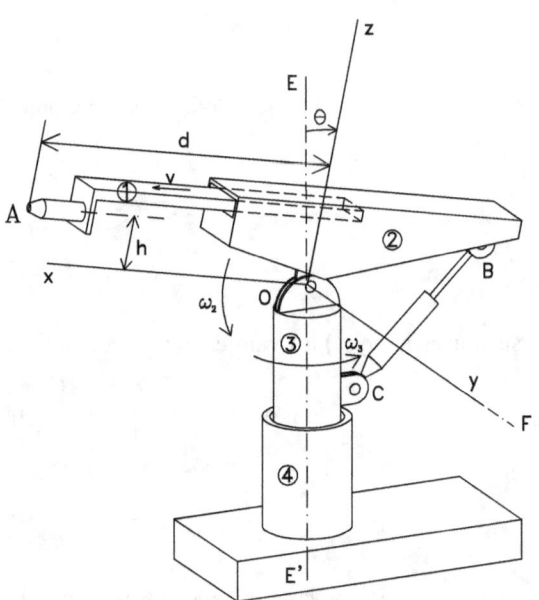

SOLUCIÓN

a) La orientación del sólido 1 viene determinada por la del sólido 2 como consecuencia de que entre ambos existe, únicamente, un grado de libertad traslacional, condicionado por la unión prismática entre ambos. Aunque los módulos de las velocidades angulares involucradas en el cambio de orientación del sólido 1 son constantes, no ocurre lo mismo con sus direcciones. En efecto, la existencia de la velocidad angular ω_3, en torno al eje vertical, hace que la velocidad angular ω_2 no sea constante en dirección. La velocidad angular absoluta del sólido 1, que es idéntica a la de 2, será

$$\vec{\Omega} = \vec{\omega}_2 + \vec{\omega}_3$$

Para expresar dicho vector, se requerirá una base de proyección. Puede elegirse una base solidaria del cuerpo 2; el eje x puede tener la dirección del sólido 1 y el sentido hacia el punto A; el eje y tendrá la dirección del eje OF y sentido de O a F; el tercer eje será ortogonal a los otros dos y su sentido será tal que defina, junto con ellos, un triedro directo.

Una vez adoptada la base de proyección, la velocidad angular del sólido 1 se podrá expresar como:

$$\vec{\Omega} = \begin{bmatrix} \omega_3 \, \text{sen}\theta \\ \omega_2 \\ \omega_3 \cos\theta \end{bmatrix}$$

Es evidente, observando la figura, que $\dot{\theta} = -\omega_2$. La expresión de la aceleración angular podrá deducirse, directamente, derivando la expresión de la velocidad:

$$\dot{\vec{\Omega}} = \frac{d\vec{\Omega}}{dt} = \begin{bmatrix} \omega_3 \dot{\theta} \cos\theta \\ 0 \\ -\omega_3 \dot{\theta} \, \text{sen}\theta \end{bmatrix} = \begin{bmatrix} -\omega_2 \omega_3 \cos\theta \\ 0 \\ \omega_2 \omega_3 \, \text{sen}\theta \end{bmatrix}$$

b) Para determinar la velocidad lineal absoluta del punto A en el instante $\theta = 0$, podrá hacerse por composición de movimientos, utilizando una referencia móvil solidaria del cuerpo 2, de modo que

$$\vec{v}_A = \vec{v}_a + \vec{v}_r$$

donde la velocidad de arrastre será la velocidad del punto A, suponiendo que dicho punto es solidario de la referencia móvil, es decir:

$$\vec{v}_a = \begin{bmatrix} 0 \\ \omega_2 \\ \omega_3 \end{bmatrix} \times \begin{bmatrix} d \\ 0 \\ h \end{bmatrix} = \begin{bmatrix} \omega_2 h \\ \omega_3 d \\ -\omega_2 d \end{bmatrix}$$

La velocidad relativa es la que tiene el punto A respecto del sólido 2, es decir, la velocidad con que sale de su interior:

$$\vec{v}_r = \begin{bmatrix} v \\ 0 \\ 0 \end{bmatrix}$$

de manera que

$$\vec{v}_A = \begin{bmatrix} \omega_2 h + v \\ \omega_3 d \\ -\omega_2 d \end{bmatrix}$$

c) Para determinar la aceleración absoluta del punto A en un instante determinado, lo más sencillo es utilizar nuevamente la composición de movimientos, con el cuerpo 2 como referencia móvil. Al no tener que aplicar el operador derivada, se puede trabajar en la posición particular deseada. La aceleración será:

$$\vec{a}_A = \vec{a}_a + \vec{a}_r + \vec{a}_c$$

La aceleración relativa será nula dado que la velocidad con que se mueve el vástago 1 respecto de 2 es constante y vale **v**.

La aceleración de arrastre, en función de su definición, es la aceleración que tendría el punto A si se moviera solidariamente con el sistema móvil, en consecuencia:

$$\vec{a}_a = \vec{\Omega} \times (\vec{\Omega} \times \overrightarrow{OA}) + \dot{\vec{\Omega}} \times \overrightarrow{OA} = \begin{bmatrix} -\omega_2^2 d - \omega_3^2 d \\ 2\omega_2\omega_3 h \\ -\omega_2^2 h \end{bmatrix}$$

La aceleración de Coriolis del punto A será

$$\vec{a}_c = 2\vec{\Omega} \times \vec{v}_r = 2\begin{bmatrix} 0 \\ \omega_2 \\ \omega_3 \end{bmatrix} \times \begin{bmatrix} v \\ 0 \\ 0 \end{bmatrix} = \begin{bmatrix} 0 \\ 2\omega_3 v \\ -2\omega_2 v \end{bmatrix}$$

Sumando las tres componentes resultará

$$\vec{a}_A = \begin{bmatrix} -(\omega_2^2 + \omega_3^2)d \\ 2\omega_3(v + \omega_2 h) \\ -\omega_2(2v + \omega_2 h) \end{bmatrix}$$

d) Para determinar el eje instantáneo de rotación del sólido 2 hay que observar que existe un punto de velocidad nula, el punto O. En consecuencia el eje instantáneo de rotación pasará por este punto y tendrá la dirección de la velocidad angular. En el instante $\theta = 0$, si $\omega_2 = \omega_3$, la velocidad angular absoluta del sólido 2 tendrá la dirección de la bisectriz del ángulo Oyz, en consecuencia:

$$X = 0$$
$$Z = Y$$

4.- El motor de la figura acciona, con velocidad angular ω_0 constante, el árbol vertical solidario de las dos ruedas dentadas que engranan con los piñones C' y A', que a su vez mueven el resto del dispositivo. Los piñones C y C' son solidarios, y los piñones A y A' también son solidarios entre sí.

Los piñones cónicos de radios r_1 y r_2 están acoplados rígidamente (satélite) y están montados libremente sobre el árbol horizontal (manivela) que pasa por B. La manivela puede girar alrededor del eje vertical. Además, y tal como se indica en la figura, el piñón C engrana con el de radio r_1, y el A con el de radio r_2.

Determinar, utilizando la base de proyección indicada:

a) Velocidad angular absoluta de la manivela.

b) Aceleración, relativa a la manivela, del punto H en el instante de la figura.

c) Aceleración angular absoluta del satélite.

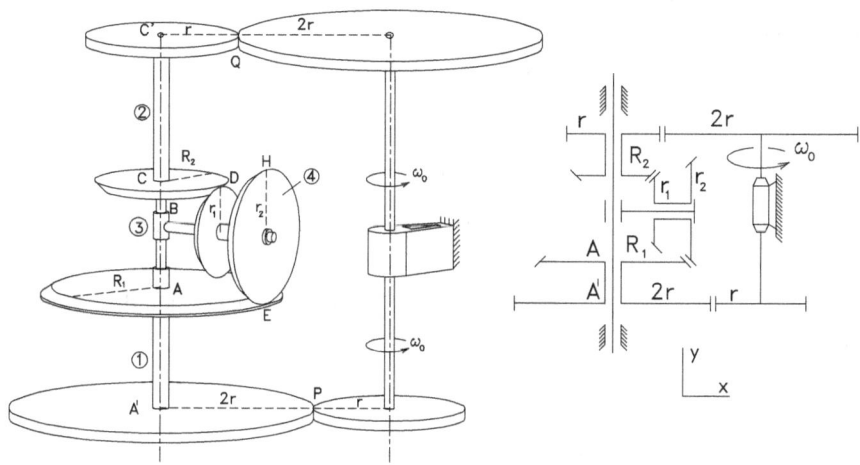

SOLUCIÓN

Utilizaremos como base de proyección la xyz, con **x** en la dirección del eje de la manivela e **y** en la del eje vertical.

a) Determinemos previamente las velocidades angulares de los sólidos 1 y 2. La condición de no deslizamiento (igualdad de velocidades lineales) en los contactos P y Q da inmediatamente:

$$\vec{\omega}_1 = \omega_1 \vec{j}, \text{ con } \omega_1 = \frac{-\omega_0}{2}$$

$$\vec{\omega}_2 = \omega_2 \vec{j}, \text{ con } \omega_2 = -2\omega_0$$

Por comodidad, dejaremos para el final la substitución de los valores de ω_1 y ω_2 que acabamos de encontrar. Llamando:

$$\vec{\omega}_3 = \omega_3 \vec{j} \text{ a la velocidad angular absoluta del sólido 3}$$

$$\vec{p} = p \vec{i} \text{ a la velocidad angular del sólido 4 respecto al sólido 3}$$

obtenemos que la velocidad angular absoluta $\vec{\omega}_4$ del satélite será

$$\vec{\omega}_4 = \vec{p} + \vec{\omega}_3 = \begin{bmatrix} p \\ \omega_3 \\ 0 \end{bmatrix} \quad (1)$$

donde deberemos determinar las incógnitas p y ω_3. Para ello es importante observar que el movimiento se transmite al satélite 4 (y en consecuencia a la manivela 3) por los contactos en D y E. Podemos determinar la velocidad angular de 4 conociendo las velocidades lineales de tres de sus puntos no alineados (B_4, que es fijo y, precisamente, E_4 y D_4). Veámoslo.

La velocidad del punto D del sólido 2 y la del D del sólido 4, aplicando la fórmula de velocidades para un sólido, serán:

$$\vec{v}_{D_4} = \vec{v}_B + \vec{\omega}_4 \times \overrightarrow{BD} = \begin{bmatrix} p \\ \omega_3 \\ 0 \end{bmatrix} \times \begin{bmatrix} R_2 \\ r_1 \\ 0 \end{bmatrix} = \begin{bmatrix} 0 \\ 0 \\ pr_1 - \omega_3 R_2 \end{bmatrix}, \quad \vec{v}_{D_2} = \begin{bmatrix} 0 \\ 0 \\ -\omega_2 R_2 \end{bmatrix}$$

donde la velocidad de B es nula por ser B un punto fijo. Igualando ambas velocidades (condición de no deslizamiento), se obtendrá la ecuación:

$$-\omega_2 R_2 = pr_1 - \omega_3 R_2$$

Del mismo modo, las velocidades del punto E del sólido 1 y del E del sólido 4, aplicando la fórmula de velocidades para un sólido, serán:

$$\vec{v}_{E_1} = \begin{bmatrix} 0 \\ 0 \\ -\omega_1 R_1 \end{bmatrix}, \quad \vec{v}_{E_4} = \vec{v}_B + \vec{\omega}_4 \times \overrightarrow{BE} = \begin{bmatrix} p \\ \omega_3 \\ 0 \end{bmatrix} \times \begin{bmatrix} R_1 \\ -r_2 \\ 0 \end{bmatrix} = \begin{bmatrix} 0 \\ 0 \\ -pr_2 - \omega_3 R_1 \end{bmatrix}$$

La condición de no deslizamiento en E impone la igualdad de ambas velocidades; con ello se obtiene la ecuación

$$-\omega_1 R_1 = -pr_2 - \omega_3 R_1$$

Resolviendo el sistema formado por las ecuaciones (2) y (3), se obtienen los siguientes valores para las velocidades angulares p y ω_3:

$$p = \frac{R_1 R_2}{R_1 r_1 + R_2 r_2}(\omega_1 - \omega_2), \quad \omega_3 = \frac{R_1 r_1 \omega_1 + R_2 r_2 \omega_2}{R_1 r_1 + R_2 r_2} \quad (4)$$

Podemos concluir, por tanto, que la velocidad angular absoluta de la manivela es

$$\vec{\omega}_3 = \omega_3 \vec{j}$$

con ω_3 dado por (4).

b) Como ω_0 es constante, también lo serán ω_1, ω_2, ω_3 y p en virtud de los resultados anteriores. Por otra parte, para el observador de la manivela, el punto H describe una circunferencia de radio r_2 con velocidad angular **p** constante. Por tanto, la aceleración de H respecto la manivela sólo tendrá aceleración normal y valdrá:

$$\vec{a}_H^r = -p^2 r_2 \vec{j}$$

c) La expresión de la velocidad angular $\vec{\omega}_4$ dada en (1) con los valores de sus componentes determinados por (4) corresponde a un instante genérico, en el supuesto que la base de proyección sea *solidaria del plano vertical BDE*, o sea, de la manivela 3 (puesto que en dicho plano BDE se mantienen siempre las relaciones geométricas y cinemáticas que hemos deducido). Por tanto, la aceleración angular del satélite $\vec{\alpha}_4$ se obtendrá derivando en base móvil, con

$$\vec{\Omega}_b = \vec{\omega}_3$$

Se obtiene (teniendo en cuenta que en el caso presente la derivada en la base móvil es nula por la constancia de ω_0) el resultado siguiente:

$$\vec{\alpha}_4 = \left.\frac{d\vec{\omega}_4}{dt}\right|_b + \vec{\Omega}_b \times \vec{\omega}_4 = \vec{\omega}_3 \times \vec{\omega}_4 = \begin{bmatrix} 0 \\ \omega_3 \\ 0 \end{bmatrix} \times \begin{bmatrix} p \\ \omega_3 \\ 0 \end{bmatrix} = -\omega_3 p \vec{k}$$

con los valores de **p** y ω_3 dados por (4).

5.- Una trituradora está compuesta de una esfera hueca solidaria de un eje CO, en cuyo extremo se ha fijado la rueda dentada 1 de radio **r**. El eje CO está montado entre cojinetes en el anillo 2, que es solidario, a su vez, del eje AB que *pasa a través* de la rueda dentada 3, de radio R, que está fija a la bancada. El anillo 2 gira con velocidad angular constante **p** conocida. Determinar, utilizando la base de proyección de la figura:

a) Velocidad angular de la esfera y axoides.
b) Aceleración angular de la esfera.
c) Aceleración del punto F del engranaje 1 utilizando el método más breve.

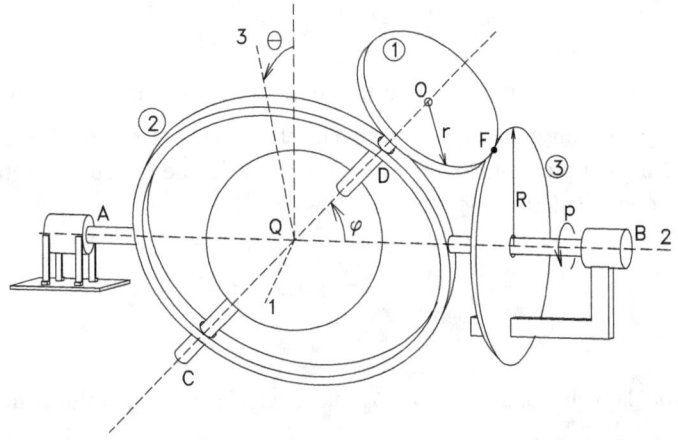

SOLUCIÓN

a) Se tomará como base de proyección la de ejes 123 solidaria del anillo 2 y moviéndose con su misma velocidad. Como consecuencia de la elección realizada, la base cambiará de orientación con el tiempo y estará, por tanto, animada de una velocidad angular distinta de la de la esfera hueca. En un instante cualquiera, el esquema del dispositivo es el que se ilustra en la figura siguiente:

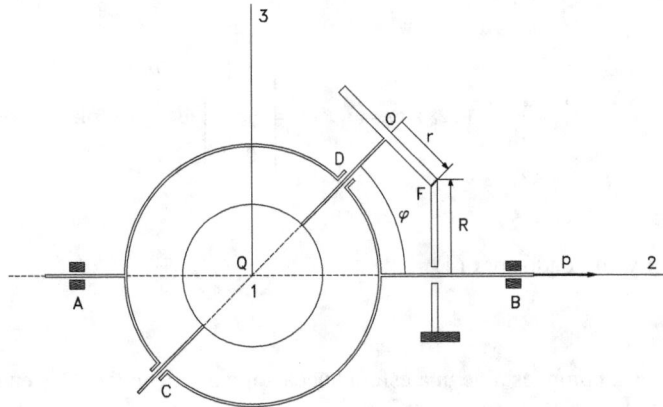

Es fácil advertir que la velocidad angular absoluta del tambor esférico consta de dos componentes, la de arrastre con el árbol AB, a la que se ha llamado $\vec{p}$ y la de rotación entorno del eje CO, que puede denominarse $\vec{\omega}_1$.

En estas condiciones la proyección de la velocidad angular del tambor sobre la base adoptada será:

$$\vec{\Omega} = \begin{bmatrix} 0 \\ p + \omega_1 \cos\varphi \\ \omega_1 \sen\varphi \end{bmatrix}$$

donde la incógnita es el valor de ω_1.

Para poder determinar el valor de esta velocidad angular, se deberá utilizar la condición de ligadura que establece el hecho de que el punto de contacto entre las ruedas 1 y 3 sea un punto de contacto sin deslizamiento. Al ser la rueda 3 una rueda fija, dicha condición permite afirmar que la velocidad del punto de contacto F será nula. Ello permite establecer, entre otras, la conclusión de que, puesto que el punto Q es la intersección de los ejes físicos de rotación y, por tanto, otro punto de velocidad nula, en este dispositivo el eje instantáneo de rotación es la recta QF. El axoide fijo es una superficie cónica generada por la recta que pasa por Q y se apoya sobre el disco 3. El axoide móvil es otra superficie cónica generada por la recta que pasa por Q y se apoya en la periferia de la rueda 1.

Para cuantificar el valor de la componente desconocida se recurrirá, tal como se ha indicado, a la condición cinemática del contacto sin deslizamiento del punto F:

$$\vec{v}_F = 0$$

La velocidad del punto F puede establecerse a partir de la velocidad del punto O, que pertenece al eje de rotación y por tanto no está afectado por $\vec{\omega}_1$, sino que solamente lo está por la componente $\vec{p}$. En estas condiciones:

$$\vec{v}_F = \vec{v}_O + \vec{\Omega} \times \overrightarrow{OF}$$

la velocidad del punto O es:

$$\vec{v}_O = \begin{bmatrix} p(R + r\cos\varphi) \\ 0 \\ 0 \end{bmatrix}$$

lo que sustituido en la anterior ecuación, considerando la condición de ligadura cinemática, permite llegar a la expresión:

$$\vec{v}_F = 0 = \begin{bmatrix} p(R + r\cos\varphi) \\ 0 \\ 0 \end{bmatrix} + \begin{bmatrix} 0 \\ p + \omega_1 \cos\varphi \\ \omega_1 \sen\varphi \end{bmatrix} \times \begin{bmatrix} 0 \\ r\sen\varphi \\ -r\cos\varphi \end{bmatrix} = \begin{bmatrix} p(R + r\cos\varphi) - p\,r\cos\varphi - \omega_1 r \\ 0 \\ 0 \end{bmatrix}$$

De esta ecuación vectorial puede deducirse la correspondiente ecuación escalar que permite obtener el valor de la componente desconocida de la velocidad angular:

$$pR - \omega_1 r = 0 \quad \Rightarrow \omega_1 = p\frac{R}{r}$$

De modo que la velocidad angular absoluta del tambor esférico será:

$$\vec{\Omega} = \begin{bmatrix} 0 \\ p\left(1 + \dfrac{R}{r}\cos\varphi\right) \\ p\dfrac{R}{r}\sen\varphi \end{bmatrix}$$

b) Para hallar la aceleración angular de la esfera hueca, será necesario realizar dos consideraciones previas respecto de la componente $\vec{\omega}_1$ de la velocidad angular: por una parte, que su módulo es constante al serlo el valor de **p**, **R** y **r**; por otra parte, y referido a la dirección, ésta es variable con el tiempo al ser modificada por la existencia de **p**. Para hallar la aceleración angular, por tanto, se deberá utilizar la expresión de la derivación en base móvil:

$$\dot{\vec{\Omega}} = \left.\dfrac{d\vec{\Omega}}{dt}\right|_b + \vec{\Omega}_b \times \vec{\Omega} = \begin{bmatrix} 0 \\ \dot{\omega}_1\cos\varphi \\ \dot{\omega}_1\sen\varphi \end{bmatrix} + \begin{bmatrix} 0 \\ p \\ 0 \end{bmatrix} \times \begin{bmatrix} 0 \\ p + \omega_1\cos\varphi \\ \omega_1\sen\varphi \end{bmatrix} = \begin{bmatrix} p\,\omega_1\sen\varphi \\ 0 \\ 0 \end{bmatrix}$$

Lo que, finalmente, lleva a un vector aceleración:

$$\dot{\vec{\Omega}} = p^2 \dfrac{R}{r}\sen\varphi\,\vec{i}$$

c) El punto F es el punto de contacto entre el sólido 1 y el sólido 3. Al estar este último fijado al suelo, la formula de la aceleración del punto de contacto se ve simplificada a

$$\vec{a}_F = -\vec{\Omega}\times\vec{V}_{SF}$$

siendo Ω la velocidad angular absoluta de la rueda 1 y $\vec{V}_{SUC}$ la velocidad de sucesión del punto de contacto. Analizando la figura, se observa que el punto de contacto entre las dos ruedas siempre está contenido en el plano formado por los puntos A, B y O, plano que se mueve con velocidad angular $\vec{p}$. De este modo, el resultado es:

$$\vec{a}_F = -\begin{bmatrix} 0 \\ p + \omega_1\cos\varphi \\ \omega_1\sen\varphi \end{bmatrix} \times \begin{bmatrix} pR \\ 0 \\ 0 \end{bmatrix} = \begin{bmatrix} 0 \\ p\,\omega_1 R\,\sen\varphi \\ -p^2 R - p\,\omega_1 R\cos\varphi \end{bmatrix}$$

6.- El dispositivo que se ilustra consta de un marco cuadrado, que gira accionado por la polea de centro A solidaria del mismo y enlazada con el eje motor a través de una correa. Dicho eje gira con ω_1 constante y conocida, por la acción de un motor no mostrado. En el marco se halla montado un bombo esférico que puede girar, respecto del marco, en torno al eje a-a'. El eje del bombo está unido a una rueda dentada, de centro B y radio R_4, que engrana con el piñón de centro C. El eje de dicho piñón pasa por un cojinete solidario del marco y en su extremo opuesto está montada la rueda dentada con centro en D y radio R_2. Esta última engrana con la rueda de centro E, que es accionada por la rueda con centro en F y que gira con el eje motor. Determinar:

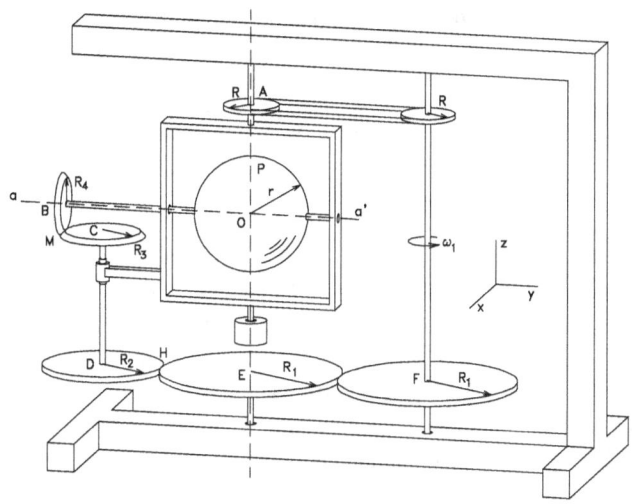

a) Velocidad angular del tambor esférico.
b) Aceleración angular del tambor esférico.
c) Aceleración lineal del punto P, que en este instante ocupa la posición más alta del tambor.

SOLUCIÓN

A efectos del trabajo con las magnitudes vectoriales, se elegirá una base xyz solidaria del marco cuadrado que se utilizará como base de proyección para todo el problema. Dicha base, como es obvio, se mueve con la misma velocidad angular que el citado marco cuadrado, es decir ω_1, en la dirección del eje z.

a) Dado que la rueda de centro E gira con la misma velocidad angular que la rueda motriz F, como consecuencia de ser del mismo diámetro, podemos afirmar que la velocidad del punto H, que pertenece a dicha rueda E, valdrá:

$$\vec{v}_H = \vec{\omega}_1 \times \vec{R}_1 = -\omega_1 R_1 \vec{i}$$

El punto H pertenece también a la rueda D, y en consecuencia su velocidad absoluta podrá determinarse a través de la ecuación que relaciona las velocidades de dos puntos de un mismo sólido y podrá escribirse:

$$\vec{v}_H = \vec{v}_D + \vec{\omega}_3 \times \overrightarrow{DH}$$

donde $\vec{\omega}_3$ es la velocidad angular absoluta del disco D y $\vec{V}_D$ es la velocidad absoluta de su centro. Dado que el centro del disco es arrastrado, junto con todo el eje vertical DC por el marco cuadrado, su velocidad es:

$$\vec{v}_D = \omega_1(R_1 + R_2)\vec{i}$$

dado que la distancia entre el eje de giro del marco y el eje DC es la suma de los dos radios $\mathbf{R_1}$ y $\mathbf{R_2}$. El vector $\overrightarrow{DH}$ es, por su parte, un vector de módulo R_2 y de dirección $\vec{j}$, de modo que, sustituyendo los valores de cada uno de los vectores conocidos, quedará:

$$-\omega_1 R_1 \vec{i} = \omega_1(R_1 + R_2)\vec{i} + \vec{\omega}_3 \times \overrightarrow{DH} \quad \Rightarrow \quad \omega_3 R_2 \vec{i} = \omega_1(2R_1 + R_2)\vec{i}$$

$$\omega_3 = \omega_1 \frac{(2R_1 + R_2)}{R_2}$$

Esta velocidad angular que se acaba de encontrar es también la de la rueda C, que es solidaria de la D. El hecho de conocer este dato permite abordar el problema del disco B, que es solidario del tambor esférico y, por consiguiente, está animado de su misma velocidad angular. Para ello se trabajará con el punto M, que pertenece simultáneamente a los discos C y B y cuya velocidad absoluta ha de ser la misma, sea cual sea el camino que se elija para determinarla.

Por el hecho de ser el disco B solidario del tambor esférico, la velocidad del punto M será:

$$\vec{v}_M = \vec{\Omega}_T \times \overrightarrow{OM}$$

La velocidad angular $\vec{\Omega}_T$ del tambor (y disco B) no tiene componente en la dirección del eje **x**, por cuanto el tambor tiene impedido dicho movimiento respecto del marco debido a la presencia del eje horizontal; en la dirección del eje **z** únicamente existe la velocidad angular ω_1 suministrada por la polea motriz, mientras que en la dirección del eje **y** horizontal no se conoce el valor de la velocidad angular. En consecuencia:

$$\vec{v}_M = \begin{bmatrix} 0 \\ \Omega_y \\ \omega_1 \end{bmatrix} \times \begin{bmatrix} 0 \\ -(R_1 + R_2 + R_3) \\ -R_4 \end{bmatrix} = \left[-\Omega_y R_4 + (R_1 + R_2 + R_3)\omega_1\right]\vec{i}$$

El punto material M, por el hecho de ser un punto de contacto sin deslizamiento, debe tener la misma velocidad absoluta sea cual sea el sólido al que pertenezca y, por tanto, como punto material del disco C, su velocidad se podrá calcular sumando a la velocidad absoluta del centro del disco - que es la misma que para el punto D por hallarse en el mismo eje - el producto de la velocidad angular absoluta del disco C por el vector CM.

$$\vec{v}_M = \vec{v}_C + \vec{\omega}_3 \times \overrightarrow{CM} = \omega_1(R_1 + R_2)\vec{i} + \omega_3 R_3 \vec{i}$$

Igualando ahora las dos últimas expresiones que se han encontrado para la velocidad del punto M, y sustituyendo el valor hallado anteriormente para ω_3, se podrá determinar el valor de la única componente desconocida de la velocidad angular absoluta del tambor esférico. Obsérvese que, como cabía esperar, en ambas expresiones sólo se ha obtenido velocidad del punto M en la dirección **x**. En estas condiciones resultará:

$$\Omega_y = -\omega_1 \frac{2R_1 R_3}{R_2 R_4} \quad (1)$$

Una vez encontrada la componente desconocida de la velocidad angular, ésta quedará:

$$\vec{\Omega}_T = \begin{bmatrix} 0 \\ -\omega_1 \dfrac{2R_1 R_3}{R_2 R_4} \\ \omega_1 \end{bmatrix}$$

b) Para hallar la aceleración angular del tambor, se deberá emplear la fórmula de derivación en base móvil; téngase en consideración que se ha determinado una velocidad angular, absoluta pero se ha expresado en una base que está girando con velocidad angular $\vec{\omega}_1$ y, por tanto:

$$\vec{\alpha}_T = \left.\frac{d\vec{\Omega}_T}{dt}\right|_b + \vec{\Omega}_b \times \vec{\Omega}_T = \begin{bmatrix} 0 \\ 0 \\ \omega_1 \end{bmatrix} \times \begin{bmatrix} 0 \\ \Omega_y \\ \omega_1 \end{bmatrix} = \begin{bmatrix} -\omega_1 \Omega_y \\ 0 \\ 0 \end{bmatrix}$$

b) Para determinar el valor de la aceleración del punto P, bastará aplicar la ecuación que relaciona las aceleraciones de dos puntos cualesquiera de un sólido rígido:

$$\vec{a}_P = \vec{a}_O + \vec{\Omega}_T \times (\vec{\Omega}_T \times \overrightarrow{OP}) + \vec{\alpha}_T \times \overrightarrow{OP}$$

Es evidente que la elección del punto O como punto base para realizar el cálculo no ha sido arbitraria, ya que por encontrarse en la intersección de los ejes físicos de giro del tambor esférico, se trata de un punto cuya velocidad y aceleración es nula; ello simplifica la aplicación de la citada expresión que relaciona las aceleraciones de dos puntos del sólido.

Desarrollando la última expresión, quedará:

$$\vec{a}_P = \begin{bmatrix} 0 \\ \Omega_y \\ \omega_1 \end{bmatrix} \times \left\{ \begin{bmatrix} 0 \\ \Omega_y \\ \omega_1 \end{bmatrix} \times \begin{bmatrix} 0 \\ 0 \\ R \end{bmatrix} \right\} + \begin{bmatrix} -\omega_1 \Omega_y \\ 0 \\ 0 \end{bmatrix} \times \begin{bmatrix} 0 \\ 0 \\ R \end{bmatrix} = \begin{bmatrix} 0 \\ 2\omega_1 \Omega_y R \\ \Omega_y^2 R \end{bmatrix}$$

donde Ω_y viene dado por la expresión (1)

7.- Los tres sólidos de la figura son engranajes cuyo dentado no se muestra. El piñón cónico 2 gira con ω constante conocida, y el piñón 3 tiene Ω constante también conocida. Determinar:
a) Velocidad angular del piñón cónico 1.
b) Aceleración angular de dicho piñón.

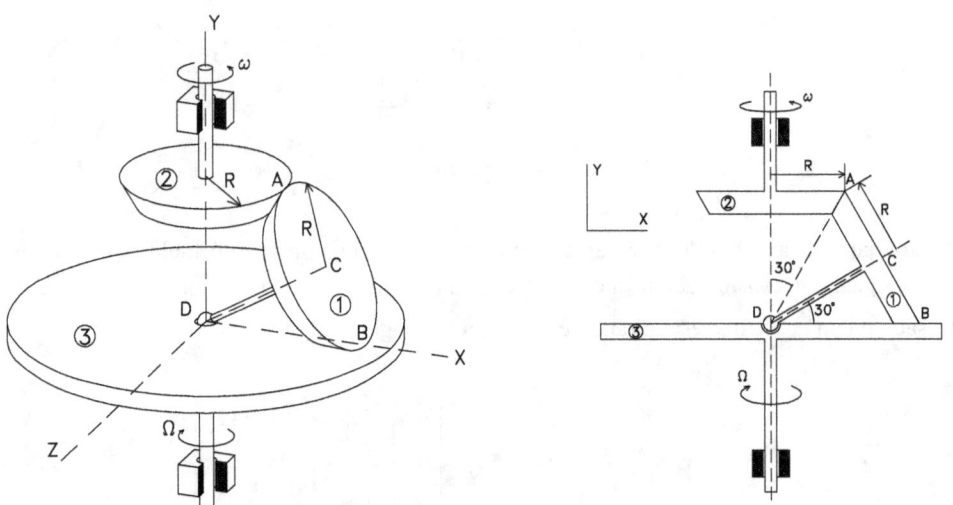

SOLUCIÓN

a) Se trata de determinar la velocidad angular $\vec{\omega} = (\omega_x, \omega_y, \omega_z)$ del sólido 1 cuyas tres componentes son desconocidas. Esta velocidad se podrá hallar si encontramos las velocidades lineales de tres puntos no alineados de dicho sólido. En el caso actual utilizaremos los puntos A, B y D del piñón 1, puesto que sus velocidades son fácilmente determinables.

Como el punto D es fijo, su velocidad es nula. Por otra parte, es inmediato que

$$\vec{v}_{A_2} = -\omega R \vec{k} \quad (1)$$

$$\vec{v}_{B_3} = 2\Omega R \vec{k} \quad (2)$$

Considerando el piñón 1 y utilizando la fórmula de velocidades para un sólido, tendremos

$$\vec{v}_{A_1} = \vec{v}_D + \vec{\omega} \times \overrightarrow{DA} = \begin{bmatrix} \omega_x \\ \omega_y \\ \omega_z \end{bmatrix} \times \begin{bmatrix} R \\ R \cot g\, 30° \\ 0 \end{bmatrix} = \begin{bmatrix} -\omega_z R\sqrt{3} \\ \omega_z R \\ \omega_x R\sqrt{3} - \omega_y R \end{bmatrix} \quad (3)$$

y análogamente

$$\vec{v}_{B_1} = \vec{v}_D + \vec{\omega} \times \overrightarrow{DB} = \begin{bmatrix} \omega_x \\ \omega_y \\ \omega_z \end{bmatrix} \times \begin{bmatrix} 2R \\ 0 \\ 0 \end{bmatrix} = \begin{bmatrix} 0 \\ \omega_z 2R \\ -\omega_y 2R \end{bmatrix} \quad (4)$$

Como no hay deslizamiento en el contacto A, se cumple

$$\vec{v}_{A_1} = \vec{v}_{A_2}$$

Por lo tanto, igualando (3) y (1) se obtiene

$$\omega_z = 0$$
$$\omega_x R\sqrt{3} - \omega_y R = -\omega R \quad (5)$$

Vamos a proceder igualmente en el contacto sin deslizamiento B. Es decir

$$\vec{v}_{B_1} = \vec{v}_{B_3}$$

Igualando (2) y (4) hallamos

$$-\omega_y 2R = 2\Omega R \quad (6)$$

Así pues, para hallar las componentes de $\vec{\omega}$, basta resolver el sistema formado por las ecuaciones (5) y (6). Una vez resuelto, se obtiene

$$\vec{\omega} = \begin{bmatrix} \omega_x \\ \omega_y \\ \omega_z \end{bmatrix} = \begin{bmatrix} -(\Omega+\omega)/\sqrt{3} \\ -\Omega \\ 0 \end{bmatrix}$$

b) La expresión que acabamos de obtener para $\vec{\omega}$ es genérica si suponemos la base de proyección XYZ solidaria del plano vertical que pasa por el eje DC. En efecto, en este supuesto, **en cualquier instante** se cumple que la sección del mecanismo por el plano considerado es totalmente análoga a la de la figura 2, y en consecuencia subsisten las mismas relaciones. En definitiva, se mantiene el mismo valor de $\vec{\omega}$ obtenido en el apartado **a)**.

Como $\vec{\omega}$ está expresado en la base XYZ que está en movimiento, la aceleración angular $\vec{\alpha}$ se calculará utilizando la fórmula de derivación en base móvil, es decir,

$$\vec{\alpha} = \left.\frac{d\vec{\omega}}{dt}\right|_b + \vec{\Omega}_b \times \vec{\omega} \quad (7)$$

El punto interesante está en la determinación de la velocidad angular $\vec{\Omega}_B$ de la base. Es evidente que esta velocidad angular coincide con la velocidad angular $\vec{\omega}_C$ con la que gira el radio vector del punto C al describir éste su trayectoria circular, valor que se podrá deducir fácilmente a partir de la velocidad lineal de C. Para hallar esta última, aplicamos de nuevo la fórmula de velocidades para un sólido:

$$\vec{v}_C = \vec{v}_D + \vec{\omega} \times \overrightarrow{DC} = \begin{bmatrix} -(\Omega+\omega)/\sqrt{3} \\ -\Omega \\ 0 \end{bmatrix} \times \begin{bmatrix} 2R\cos^2 30° \\ 2R\cos 30° \text{sen} 30° \\ 0 \end{bmatrix} = \begin{bmatrix} 0 \\ 0 \\ (2\Omega-\omega)\dfrac{R}{2} \end{bmatrix}$$

por tanto

$$v_C = \frac{(2\Omega - \omega)R}{2}$$

Como el punto C describe una circunferencia alrededor del eje Y, pero en el sentido de rotación negativo de dicho eje (puesto que v_C tiene únicamente componente Z con sentido positivo), tendremos

$$\vec{\omega}_c = \begin{bmatrix} 0 \\ \omega_C \\ 0 \end{bmatrix} \qquad \text{con} \qquad \omega_C = -\frac{v_C}{\overline{DC}\cos 30°} = \frac{\omega - 2\Omega}{3}$$

Concluimos, pues, que la velocidad angular de la base móvil que queríamos hallar tiene el valor

$$\vec{\Omega}_b = \vec{\omega}_C = \frac{\omega - 2\Omega}{3}\vec{j}$$

Para terminar, basta aplicar la fórmula (7) y así obtenemos, para la aceleración angular deseada del piñón:

$$\vec{\alpha} = \left.\frac{d\vec{\omega}}{dt}\right|_b + \vec{\Omega}_b \times \vec{\omega} = \begin{bmatrix} 0 \\ 0 \\ 0 \end{bmatrix} + \begin{bmatrix} 0 \\ \omega_C \\ 0 \end{bmatrix} \times \begin{bmatrix} \omega_x \\ \omega_y \\ 0 \end{bmatrix} = -\omega_C\,\omega_x\,\vec{k} = \frac{(\omega+\Omega)(\omega-2\Omega)}{3\sqrt{3}}\vec{k}$$

8.- La figura de la página siguiente muestra uno de los mecanismos característicos de un telar. El movimiento de vaivén del sólido 3 se origina en el disco 1, que se gira en torno a O_1 con velocidad y aceleración angulares ω y α conocidas. Este movimiento de rotación se transmite por medio de la barra 2 al cuerpo 3, que puede girar alrededor de O_3. El cuerpo 3, a su vez, arrastra el disco 4 de radio r_0 que gira alrededor de O_4 con velocidad angular ω_o. Esta ultima velocidad angular mantiene, para cualquier instante, la relación $\omega_o = k \cdot \omega_3$ (por la acción de un dispositivo no mostrado), donde **k** es una constante conocida. Por último, el disco 4 mueve el disco 6 mediante una correa que no desliza. Determinar:

a) La aceleración angular del cuerpo 3.
b) La aceleración del punto D de la correa.
c) La aceleración del punto E del disco 4.
d) La velocidad del punto D de la correa respecto del disco 4.

(Datos: ω y α del cuerpo 1, $O_1A = r$, $O_3B = R$, $AB = \ell$, $FD = d$.
Se sabe que en el instante considerado las líneas O_1A y O_3B son paralelas y que AB es perpendicular a O_1A)

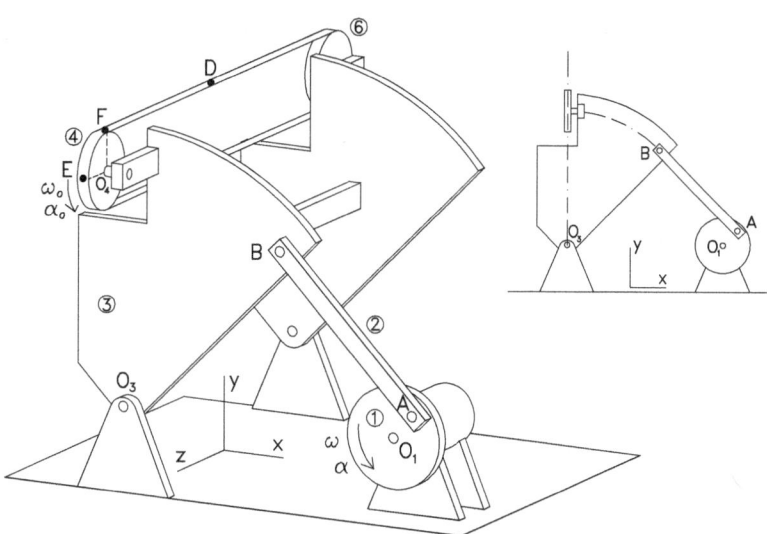

SOLUCIÓN

a) La transmisión del movimiento desde el disco 1 hasta el sólido 3 se realiza en el plano XY, por lo que resulta ventajoso trabajar este apartado según los criterios de la cinemática plana. El mecanismo formado por los cuerpos 1, 2, 3 y el suelo es en realidad un cuadrilátero articulado. Para hallar la aceleración angular del sólido 3 es de menester determinar antes las velocidades angulares de 2 y 3. Conocidos los datos para el disco 1, se procede a determinar el CIR de la barra 2 según se indica en la figura 1, donde se comprueba que las dos rectas formadas son paralelas y, en consecuencia, la barra 2 presenta en este momento un movimiento de traslación instantánea, con ω_2 nula, pero con α_2 como se verá, diferente de cero. En este caso, todos los puntos del sólido presentan la misma velocidad, por lo que

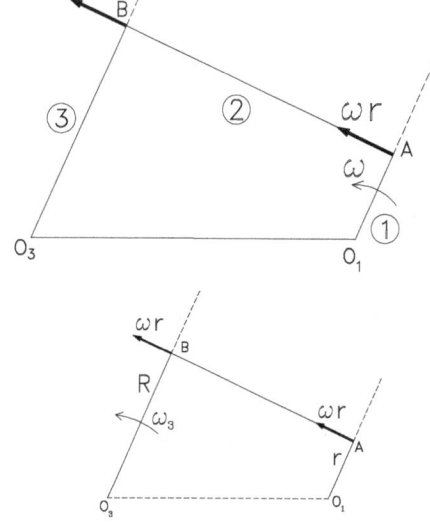

$$\vec{v}_A = \vec{v}_B$$

y entonces ω_3 resulta

$$\omega_3 = \frac{\omega r}{R}$$

Para hallar la aceleración angular del sólido 3, se relacionan dos puntos de la barra 2 con la expresión de la aceleración de un punto del sólido rígido, utilizando la nomenclatura propia de la cinemática plana. Los puntos a relacionar deben ser aquellos de los que se conozca el mayor número de parámetros cinemáticos; en este caso, los puntos A y B.

$$\vec{a}_B = \vec{a}_A + \vec{a}_{BA}^n + \vec{a}_{BA}^t$$

representando los vectores gráficamente

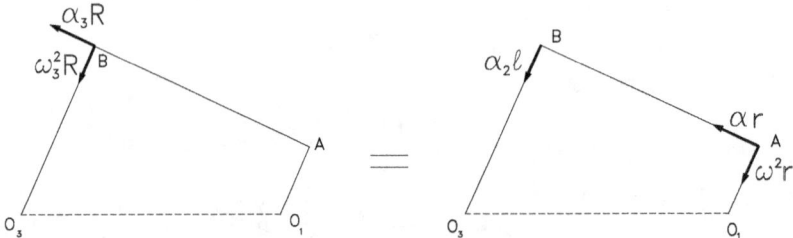

que ahora se proyectan en la dirección de la recta AB, para determinar directamente la incógnita deseada que es α_3 :

$$\alpha_3 R = \alpha r$$

y la solución

$$\vec{\alpha}_3 = \frac{\alpha r}{R} \vec{k}$$

b) En este caso, es conveniente observar que el punto D de la correa describe un movimiento rectilíneo respecto al sólido 3, por lo que resulta ventajoso plantear el problema como una composición de movimientos, siendo la referencia móvil el cuerpo 3 y la referencia fija el suelo, al ser requerida la aceleración absoluta del punto D.

Se podría considerar también la posibilidad de utilizar como referencia móvil el disco 4, sin embargo no es evidente el movimiento relativo que describe el punto D respecto a este disco, por lo que esta opción no es conveniente.

La aceleración del punto D descrita como una composición de movimientos es

$$\vec{a}_D = \vec{a}_a + \vec{a}_c + \vec{a}_r$$

donde la aceleración de arrastre es:

$$\vec{a}_a = \vec{a}_{O_4} + \vec{\omega}_3 \times [\vec{\omega}_3 \times \overrightarrow{O_4 D}] + \vec{\alpha}_3 \times \overrightarrow{O_4 D}$$

siendo la velocidad angular y aceleración angular las correspondientes a la referencia móvil 3. O_4 es un punto de la referencia móvil 3 de aceleración conocida, ya que describe una trayectoria circular de radio R a velocidad angular ω_3, por lo que su aceleración es:

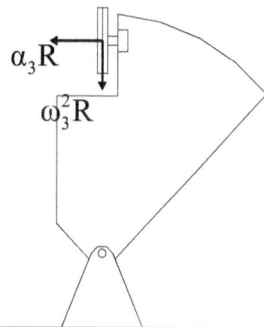

Cualquier otro punto sería válido siempre que perteneciera al cuerpo 3 y pudiera determinarse su distancia con D. En el caso presentado, utilizando la base xyz del enunciado y sustituyendo, se halla:

$$\vec{a}_a = \begin{bmatrix} -\alpha_3 R \\ -\omega_3^2 R \\ 0 \end{bmatrix} + \begin{bmatrix} 0 \\ 0 \\ \omega_3 \end{bmatrix} \times \left[\begin{bmatrix} 0 \\ 0 \\ \omega_3 \end{bmatrix} \times \begin{bmatrix} 0 \\ r_0 \\ -d \end{bmatrix} \right] + \begin{bmatrix} 0 \\ 0 \\ \alpha_3 \end{bmatrix} \times \begin{bmatrix} 0 \\ r_0 \\ -d \end{bmatrix} = \begin{bmatrix} -\alpha_3(R + r_0) \\ -\omega_3^2(R + r_0) \\ 0 \end{bmatrix}$$

Para hallar los términos de Coriolis y relativo es necesario analizar el movimiento relativo entre el punto D y el cuerpo 3, que, como se ha comentado, es de movimiento rectilíneo. En este caso, la velocidad y aceleración relativa, tal como se deduce de la figura siguiente, son

$$\vec{a}_r = \begin{bmatrix} 0 \\ 0 \\ \alpha_0 r_0 \end{bmatrix} \qquad \vec{v}_r = \begin{bmatrix} 0 \\ 0 \\ \omega_0 r_0 \end{bmatrix}$$

Hay que recordar que el módulo de $\omega_0 = k \cdot \omega_3$ y que, al existir α_3, ω_0 no es constante y $\alpha_0 = k \cdot \alpha_3$. La aceleración de Coriolis:

$$\vec{a}_c = 2 \begin{bmatrix} 0 \\ 0 \\ \omega_3 \end{bmatrix} \times \begin{bmatrix} 0 \\ 0 \\ \omega_0 r_0 \end{bmatrix}$$

donde la velocidad angular es siempre la de la referencia móvil. En este caso, los dos términos son paralelos y la aceleración de Coriolis nula. El resultado final es

$$\vec{a}_D = \begin{bmatrix} \alpha_3(R + r_0) \\ -\omega_3^2(R + r_0) \\ k\alpha_3 r_0 \end{bmatrix}$$

c) El punto E pertenece al disco 4, así que se puede determinar su aceleración mediante la fórmula de aceleraciones del sólido:

$$\vec{a}_E = \vec{a}_{O_4} + \vec{\Omega}_4 \times [\vec{\Omega}_4 \times \overrightarrow{O_4 E}] + \dot{\vec{\Omega}}_4 \times \overrightarrow{O_4 E} \qquad (1)$$

en la que es necesario conocer la aceleración de otro punto del mismo sólido. En este caso, es el punto O_4, que se mueve con el sólido 4 igual que el punto O_4 del sólido 3, por lo que su aceleración es:

$$\vec{a}_{O_4} = \begin{bmatrix} -\alpha_3 R \\ -\omega_3^2 R \\ 0 \end{bmatrix}$$

No vale cualquier punto de aceleración conocida; el punto escogido debe pertenecer al sólido que se esté analizando y, por ejemplo O_3, de aceleración nula, no pertenece al sólido 4, por lo que su utilización sería errónea en este caso.

El disco se mueve con velocidad angular $\vec{\omega}_0$ respecto al sólido 3, que a su vez se mueve con velocidad angular $\vec{\omega}_3$ determinada anteriormente. De esta manera, la velocidad angular absoluta del disco 4 es la suma de las dos citadas

$$\vec{\Omega}_4 = \vec{\omega}_0 + \vec{\omega}_3 = \begin{bmatrix} \omega_0 \\ 0 \\ \omega_3 \end{bmatrix}$$

y hay que calcular su aceleración angular aplicando el operador derivada en base móvil, ya que la componente $\vec{\omega}_0$ cambia de dirección debido al arrastre de $\vec{\omega}_3$. En estas condiciones:

$$\dot{\vec{\Omega}}_4 = \left.\frac{d\vec{\Omega}_4}{dt}\right|_b + \vec{\Omega}_b \times \vec{\Omega}_4 = \begin{bmatrix} \alpha_0 \\ 0 \\ \alpha_3 \end{bmatrix} + \begin{bmatrix} 0 \\ 0 \\ \omega_3 \end{bmatrix} \times \begin{bmatrix} \omega_0 \\ 0 \\ \omega_3 \end{bmatrix} = \begin{bmatrix} \alpha_0 \\ \omega_3 \omega_0 \\ \alpha_3 \end{bmatrix}$$

Sustituyendo en la expresión (1)

$$\vec{a}_E = \begin{bmatrix} -\alpha_3 R \\ -\omega_3^2 R \\ 0 \end{bmatrix} + \begin{bmatrix} \omega_0 \\ 0 \\ \omega_3 \end{bmatrix} \times \left[\begin{bmatrix} \omega_0 \\ 0 \\ \omega_3 \end{bmatrix} \times \begin{bmatrix} 0 \\ 0 \\ r_0 \end{bmatrix} \right] + \begin{bmatrix} \alpha_0 \\ \omega_3 \omega_0 \\ \alpha_3 \end{bmatrix} \times \begin{bmatrix} 0 \\ 0 \\ r_0 \end{bmatrix}$$

obteniéndose el resultado:

$$\vec{a}_E = \begin{bmatrix} -\alpha_3 R + 2\omega_3 \omega_0 r_0 \\ -\omega_3^2 R - \alpha_0 r_0 \\ -\omega_0^2 r_0 \end{bmatrix}$$

El problema se puede resolver mediante composición de movimientos, utilizando como referencia móvil el sólido 3 (el movimiento relativo es fácil de calcular) y como referencia fija el suelo (se pide magnitud absoluta).

d) El movimiento relativo que describe el punto D respecto del disco 4 no es evidente; no es un movimiento rectilíneo; es relativo al chasis 3, como se ha comentado. Ante esta circunstancia, se hace necesario el cálculo analítico de esta velocidad relativa.

Se debe determinar un movimiento relativo respecto del sólido 4; el planteamiento del problema requiere del uso de composición de movimientos utilizando como referencia móvil el sólido 4

$$\vec{v}_D = \vec{v}_a + \vec{v}_r$$

donde $\vec{V}_D$ es la velocidad absoluta y $\vec{V}_r$ es la velocidad de este punto D respecto a la referencia móvil 4. El término de arrastre es:

$$\vec{v}_a = \vec{v}_{O_4} + \vec{\Omega} \times \overrightarrow{O_4 D} \quad (2)$$

en esta expresión se requiere utilizar un punto, que pertenezca a la referencia móvil, de velocidad absoluta conocida, por ejemplo O_4, mientras que la velocidad angular es la absoluta de la referencia móvil 4.

Sin embargo, se observa que el movimiento relativo entre el punto D y el sólido 4 es absolutamente independiente del movimiento que describe el sólido 3, que arrastra a ambos. Ante este hecho, resulta conveniente para simplificar el problema considerar el chasis 3 como referencia fija y no el suelo, como es habitual, por lo que, por ejemplo, la velocidad absoluta del punto O_4 pasa a ser cero y el mecanismo resultante de disco y correa es en realidad un problema de cinemática plana en el plano **yz**.

La expresión que se debe resolver sigue siendo (2), donde se sustituyen los valores teniendo en cuenta el sistema de referencias adoptado:

$$\vec{v}_D = \vec{v}_{O_4} + \vec{\Omega} \times \overrightarrow{O_4 D} + \vec{v}_r$$

$$\vec{v}_r = \vec{v}_D - \vec{v}_{O_4} - [\vec{\Omega} \times \overrightarrow{O_4 D}]$$

y el resultado es:

$$\vec{v}_r = \begin{bmatrix} 0 \\ 0 \\ \omega_0 r_0 \end{bmatrix} - \begin{bmatrix} 0 \\ 0 \\ 0 \end{bmatrix} - \begin{bmatrix} \omega_0 \\ 0 \\ 0 \end{bmatrix} \times \begin{bmatrix} 0 \\ r_0 \\ -d \end{bmatrix} = \begin{bmatrix} 0 \\ -\omega_0 d \\ 0 \end{bmatrix}$$

Si en lugar de escoger el sólido 3 como referencia fija, se escoge el suelo, el planteamiento es del todo correcto y se debe llegar al mismo resultado, pero si se comprueba, se constatará una mayor dificultad de operaciones al aparecer el movimiento debido a $\vec{\omega}_3$.

9.- La figura muestra el esquema de un diferencial de coche montado sobre una bancada. Este mecanismo se utiliza para que las ruedas motrices rueden a la velocidad adecuada, distinta para cada rueda, cuando el vehículo toma una curva, evitando así que una de las ruedas tenga que deslizar. El diferencial consta de la caja 5 que gira en torno al eje **a-a'** con velocidad angular ω_5 desconocida; en esta caja están montados dos piñones planetarios 1 y 2 de igual radio R_1, que también pueden girar alrededor de **a-a'**, independientemente de la caja 5, y que están acoplados a los semiejes de las ruedas motrices. Los piñones 3 y 4 de radio R_2, llamados satélites, pueden girar independientemente uno del otro alrededor del eje **h-h'** y engranan con los planetarios.

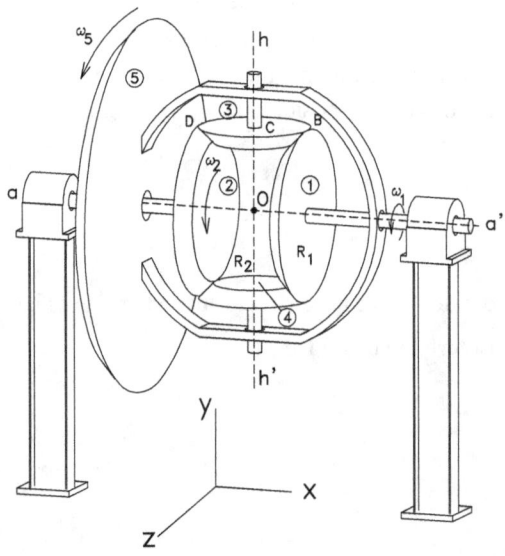

Si los datos de que se dispone son la velocidad angular ω_1 del semieje 1 y la velocidad angular ω_2 del semieje 2, determinar:

a) Velocidad angular absoluta del satélite 3.
b) Aceleración absoluta del punto B del sólido 3.

SOLUCIÓN

a) El movimiento del piñón 3 se corresponde con una composición de rotaciones; el piñón es arrastrado por la carcasa 5 a velocidad angular desconocida $\vec{\omega}_5$ alrededor del eje fijo **a-a'**, al mismo tiempo que puede describir una rotación $\vec{\omega}_r$ alrededor del eje móvil **h-h'**. El cuerpo 3 no puede describir otro movimiento, por lo que su velocidad angular absoluta $\vec{\Omega}_3$ en la base indicada resulta

$$\vec{\Omega}_3 = \vec{\omega}_5 + \vec{\omega}_r = \begin{bmatrix} \omega_5 \\ \omega_r \\ 0 \end{bmatrix}$$

donde los valores ω_5 y ω_r son desconocidos. Para hallar estos valores es conveniente, en este caso, relacionar tres puntos del sólido de velocidad conocida con la expresión de la velocidad de un punto del sólido rígido. En general, los tres puntos no deben estar alineados. Los puntos del sólido 3 que presentan velocidad conocida son D, B y O. Al ser el punto B en este momento un punto de contacto entre los sólidos 1 y 3, y al ser el movimiento de uno respecto de otro sin deslizamiento, la velocidad del punto B del sólido 1 y la velocidad del punto B del sólido 3 es la misma. De igual manera sucede con el punto D. Por otra parte, $\vec{V}_O = 0$, por ser la intersección de los dos ejes de rotación del piñón 3 y ser, en consecuencia, un punto fijo. En definitiva:

$$\vec{v}_{B_1} = \vec{v}_{B_3} = \begin{bmatrix} 0 \\ 0 \\ \omega_1 R_1 \end{bmatrix} \qquad \vec{v}_{D_2} = \vec{v}_{D_3} = \begin{bmatrix} 0 \\ 0 \\ \omega_2 R_1 \end{bmatrix}$$

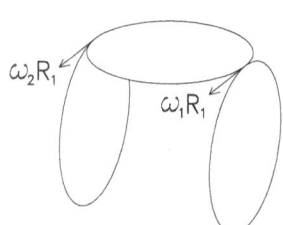

Se relacionan los tres puntos, por ejemplo, según:

$$\vec{v}_B = \vec{v}_O + \vec{\Omega}_3 \times \overrightarrow{OB}$$

$$\vec{v}_D = \vec{v}_O + \vec{\Omega}_3 \times \overrightarrow{OD}$$

Sustituyendo ahora las velocidades descritas anteriormente

$$\begin{bmatrix} 0 \\ 0 \\ \omega_2 R_1 \end{bmatrix} = \begin{bmatrix} 0 \\ 0 \\ 0 \end{bmatrix} + \begin{bmatrix} \omega_5 \\ \omega_r \\ 0 \end{bmatrix} \times \begin{bmatrix} -R_2 \\ R_1 \\ 0 \end{bmatrix} \qquad \begin{bmatrix} 0 \\ 0 \\ \omega_1 R_1 \end{bmatrix} = \begin{bmatrix} 0 \\ 0 \\ 0 \end{bmatrix} + \begin{bmatrix} \omega_5 \\ \omega_r \\ 0 \end{bmatrix} \times \begin{bmatrix} R_2 \\ R_1 \\ 0 \end{bmatrix}$$

Pudiéndose establecer el siguiente sistema de ecuaciones

$$\omega_1 R_1 = \omega_5 R_1 - \omega_r R_2$$
$$\omega_2 R_1 = \omega_5 R_1 + \omega_r R_2$$

que, al resolverlo, permite hallar los valores de ω_5 y ω_r:

$$\omega_5 = \frac{\omega_1 + \omega_2}{2}$$

$$\omega_r = \frac{\omega_2 - \omega_1}{2} \cdot \frac{R_1}{R_2}$$

y encontrar, finalmente, la velocidad angular absoluta del piñón 3:

$$\vec{\Omega}_3 = \begin{bmatrix} \dfrac{\omega_1 + \omega_2}{2} \\ \dfrac{\omega_2 - \omega_1}{2} \cdot \dfrac{R_1}{R_2} \\ 0 \end{bmatrix}$$

En general, los tres puntos no deben estar alineados, porque si así fuera, la componente de la velocidad angular en la dirección de la recta formada por los tres puntos podría no ser hallada. Sin embargo, en este caso otro punto de velocidad conocida del sólido 3 es el punto C, que gira alrededor del eje **aa'** de manera que su radio vector con respecto de dicho eje tiene la velocidad angular ω_5. Si se propusiera trabajar con los puntos B, C y D, se podrían establecer las relaciones

$$\vec{v}_B = \vec{v}_C + \vec{\Omega}_3 \times \overrightarrow{CB}$$

$$\vec{v}_D = \vec{v}_C + \vec{\Omega}_3 \times \overrightarrow{CD}$$

Y sustituyendo igual que antes

$$\begin{bmatrix} 0 \\ 0 \\ \omega_1 R_1 \end{bmatrix} = \begin{bmatrix} 0 \\ 0 \\ \omega_5 R_1 \end{bmatrix} + \begin{bmatrix} \omega_5 \\ \omega_r \\ 0 \end{bmatrix} \times \begin{bmatrix} R_2 \\ 0 \\ 0 \end{bmatrix} \qquad \begin{bmatrix} 0 \\ 0 \\ \omega_2 R_1 \end{bmatrix} = \begin{bmatrix} 0 \\ 0 \\ \omega_5 R_1 \end{bmatrix} + \begin{bmatrix} \omega_5 \\ \omega_r \\ 0 \end{bmatrix} \times \begin{bmatrix} -R_2 \\ 0 \\ 0 \end{bmatrix}$$

Se observa ahora que la componente ω_5 de la velocidad angular absoluta $\vec{\Omega}_3$ desaparece al realizar los productos $\vec{\Omega}_3 \times \overrightarrow{CB}$ y $\vec{\Omega}_3 \times \overrightarrow{CD}$, al estar los tres puntos alineados en la dirección de $\vec{\omega}_5$. Sin embargo, al depender $\mathbf{V}_C$ de ω_5, este término sigue apareciendo, con lo que, finalmente, se puede determinar. En este problema concreto es posible hallar la velocidad angular absoluta relacionando tres puntos alineados, pero hay que recordar que no es el caso general.

Por otra parte, la solución tampoco podía ser hallada utilizando el eje instantáneo de rotación, al disponer de un sólo punto de velocidad nula (C).

b) Como se ha visto anteriormente, al ser el movimiento relativo entre los cuerpos 1 y 3 sin deslizamiento, la velocidad del punto B de contacto de cada uno de los sólidos es la misma. Sin embargo, esto no es cierto a nivel de aceleraciones, por lo que

$$\vec{a}_{B_1} \neq \vec{a}_{B_3}$$

De este modo, resulta necesario calcular directamente la aceleración pedida. El resultado se puede obtener de diferentes modos; se puede resolver mediante una composición de movimientos, o bien mediante la expresión de aceleración de un punto del sólido rígido. La resolución se plantea por el segundo método.

La expresión requiere que se conozca la aceleración de otro punto perteneciente al **mismo sólido**. De todos los puntos utilizados en el apartado **a)**, sólo los puntos C y O presentan aceleración conocida. Se escoge el punto O por ser este un punto fijo, según se ha comentado, y su aceleración entonces nula. La expresión que se debe resolver es

$$\vec{a}_B = \vec{a}_O + \vec{\Omega}_3 \times [\vec{\Omega}_3 \times \overrightarrow{OB}] + \dot{\vec{\Omega}}_3 \times \overrightarrow{OB} \quad (1)$$

en la que es necesario conocer la aceleración angular del sólido 3. En la expresión hallada para su velocidad angular, se observa que las dos componentes presentan módulo constante, pero la aceleración angular no es nula, dado que existe una variación en la dirección de los vectores que conforman $\vec{\Omega}_3$.

Efectivamente, el vector $\vec{\omega}_r$ cambia de orientación por causa del giro de $\vec{\omega}_1$. Para hallar la aceleración angular se emplea el operador derivada en base móvil, recordando que el movimiento de la base debe ser tal que mantenga la expresión de $\vec{\Omega}_3$ genérica para cualquier posición del sistema.

$$\vec{\alpha}_3 = \left.\frac{d\vec{\Omega}_3}{dt}\right|_b + \vec{\Omega}_b \times \vec{\Omega}_3$$

Es, pues, necesario que la base de proyección se mueva de tal forma que las componentes de la velocidad angular $\vec{\Omega}_3$ se mantengan siempre igualmente proyectadas en ella. En este caso, sólo la componente ω_r varía con ω_1, por lo que la velocidad angular de la base $\vec{\Omega}_B$, es en este caso $\vec{\omega}_5$. Sustituyendo:

$$\vec{\alpha}_3 = \begin{bmatrix} 0 \\ 0 \\ 0 \end{bmatrix} + \begin{bmatrix} \omega_5 \\ 0 \\ 0 \end{bmatrix} \times \begin{bmatrix} \omega_5 \\ \omega_r \\ 0 \end{bmatrix} = \begin{bmatrix} 0 \\ 0 \\ \omega_5 \omega_r \end{bmatrix}$$

Hallada la aceleración angular, se procede a determinar la aceleración del punto B mediante la expresión (1), donde la velocidad y aceleración angular son las absolutas del satélite 3. Es decir:

$$\vec{a}_B = \begin{bmatrix} 0 \\ 0 \\ 0 \end{bmatrix} + \begin{bmatrix} \omega_5 \\ \omega_r \\ 0 \end{bmatrix} \times \left[\begin{bmatrix} \omega_5 \\ \omega_r \\ 0 \end{bmatrix} \times \begin{bmatrix} R_2 \\ R_1 \\ 0 \end{bmatrix} \right] + \begin{bmatrix} 0 \\ 0 \\ \omega_5 \omega_r \end{bmatrix} \times \begin{bmatrix} R_2 \\ R_1 \\ 0 \end{bmatrix}$$

siendo el resultado

$$\vec{a}_3 = \begin{bmatrix} -\omega_r^2 R_2 \\ -\omega_5^2 R_1 + 2\omega_5 \omega_r R_2 \\ 0 \end{bmatrix}$$

donde los valores de ω_5 y ω_r se han obtenido anteriormente.

10.- Supóngase que el diferencial del ejercicio anterior está montado en un coche que está tomando una curva de radio R en torno al eje vertical e-e' con velocidad angular Ω constante y conocida. Las velocidades de rodadura de las ruedas son ω_1 y ω_2 desconocidas y no hay deslizamiento en el contacto con el suelo. Determinar:

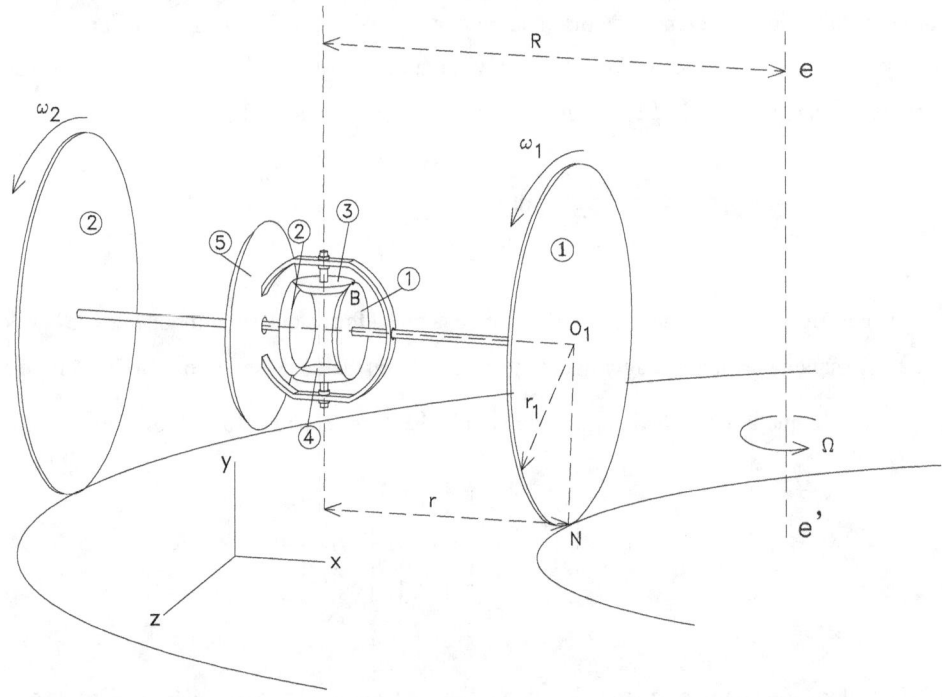

a) Valor de ω_1.

b) Aceleración del punto B del planetario 1.

SOLUCIÓN

a) El problema presenta el mismo diferencial que en el problema 9, pero ahora montado en un chasis y tomando una curva, por lo que aparece una nueva velocidad angular $\vec{\Omega}$ que arrastra todo el conjunto.
Para solucionar este apartado no es necesario trabajar con el diferencial; como la rueda 1 gira ahora con velocidad angular absoluta $\vec{\Omega}_1$ de valor.

$$\vec{\Omega}_1 = \vec{\omega}_1 + \vec{\Omega} = \begin{bmatrix} \omega_1 \\ \Omega \\ 0 \end{bmatrix}$$

simplemente relacionando dos puntos de la rueda de velocidad conocida se podrá hallar la componente ω_1 deseada. Los puntos de velocidad conocida son N y O_1. La velocidad del punto N es cero por ser el movimiento de la rueda de rotación sin deslizamiento, por lo que la velocidad del punto N de la rueda es la misma que la velocidad del punto N del suelo, que es cero. Por otra parte el punto O_1 describe una trayectoria circular alrededor del eje **e-e'** de radio **R-r** y a velocidad angular $\vec{\Omega}$, por lo que su velocidad es

$$\vec{v}_{O_1} = \begin{bmatrix} 0 \\ 0 \\ \Omega(R-r) \end{bmatrix}$$

Relacionando los dos puntos mediante la expresión

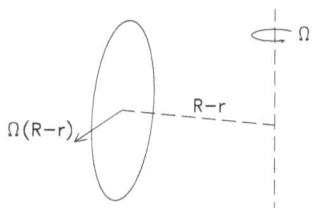

$$\vec{v}_{O_1} = \vec{v}_N + \vec{\Omega} \times \overrightarrow{NO_1}$$

y sustituyendo

$$\begin{bmatrix} 0 \\ 0 \\ \Omega(R-r) \end{bmatrix} = \begin{bmatrix} 0 \\ 0 \\ 0 \end{bmatrix} + \begin{bmatrix} \omega_1 \\ \Omega \\ 0 \end{bmatrix} \times \begin{bmatrix} 0 \\ r_1 \\ 0 \end{bmatrix}$$

se halla

$$\omega_1 = \frac{\Omega(R-r)}{r_1}$$

b) La aceleración del punto B del planetario 1 se puede hallar por sólido rígido o por composición. Considerando el primer método, es primero necesario conocer otro punto del sólido 1 de aceleración conocida. El punto puede ser por ejemplo O_1, por tener trayectoria conocida, según se ha comentado en el apartado **a)**. La expresión que se debe utilizar para calcular la aceleración del punto B es

$$\vec{a}_B = \vec{a}_{O_1} + \vec{\Omega}_1 \times [\vec{\Omega}_1 \times \overrightarrow{O_1B}] + \dot{\vec{\Omega}}_1 \times \overrightarrow{O_1B} \quad (2)$$

Es también necesario calcular la aceleración angular del planetario 1. El movimiento del planetario es ahora diferente del mismo planetario del problema 9, al girar además alrededor del eje **e-e'** con velocidad angular $\vec{\Omega}$. Este giro ocasiona un cambio de dirección en el vector $\vec{\omega}_1$. Para hallar esta aceleración angular se deriva la velocidad angular absoluta del sólido 1 en base móvil, siendo $\vec{\Omega}$ la velocidad angular de la base:

$$\dot{\vec{\Omega}}_1 = \left.\frac{d\vec{\Omega}_1}{dt}\right|_b + \vec{\Omega}_b \times \vec{\Omega}_1 = \begin{bmatrix} 0 \\ 0 \\ 0 \end{bmatrix} + \begin{bmatrix} 0 \\ \Omega \\ 0 \end{bmatrix} \times \begin{bmatrix} \omega_1 \\ \Omega \\ 0 \end{bmatrix} = \begin{bmatrix} 0 \\ 0 \\ -\omega_1\Omega \end{bmatrix}$$

sustituyendo en (2) la velocidad angular absoluta del planetario 1 y su aceleración angular que se acaba de hallar, se tendrá:

$$\vec{a}_B = \begin{bmatrix} \Omega^2(R-r) \\ 0 \\ 0 \end{bmatrix} + \begin{bmatrix} \omega_1 \\ \Omega \\ 0 \end{bmatrix} \times \left[\begin{bmatrix} \omega_1 \\ \Omega \\ 0 \end{bmatrix} \times \begin{bmatrix} -r \\ R_1 \\ 0 \end{bmatrix} \right] + \begin{bmatrix} 0 \\ 0 \\ -\omega_1\Omega \end{bmatrix} \times \begin{bmatrix} -r \\ R_1 \\ 0 \end{bmatrix} \quad \text{cuyo resultado es:} \ \vec{a}_B = \begin{bmatrix} \Omega^2 R + 2\Omega\omega_1 R_1 \\ -\omega_1^2 R_1 \\ 0 \end{bmatrix}$$

2.2. Problemas propuestos

11.- Una esfera de radio **r** se mueve en el interior de un cilindro de radio **2r**, sin deslizar en sus puntos de contacto con la pared y el suelo. Si el centro C de la esfera describe una circunferencia con velocidad angular ω_C constante, hallar:

  a) Velocidad y aceleración angular de la esfera.
  b) Velocidad y aceleración del punto D.
  c) Aceleración del punto A de la esfera, utilizando el método más breve.

12.- La esfera de la figura se mueve en el interior del cilindro abierto que gira con $\vec{\Omega}$ constante conocida, y se mantiene en contacto con la pieza cónica que gira con $\vec{\omega}$ constante, también conocida. No hay deslizamiento en los contactos A, B y C.

  a) Determinar la velocidad angular absoluta $\vec{p}$ de la esfera en función de $\vec{\omega}$ y $\vec{\Omega}$.
  b) Hallar el tiempo que tarda la esfera en dar una vuelta en torno al eje **e-e'** para el observador del laboratorio.
  c) Determinar la aceleración angular de la esfera.

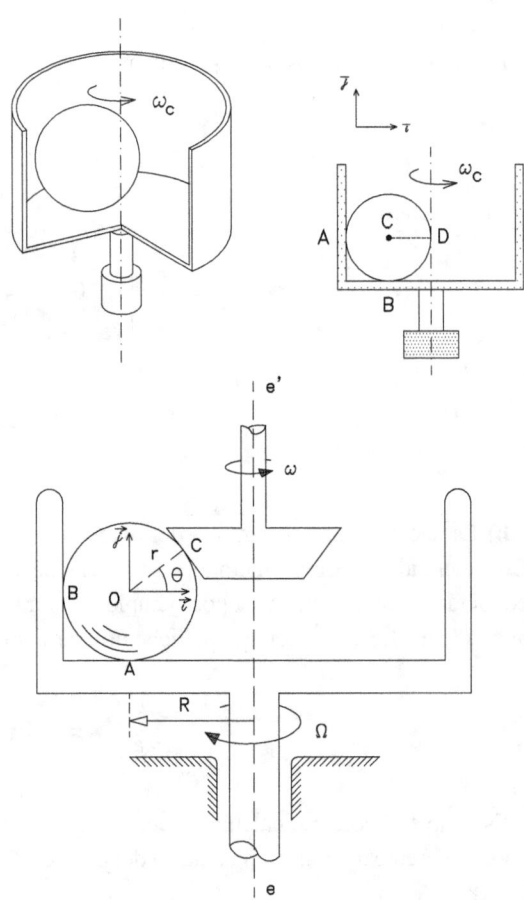

13.- El cono de abertura φ rueda sin deslizar sobre un cono fijo de abertura 2φ. El punto C, situado en el eje del cono móvil, describe una circunferencia de radio **r** cada τ segundos en el sentido indicado en la figura. Hallar para el cono móvil:

  a) Velocidad angular absoluta y velocidad angular relativa al plano vertical ABC.
  b) Velocidades angulares de rodadura y de pivotamiento.
  c) Aceleración absoluta del punto A
  d) Aceleración absoluta del punto D por el método más breve.

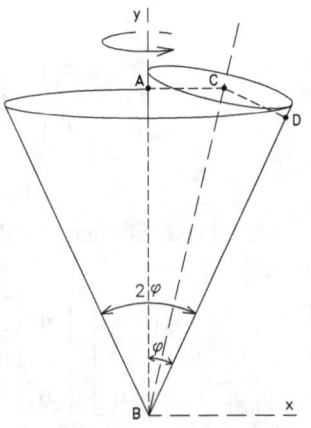

14.- Una trituradora consta de un bombo esférico de radio **r** montado sobre el eje LN, que lleva soldado un piñón con z_1 dientes. El eje LN está montado sobre el marco giratorio 1 mediante cojinetes. Dicho marco está soldado al eje AB, que se pone en movimiento mediante la manivela BM. La rotación alrededor del eje LN se consigue mediante los piñones cónicos indicados en la figura, cuyos números de dientes respectivos son z_1, z_2, z_3 y z_4. El último de estos piñones es fijo.

Determinar, suponiendo que la manivela se acciona con velocidad angular constante ω_1 conocida:

a) Velocidad angular absoluta del bombo esférico.
b) Velocidad del punto H del bombo.
c) Aceleración angular del bombo.
d) Aceleración del punto F perteneciente al bombo.

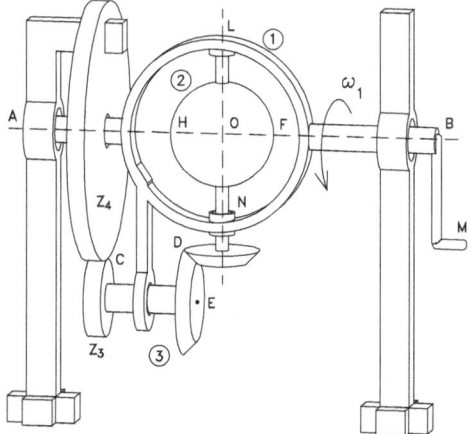

15.- En el dispositivo de la figura, la rueda dentada 1 de radio R_1 gira con ω_1 constante y conocida. La rueda dentada 2 está inmovilizada. La manivela 3 puede girar en torno al eje vertical. El movimiento se transmite a dicha manivela por la acción del árbol 4, del cual son solidarios dos engranajes (satélites) de radios respectivos **R** y **r** que engranan con los piñones 1 y 2 en P y Q. Determinar:

a) Velocidad angular y aceleración angular de los satélites.
b) Aceleración de Coriolis del punto P del satélite si la referencia móvil es el piñón 1.
c) Aceleración del punto Q del satélite.

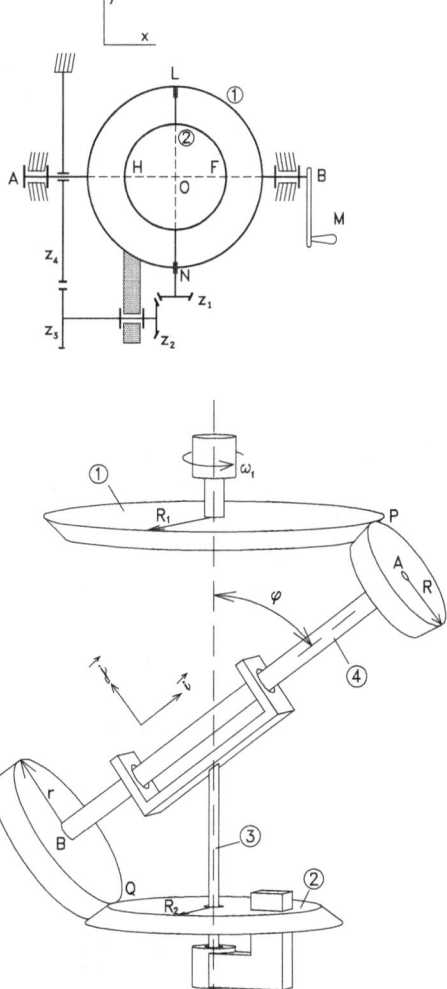

16.- La figura muestra el esquema del ratón utilizado en los ordenadores. En esencia consta de un chasis, aquí representado por la placa 3, que se mueve horizontalmente y que lleva una bola esférica. La placa es un cuadrado de centro O y lado 2ℓ con la cual es solidaria la base de proyección indicada. El centro de la bola, situado en O, se mueve solidariamente con la placa, y el contacto en C es sin deslizamiento. El punto E se mueve de modo que en cualquier instante se cumple $\vec{v}_E = v\vec{i}$ y $\vec{a}_E = a\vec{j}$, con **v** y **a** constantes y conocidas. Las ruedas 1 y 2 de radio **r** están montadas sobre la placa 3 y sus contactos con la esfera en A y B se producen sin deslizamiento. Las velocidades angulares ω_1 y ω_2 son desconocidas. Determinar:

   a) Velocidades angulares absoluta, de rodadura y de pivotamiento de la esfera.
   b) Aceleración angular de la esfera.
   c) Velocidad y aceleración del punto D de la esfera.
   d) Aceleración del punto A_1 relativa a la placa.
   e) Aceleración absoluta de A_1.

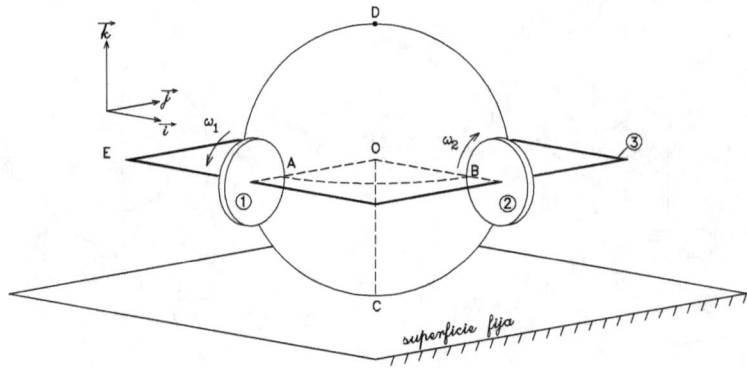

17.- La pieza 2 de la figura gira con $\vec{\Omega}$ constante conocida en torno al eje vertical fijo. La esfera de radio **r** se mueve sin deslizar en los contactos A y B. Tampoco hay deslizamiento en el contacto C con la superficie fija. Determinar:

   a) Velocidad y aceleración angular de la esfera.
   b) Eje instantáneo de rotación de la esfera. Dibujarlo.
   c) Axoide fijo.
   d) Aceleración del punto C_1.

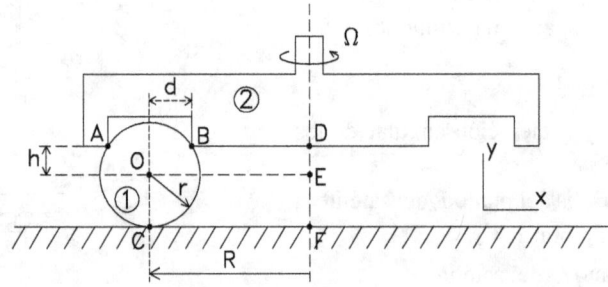

18.- Las palas 3 del ventilador de eje CD son propulsadas por el motor 2, que se mueve con ω constante y conocida respecto a la plataforma 1. La transmisión del movimiento es mediante una correa que es accionada por la polea de radio **r** del motor. La polea del ventilador es de radio **kr**. La plataforma 1 esta girando alrededor de un eje vertical fijo con Ω también constante y conocida. Determinar en el instante considerado:

a) Aceleración angular del sólido 3 y aceleración $\vec{a}_E$ del punto E.

b) Aceleración del punto G de la correa, la cual tiene inclinación θ respecto el eje **y**.

c) Supóngase ahora que la velocidad angular de las palas del ventilador relativa a 1 tiene módulo igual a Ω. Calcular la velocidad $\vec{v}_d$ de deslizamiento del cuerpo 3, y determinar su eje instantáneo de rotación y deslizamiento.

Datos: AB = d, BC = h, AF = DC = ℓ, DE = R, FG = b.

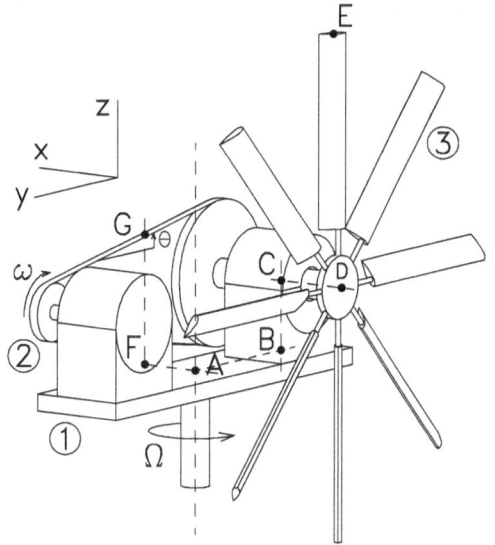

19.- La esfera de la figura se mueve sobre la plataforma de modo que el centro C tiene velocidad **v** constante y conocida respecto a la plataforma, y no desliza en los contactos A y B. Dicha plataforma gira con Ω constante conocida. En este momento, el centro C de la esfera está a una distancia **R** del eje de rotación de la plataforma. Determinar, utilizando la base indicada:

a) Eje instantáneo de rotación relativo de la esfera respecto a la plataforma. Calcular la velocidad angular $\vec{\omega}_r$ de la esfera relativa a la plataforma y la velocidad absoluta del punto D de la esfera.

b) Aceleración absoluta del punto A de la esfera.

c) Si el movimiento instantáneo absoluto de la esfera es puramente de rotación o no. Hallar su eje instantáneo.

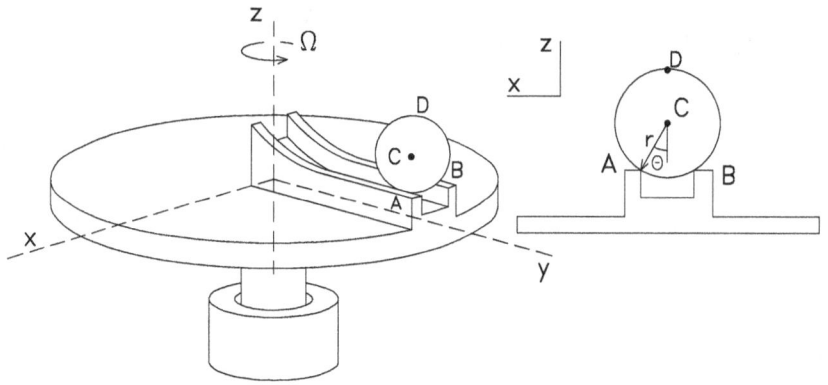

20.- En el dispositivo de la figura, la plataforma 4 gira con Ω constante y conocida. El disco 3 gira con velocidad angular **p**, también constante y conocida, respecto a la manivela 2 por la acción del motor que hay en ella. El contacto en D es sin deslizamiento. La barra 1 de conexión tiene rótulas en B y en A. El collar B desliza a lo largo de la guía vertical, no pudiendo rotar alrededor de la misma. Determinar, para el instante considerado y en la base de proyección de la figura:

a) Velocidad y aceleración angular del disco 3.

b) Velocidad de B usando la equiproyectividad sobre la línea de unión.

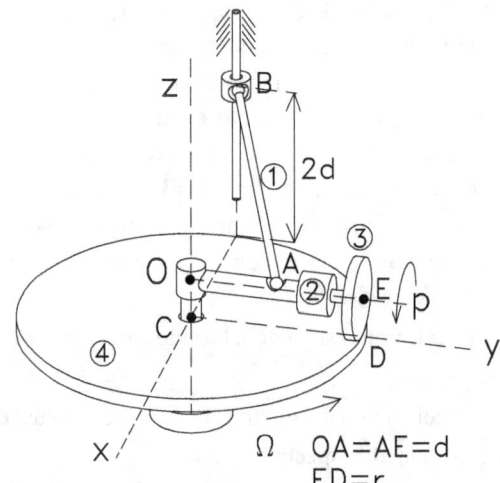

$OA = AE = d$
$ED = r$

21.- El dispositivo de la figura consta de una guía circular horizontal, que gira con velocidad angular, ω, constante y conocida alrededor del eje vertical OO', que pasa por centro de la guía. Sobre la guía rueda, sin deslizar, una esfera de radio **r** y centro G. En el momento que se ilustra el punto G se mueve con velocidad, **v**, constante en sentido positivo respecto de la guía. Determínese:

   a) La velocidad angular del plano definido por el punto G y el eje OO'.
   b) La aceleración angular de la esfera.
   c) La aceleración lineal del punto G.

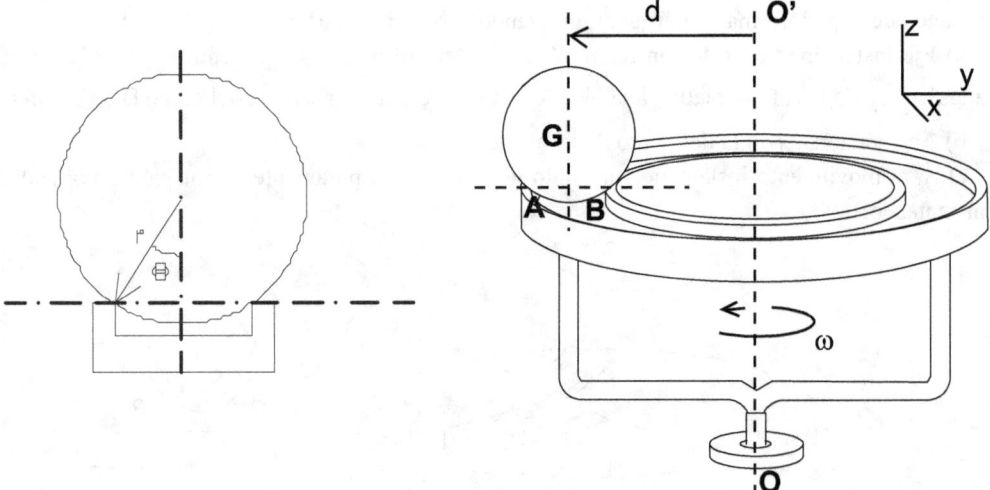

Examen parcial 28/10/2000

22.- El disco,1, de radio **r** de la figura está animado de una velocidad angular ω respecto al sólido 2. Su movimiento es de rodadura sin deslizamiento por el perfil circular de radio **R** que constituye la plataforma 2, que gira con velocidad angular, Ω constante y conocida. Determínese

  a) La velocidad angular del plano definido por el punto A (centro del disco) y el eje vertical por C con respecto del sólido 2.
  b) Encontrar la aceleración absoluta de B_1 por el método más corto. (Debe utilizarse la base xyz que se indica.)

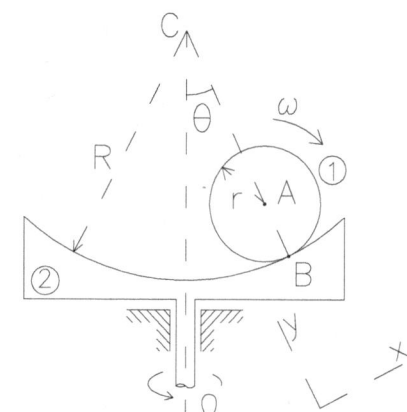

Examen parcial 25/10/2001

23.- El dispositivo de la figura consta de los siguientes elementos: el sólido 3 (constituido por un eje y un disco soldados) que gira con $\dot{\Phi}$ constante y conocida respecto del cilindro 2 y al propio tiempo se desplaza en la dirección de la barra con velocidad y aceleración **v** y **a** relativas al cilindro; el cilindro 2, que gira con velocidad angular $\dot{\theta}$, igualmente constante y conocida, respecto del sólido 1; el sólido1 que gira con Ω constante y conocida respecto a la bancada.

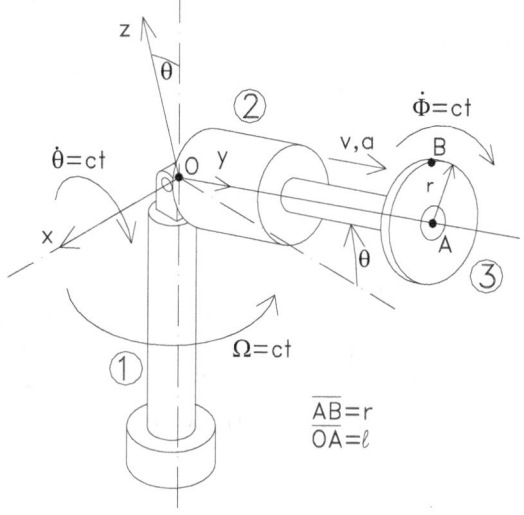

Determinar, para el instante de la figura y en la base indicada:
  a) Aceleración angular del sólido 3.
  b) Velocidad del punto B respecto el sólido 2.
  c) Aceleración absoluta de los puntos A y B.

Examen parcial 9/4/2003

24.- Un vehículo experimental está constituido por un chasis 1 sobre el que se han montado dos motores que accionan, respectivamente, cada una de las ruedas motrices. Los radios de las ruedas son iguales y valen R. El tercer apoyo del chasis se realiza mediante un encaje semiesférico que se apoya, sin rozamiento, sobre

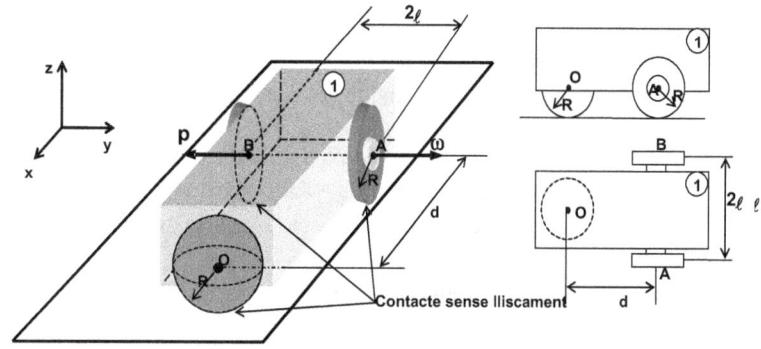

una esfera de radio R y centro O, el punto O se encuentra en el mismo plano horizontal que los centros A y B de las ruedas. La rueda A gira con una velocidad ω constante respecto del chasis; la rueda B gira, a su vez, con una velocidad p constante respecto del chasis. Todos los contactos son lisos. Determinar
   a) La velocidad angular del chasis.
   b) La velocidad angular de rodadura de la esfera de centro O.
   c) La aceleración del punto de contacto de la roda de centro A con el suelo.
   d) La aceleración del centro A.

Proyectar los resultados en la base indicada.

Examen parcial 30/10/2002

25- La figura representa la herramienta de un robot posicionador de piezas. El sólido 5 gira con velocidad angular constante Ω respecto al brazo 6. La barra 4 es accionada con velocidad angular Ω y aceleración angular $\dot{\Omega}$ respecto a 5. La pieza 1 de la pinza se mueve con velocidad **v** y aceleración **a** respecto al sólido 2. Supuesto que se conocen las distancias: AD= 3b , BC= b, CE = h, determinar, para el instante que se ilustra:

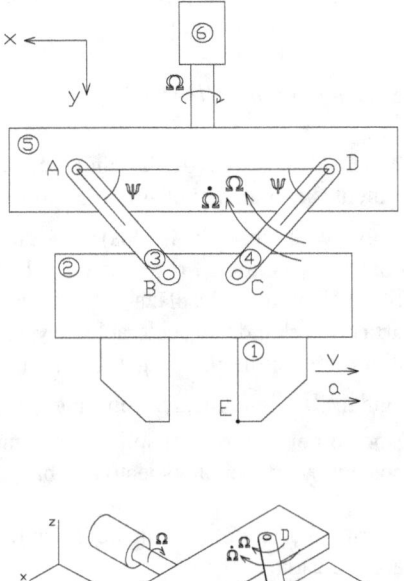

   a) La velocidad angular del sólido 2 respecto al brazo 6.
   b) La aceleración angular del sólido 2 respecto al mismo brazo.
   c) La aceleración $\mathbf{a}_C$ del punto C del sólido 4 respecto de 6; aplicando para ello la expresión que relaciona las aceleraciones de dos puntos de un sólido rígido.
   d) La aceleración $\mathbf{a}_E$ del punto E del sólido 1, respecto al brazo 6, utilizando la composición de movimientos.

En el instante de la figura, AD y BC son paralelas entre sí mientras que CE es paralela al eje **y**.

Examen parcial 13/04/1999

26- Accionada por el motor $\mathbf{M_2}$ (fijo en la bancada), la rueda 1 tiene una velocidad angular $\dot{\psi}$ constante y conocida. Esta misma rueda, mediante un contacto sin deslizamiento en E y F, transmite movimiento a las ruedas 2 y 4 (de eje fijo). Soldado a la rueda 4 se ha dispuesto un eje alrededor del cual gira la rueda 3 que está en contacto sin deslizamiento con la rueda 2 en D.
En la rueda 4 se ha montado una antena telescópica que puede girar accionada por el motor $\mathbf{M_1}$ entorno de B con velocidad angular constante y conocida $\dot{\varphi}$. En este instante la parte móvil 6 de la antena parte del reposo con una aceleración s conocida respecto a 5.
Determínese, utilizando la base de la figura:
   a) Velocidad angular ω_3 de la rueda 3

b) Aceleración angular α_6 de la barra 6 de la antena.

c) Aceleración $\mathbf{a}_A$ del punto A del sólido 6 de la antena.

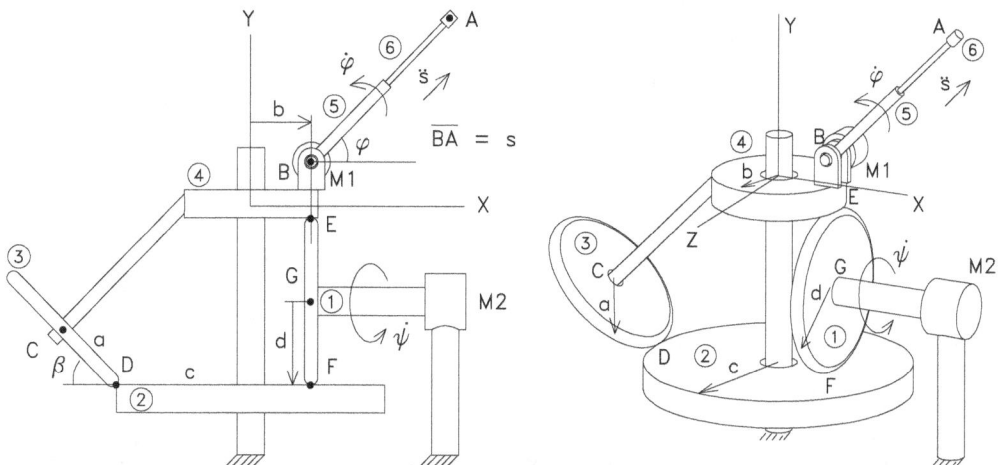

Examen parcial 5/11/1998

27-El brazo 1 (EFGA) es un sólido rígido que gira con velocidad angular constante y conocida Ω, de dirección vertical y sentido el que se indica en la figura. El plato 2, de radio R, rueda sin deslizar en contacto con la plataforma fija horizontal en el punto B. La velocidad angular del plato respecto del brazo 1 vale **p** y tiene la dirección del la recta GA. La bola 3 de radio **r** se mantiene siempre en la posición más baja en el interior del plato, para ello rueda por el interior del plato, apoyándose en los puntos C y D, en los que no hay deslizamiento.

Si se adopta la base de proyección (xyz) que se ilustra, con el eje **x** en la dirección de la recta GA que forma un ángulo θ con la horizontal, determinar:

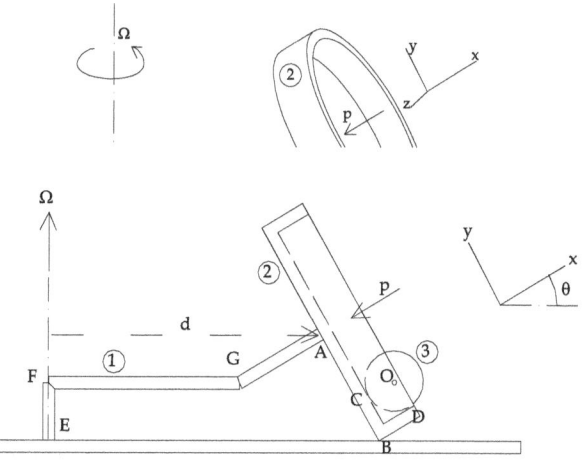

a) La velocidad angular relativa **p** del sólido 2 respecto del sólido 1.

b) La velocidad angular absoluta ω_3 del sólido 3.

c) La aceleración angular absoluta α_3 del sólido 3.

d) La velocidad de deslizamiento del sólido 3.

Examen parcial 25/10/2001

28.- La plataforma 4 de la figura gira alrededor del eje **a-a'** con velocidad angular Ω constante y conocida. El cilindro hidráulico CD eleva la posición del punto C de modo que el ángulo θ crece con valores de $\dot\theta$ y $\ddot\theta$ conocidos. El disco 2, de centro C, gira con velocidad y aceleración angulares, ω y α, relativas a la plataforma, conocidas y mantiene contacto sin deslizamiento con la placa 1, en el punto B. La placa se mueve respecto de la plataforma apoyándose en el punto A en el que no hay fricción y, en consecuencia, se produce deslizamiento. Considerando la referencia (O,xyz) como un sólido auxiliar 3 (el eje **x** tiene la dirección de la recta OC) determinar:

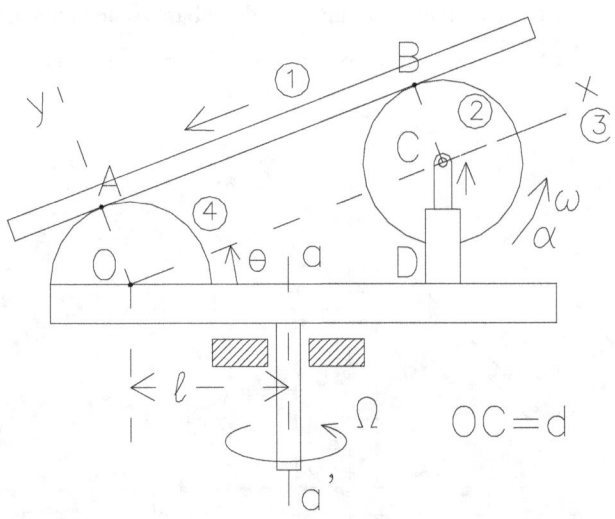

a) La aceleración absoluta de B_1, emplear la expresión de la composición de movimientos tomando como referencia móvil el sólido auxiliar 3.

b) El eje instantáneo de rotación y deslizamiento del sólido auxiliar 3, estudiando si su movimiento absoluto presenta deslizamiento.

Examen parcial 18/04/2001

3. PROBLEMAS DE CINEMÁTICA PLANA

3.1. Problemas resueltos

1.- Determinar gráficamente la posición del centro instantáneo de rotación (CIR) de la barra AB.

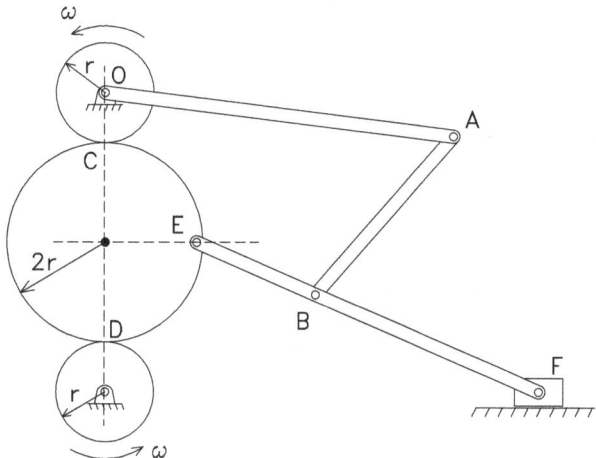

SOLUCIÓN

Para poder determinar, de forma gráfica, la posición del CIR de la barra AB es necesario conocer la dirección de las velocidades de dos puntos de dicha barra, siempre y cuando dichas velocidades no sean paralelas. En caso contrario, será necesario conocer también los correspondientes módulos.

Dado que la barra OA es una manivela articulada en O a la bancada, la velocidad del punto A será perpendicular a la dirección de dicha barra OA. Como el punto A es al propio tiempo un punto de la barra cuyo CIR se trata de determinar, puede afirmarse que dicho CIR se hallará sobre la recta **ff** perpendicular a la velocidad de A (ver figura de la página siguiente).

En lo que concierne al punto B, al ser un punto intermedio de la barra EF, no se puede identificar de forma directa la dirección de su velocidad y, por tanto, se deberá recurrir a un procedimiento indirecto, que permita encontrar el CIR de la barra EF.

El extremo F de esta barra tiene una velocidad que es paralela a la bancada, independientemente de su sentido, y por tanto el CIR de EF se deberá hallar sobre la recta perpendicular a dicha velocidad, es decir, la recta **dd**.

El extremo E, por su parte, está articulado a un disco cuyo movimiento está condicionado por el de los rodillos periféricos que mantienen contacto sin deslizamiento con respecto de éste. Como consecuencia de la condición de contacto sin deslizamiento, los puntos del rodillo superior y del disco que coinciden en C tienen la misma velocidad. Lo propio ocurre con los puntos del rodillo inferior y del disco que coinciden en D. Pese a que ambas velocidades son paralelas, lo que llevaría a una indeterminación, el hecho de que los radios de ambos rodillos y sus respectivas velocidades angulares sean iguales permite afirmar que los módulos de las velocidades de C y D son idénticos. Dado que el CIR del disco debe estar sobre la recta perpendicular a la dirección de la velocidad de C y D, puede afirmarse que dicho polo de velocidades se halla sobre la recta **aa** perpendicular a ambas.

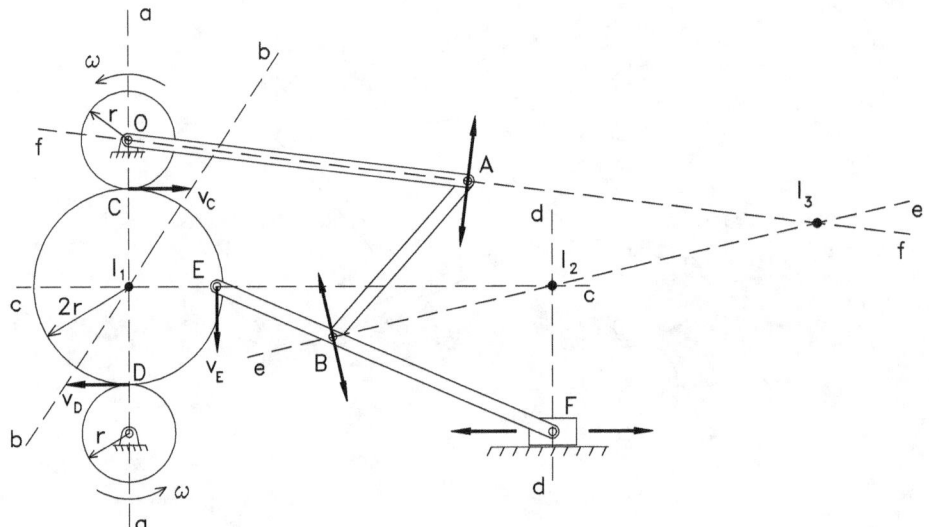

Por otra parte, el hecho de que la velocidad de los puntos de un sólido sea proporcional a la distancia al CIR permite afirmar que el polo se hallará sobre la recta bb que une los extremos de los respectivos vectores velocidad. El hecho de que el CIR del disco pertenezca simultáneamente a ambas rectas permite afirmar que éste es el punto I_1 de intersección entre ambas. En este caso, al ser ambos vectores de velocidad opuestos y del mismo módulo, llevan a que el punto I_1 coincida con el centro del disco.

Una vez identificado el punto I_1 como CIR del disco, queda determinada la dirección de la velocidad de todos los puntos del mismo, y en particular la del punto E, que será ortogonal a la recta I_1E. Dado que el punto E pertenece simultáneamente al disco y a la barra EF, puede afirmarse que el polo de velocidades de esta última barra se hallará sobre la recta **cc** perpendicular a la dirección de la velocidad de E. La conclusión final para esta barra será que el CIR de la misma se hallará en la intersección de las rectas **cc** y **dd**, por tanto, en el punto I_2.

El razonamiento, ahora, es reiterativo; si el punto B pertenece a la barra EF, su velocidad debe ser perpendicular a la recta I_2B. Al ser B un punto de la barra AB, el polo de velocidades de esta última deberá hallarse sobre la recta **ee**, por lo que el CIR de la barra AB estará en el punto I_3, intersección de las rectas **ee** y **ff** perpendiculares, respectivamente, a las velocidades de los puntos B y A.

2.- La figura representa un dispositivo para prensar. En el instante considerado en la figura, la manivela OA de longitud ℓ es horizontal y son conocidas su velocidad y aceleración angulares. El ángulo en B es recto. Determinar:

a) Velocidad del punto B.
b) Aceleración del punto D.

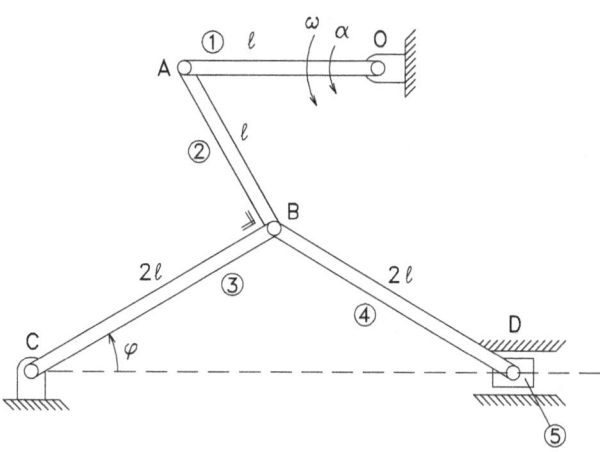

SOLUCIÓN

a) Vamos a determinar la velocidad del punto B.

Para ello se recurrirá a la barra AB, cuyo CIR es fácil de localizar como consecuencia de que sus extremos estén enlazados a sendas manivelas, OA y CB respectivamente. Este hecho permite conocer la dirección de las velocidades de ambos puntos, A y B, y además se conoce el módulo de la velocidad del punto A.

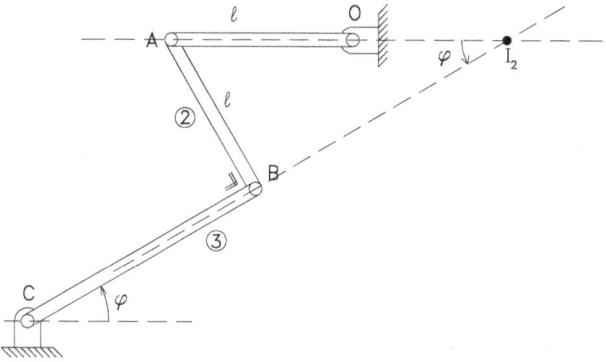

El punto A, por pertenecer a una manivela que gira en torno de O, describe una trayectoria circular alrededor de dicho punto. La velocidad de A es, por tanto, perpendicular a la dirección de la barra OA y el CIR de la barra AB se halla sobre la recta que tiene dirección radial y pasa por los puntos O y A.

El punto B pertenece también a otra manivela, CB. Por idénticas razones su velocidad es perpendicular a la barra CB y, en consecuencia, el CIR se halla en la recta que pasa por C y B. La intersección de ambas rectas define el punto I_2. El triángulo AB I_2 es un triángulo rectángulo en B cuyo cateto AB es de longitud conocida, ℓ, y cuyo ángulo opuesto es también conocido φ. En consecuencia:

$$\overline{I_2 A} = \frac{\ell}{\sen \varphi}$$

Sabidos estos datos y dado que el punto A tiene una velocidad lineal conocida, se podrá determinar ω_2. Se tiene

$$v_A = \omega\ell = \omega_2 \overline{I_2 A} = \frac{\omega_2 \ell}{\operatorname{sen}\varphi} \Rightarrow \omega_2 = \omega \operatorname{sen}\varphi \quad)$$

Dado que se conoce ω_2, podrá determinarse la velocidad lineal del punto B

$$v_B = \omega_2 \overline{I_2 B} = \frac{\omega_2 \ell \cos\varphi}{\operatorname{sen}\varphi} = \omega\ell\cos\varphi$$

Si se tiene en consideración que el punto B pertenece también a la barra CB, se podrá escribir:

$$v_B = \omega_3 \overline{CB} = \omega_3 2\ell$$

En consecuencia, igualando ambas expresiones se llega a

$$\omega_3 = \frac{\omega\cos\varphi}{2} \quad)$$

La velocidad angular de la barra BD es igual y opuesta a la de la barra CB; basta considerar que ambas forman siempre ángulos suplementarios con la horizontal, de modo que la cantidad que en uno crece, en el otro decrece. En consecuencia se podrá escribir:

$$\omega_4 = \frac{\omega\cos\varphi}{2} \quad)$$

b) El punto D sólo puede tener aceleración en la dirección horizontal dada la existencia de una guía que fuerza el movimiento en esta dirección. El módulo de la aceleración podrá deducirse a partir de la relación entre las aceleraciones de los dos puntos, B y C, que pertenecen al mismo sólido, la barra BC:

$$\vec{a}_D = \vec{a}_B - \omega_4^2 \overrightarrow{BD} + \vec{\alpha}_4 \times \overrightarrow{BD}$$

En esta expresión son desconocidas $\vec{a}_B$ y $\vec{\alpha}_4$.

Para determinar $\vec{a}_B$ será necesario hallar $\vec{\alpha}_3$, ya que, teniendo en cuenta que el punto B pertenece a la manivela CB, se podrá establecer:

$$\vec{a}_B = -\omega_3^2 \overrightarrow{CB} + \vec{\alpha}_3 \times \overrightarrow{CB}$$

Para poder determinar la velocidad angular de la manivela CB, será necesario encontrar la velocidad lineal del punto B. También se necesitará determinar el valor de la aceleración $\vec{\alpha}_3$, para ello se plantearán los diagramas de aceleración correspondientes al punto B como punto de la barra AB y como punto de la barra CB.

De las figuras de la página siguiente pueden deducirse las igualdades siguientes:

$$\vec{a}_B = \vec{a}_A + \vec{a}_{BA} \qquad\qquad \vec{a}_B = \vec{a}_A + \vec{a}_{BA}$$

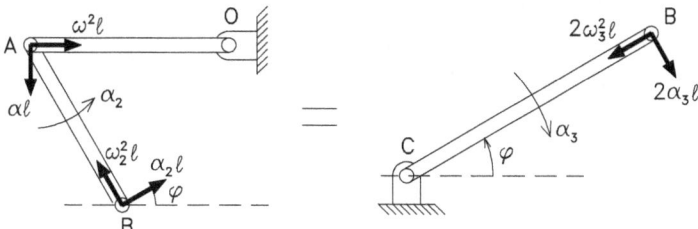

Proyectando sobre la dirección AB, y sustituyendo el valor conocido de ω_2, quedará:

$$\alpha_3 = \frac{\alpha}{2}\cos\varphi + \frac{\omega^2}{2}(1 - \operatorname{sen}\varphi)\operatorname{sen}\varphi$$

Por idénticas razones a las ya expuestas con respecto de la velocidades angulares, puede afirmarse que la aceleración angular de 4 será de sentido contrario a la de 3 y con su mismo módulo, de modo que será posible determinar la aceleración del punto D:

$$\vec{a}_D = \vec{a}_B + \vec{a}_{DB}$$

El diagrama de aceleraciones que corresponde a esta ecuación vectorial permite identificar la simetría de los vectores respecto de la horizontal. De ello resulta que el punto D, como era de esperar, sólo tiene componente horizontal de la aceleración y ésta vale, teniendo en cuenta la figura adjunta:

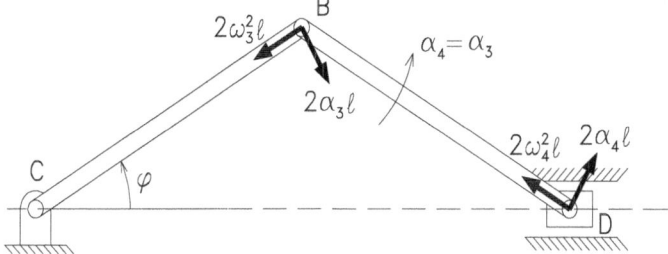

$$a_D = -4\omega_3^2 \ell \cos\varphi + 4\alpha_3 \ell \operatorname{sen}\varphi$$

con los valores de ω_3 y α_3 antes obtenidos.

3.- En el dispositivo de la figurasiguiente, el disco no desliza en el contacto B con la barra 3, la cual gira con ω_3 y α_3 conocidas. Hallar, para la posición de la figura en laque la barra 3 es horizontal:
    a) Velocidad angular del disco 2.
    b) Aceleraciones angulares α_1 y α_2.
    c) Velocidad angular de la guía 6.
    d) Aceleración del punto E.
(Datos: CD = DE = EF = EG = 2ℓ $\angle C = \angle D = 90°$. El espesor de la barra 3 es despreciable).

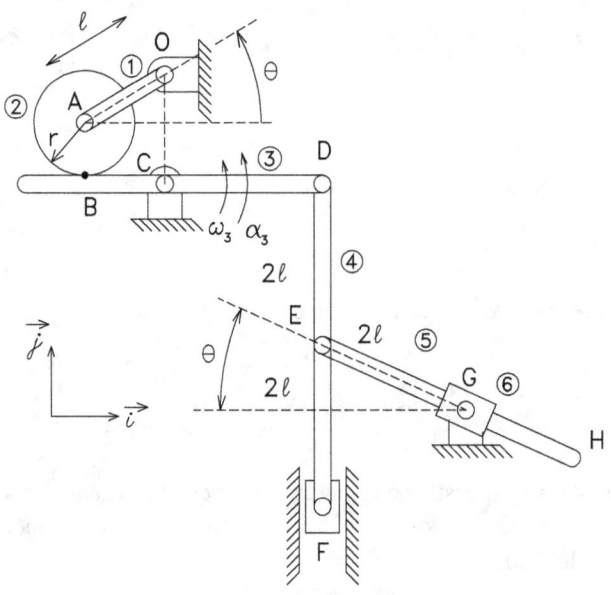

SOLUCIÓN

a) Tomamos el sentido trigonométrico como positivo para las velocidades angulares ω_1, ω_2 de los sólidos 1 y 2, tal como se muestra en la figura adjunta. La velocidad del punto B del disco, con base en A y aplicando la fórmula de velocidades para el sólido 2, será

$$\vec{v}_{B_2} = \vec{v}_A + \vec{\omega}_2 \times \overrightarrow{AB}$$

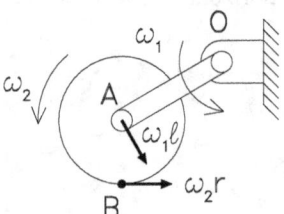

La figura ilustra geométricamente la fórmula anterior. Con su ayuda, y utilizando la base de proyección del enunciado, obtenemos:

$$\vec{v}_{B_2} = \omega_2 r \vec{i} + \omega_1 \ell \left(\text{sen}\,\theta \vec{i} - \cos\theta \vec{j} \right)$$

Por otra parte, es evidente que la velocidad del punto B de la barra 3 vale

$$\vec{v}_{B_3} = -\omega_3 \ell \cos\theta \vec{j}$$

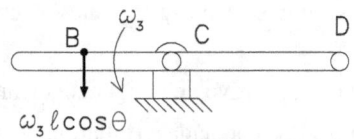

Como no hay deslizamiento en el contacto B, se cumple:

$$\vec{v}_{B_2} = \vec{v}_{B_3}$$

Igualando las componentes de las velocidades del punto B de 2 y de 3 que acabamos de calcular, se obtiene el sistema de ecuaciones:

$$-\omega_3 \ell \cos\theta = -\omega_1 \ell \cos\theta$$
$$0 = \omega_2 r + \omega_1 \ell \operatorname{sen}\theta$$

cuya resolución da:

$$\omega_1 = \omega_3$$

$$\omega_2 = -\frac{\omega_3 \ell \operatorname{sen}\theta}{r}$$

Estos resultados también hubieran podido hallarse determinando el CIR I_2 del disco 2. Es fácil ver que I_2 es el punto de intersección de las líneas OA y CB. A partir de este momento el proceso sería el usual cuando se utiliza el CIR.

b) Para determinar α_1 y α_2 tendremos en cuenta que el disco 2 se mueve sobre la barra 3 sin deslizar. Concretamente, estudiaremos la aceleración del punto B_2 por composición de movimientos, tomando como referencia *fija* el laboratorio y como referencia *móvil* la barra 3. Se tendrá

$$\vec{a}_{B_2} = \vec{a}^{\,r}_{B_2} + \vec{a}^{\,a}_{B_2} + \vec{a}^{\,c}_{B_2} \quad (1)$$

Calculemos cada uno de los sumandos de la expresión anterior. La aceleración de B_2 relativa a la barra 3 es la aceleración del CIR de un disco que no desliza, y se sabe que viene dada por

$$\vec{a}^{\,r}_{B_2} = \omega_r^2 r \vec{j}$$

donde ω_r es la velocidad angular relativa del disco respecto la barra, que en nuestro caso vale

$$\omega_r = \omega_2 - \omega_3$$

Por tanto, tenemos

$$\vec{a}^{\,r}_B = (\omega_2 - \omega_3)^2 r \vec{j}$$

La aceleración de arrastre del punto B_2 es, por definición, su aceleración absoluta como punto solidario de la referencia móvil, que ahora es la barra. De ahí que

$$\vec{a}^{\,a}_{B_2} = \vec{a}_{B_3} = \omega_3^2 \ell \cos\theta \vec{i} - \alpha_3 \ell \cos\theta \vec{j}$$

Para la aceleración de Coriolis, será

$$\vec{a}^{\,c}_{B_2} = 2\vec{\omega}_3 \times \vec{v}^{\,r}_{B_2} = 2\vec{\omega}_3 \times \vec{v}_{B_2/3} = 0$$

porque la velocidad de **B₂** respecto de 3 es, por definición, la velocidad de deslizamiento en el contacto B, que en nuestro caso es nula.

También podemos calcular la misma aceleración de B_2 aplicando la fórmula de aceleraciones para el sólido 2. Tomando como punto base el centro A del disco, tendremos:

$$\vec{a}_{B_2} = \vec{a}_A + \vec{a}_{B_2 A}$$

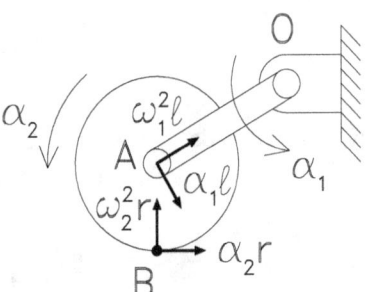

La figura adjunta ilustra geométricamente la fórmula anterior. Ayudándonos de este diagrama, y utilizando la base propuesta en el enunciado, quedará

$$\vec{a}_{B_2} = \alpha_1 \ell \left(\text{sen}\,\theta \vec{i} - \cos\theta \vec{j} \right) + \omega_1^2 \ell \left(\cos\theta \vec{i} + \text{sen}\,\theta \vec{j} \right) + \alpha_2 r \vec{i} + \omega_2^2 r \vec{j} \quad (2)$$

Resumiendo, para la aceleración de B_2 tenemos la expresión (1) con los valores obtenidos anteriormente para la aceleración relativa, de arrastre y complementaria, y también disponemos de la expresión (2) que acabamos de hallar. Igualando componentes en estas dos expresiones quedará

$$\alpha_2 r + \alpha_1 \ell \,\text{sen}\,\theta + \omega_1^2 \ell \cos\theta = \omega_3^2 \ell \cos\theta$$
$$\omega_2^2 r - \alpha_1 \ell \cos\theta + \omega_1^2 \ell \,\text{sen}\,\theta = -\alpha_3 \ell \cos\theta + (\omega_2 - \omega_3)^2 r$$

que es un sistema de dos ecuaciones con las incógnitas α_1 y α_2 buscadas. La segunda ecuación nos permite obtener directamente

$$\alpha_1 = \alpha_3 + \omega_1^2 \text{tg}\,\theta + \frac{(2\omega_2 - \omega_3)\omega_3 r}{\ell \cos\theta}$$

donde ω_1 y ω_2 son los valores obtenidos en el apartado **a)**. Despejando α_2 en la primera de las ecuaciones del sistema, tendremos

$$\alpha_2 = \frac{(\omega_3^2 - \omega_1^2)\ell \cos\theta - \alpha_1 \ell \,\text{sen}\,\theta}{r}$$

donde ω_1, ω_2 y α_1 son los valores ya obtenidos.

c) El movimiento de la barra 4 se transmite al sólido 5 y, en definitiva, a la guía. Procedamos, pues, inicialmente al estudio de la barra 4. Como puede observarse en la figura de la página siguiente, que detalla el movimiento de la barra ED que se halla en posición vertical en el instante que se estudia, las perpendiculares a las direcciones de $\vec{V}_D$ y $\vec{V}_F$ son rectas paralelas, por tanto el CIR I_4 está en el infinito (o, propiamente, no existe). Esto significa que la barra 4 está en *traslación instantánea*, lo que implica que

$$\omega_4 = 0$$

y, en consecuencia, todos sus puntos tienen igual velocidad. Es decir:

$$\vec{v}_E = \vec{v}_D = \omega_3 2\ell \vec{j} \quad (3)$$

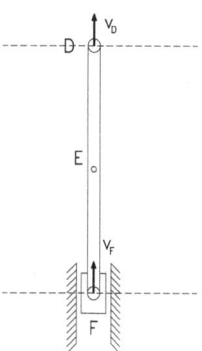

Como la barra 5 se mueve dentro de la guía 6 que, a su vez, gira con velocidad angular desconocida ω_6, procederemos a calcular la velocidad del punto E por composición de movimientos. Tomaremos como referencia *fija* el laboratorio, y como referencia *móvil* la guía 6. Será

$$\vec{v}_E = \vec{v}_E^r + \vec{v}_E^a$$

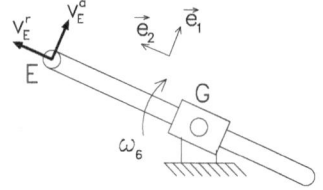

La velocidad relativa de E tiene la dirección de la barra 5. La velocidad de arrastre de E es, por definición, la velocidad de este punto supuesto solidario de la guía 6; en consecuencia, su dirección será perpendicular a la barra 5, y su módulo valdrá $2\ell\omega_6$. En el diagrama adjunto se resume lo obtenido.

Proyectando en la base $\vec{e}_1, \vec{e}_2$ de la figura, se tiene

$$\vec{v}_E = v_E^r \vec{e}_2 + v_E^a \vec{e}_1 = v_E^r \vec{e}_2 + \omega_6 2\ell \vec{e}_1$$

Haciendo lo mismo con la expresión (3), tenemos:

$$\vec{v}_E = \omega_3 2\ell (\text{sen}\theta \vec{e}_2 + \cos\theta \vec{e}_1)$$

Igualando, por componentes, estos dos últimos resultados, queda finalmente

$$\omega_6 = \omega_3 \cos\theta$$

Obsérvese, para concluir este apartado, que el resultado obtenido tiene una interpretación geométrica inmediata: la velocidad relativa y de arrastre de E son, simplemente las componentes de $\vec{V}_E$ en las direcciones 2 y 1.

d) Para hallar $\vec{a}_E$ utilizaremos la fórmula de aceleraciones para un sólido, tomando como punto base el D, ya que la aceleración de éste es conocida. Es decir:

$$\vec{a}_E = \vec{a}_D + \vec{a}_{ED}^t + \vec{a}_{ED}^n = (\alpha_4 - \omega_3^2)2\ell\vec{i} + \alpha_3 2\ell\vec{j} \quad (4)$$

El diagrama adjunto expresa gráficamente la aceleración buscada del punto E. Así, en cuanto se encuentre el valor de α_4, quedará totalmente determinada la aceleración $\vec{a}_E$.

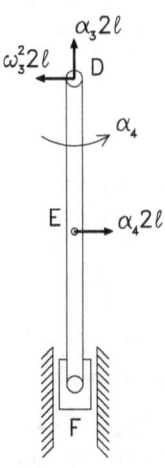

Hemos utilizado que, como la barra 4 tiene un movimiento de traslación instantánea, la velocidad angular ω_4 es nula en el instante considerado. Pero es importante advertir que esto no implica que también se anule la aceleración angular de dicha barra (como ocurriría si la traslación fuera *permanente* en lugar de instantánea). ¿Cómo hallar, pues, α_4?

La observación del mecanismo nos dice que el punto F tiene un movimiento rectilíneo vertical, y que, por tanto, se cumple:

$$a_F^x = 0$$

Relacionando los puntos F y D, tenemos

$$\vec{a}_F = \vec{a}_D + \vec{a}_{FD}^t$$

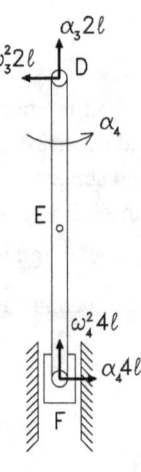

como queda ilustrado por el diagrama adjunto. Teniendo ahora en cuenta las dos últimas expresiones, y ayudándonos del diagrama, podremos escribir

$$a_F^x = a_D^x + a_{FD}^x = \alpha_4 4\ell - \omega_3^2 2\ell = 0$$

De ahí que

$$\alpha_4 = \frac{\omega_3^2}{2} \quad (4)$$

Sólo nos falta sustituir en (4) el valor que acabamos de hallar. Quedará:

$$\vec{a}_E = -\omega_3^2 \ell \vec{i} + \alpha_3 2\ell \vec{j}$$

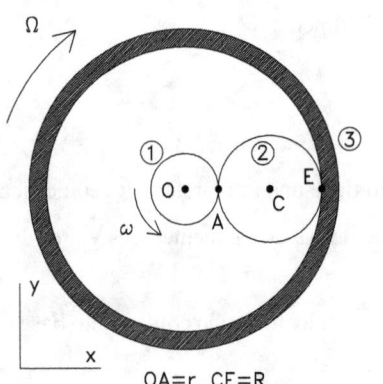

OA=r CE=R

4.- El mecanismo de la figura está formado por tres ruedas dentadas. Las ruedas 1 y 3 giran alrededor de O con velocidad angular constante, mientras que la rueda 2 se mueve con la única restricción de no deslizamiento en los puntos de contacto con 1 y 3. Se sabe que R = 2r y que $\Omega = 2\omega$. Se pide:

a) Tiempo necesario para que la rueda 2 dé una vuelta completa alrededor de O.

b) Hallar $\vec{a}_{E_2}$ en el caso particular que $\Omega = 0$ y R=2r.

SOLUCIÓN

a) La rueda 2 da una vuelta completa cuando su centro C la da también, pero no otro punto, puesto que sólo C describe una trayectoria circular alrededor de O, en este caso de radio **r+R**. De esta manera, el tiempo necesario para que la rueda 2 dé una vuelta completa es en realidad el tiempo que emplea el punto C en dar una vuelta alrededor de O. El tiempo se puede determinar como el cociente entre el ángulo girado por C alrededor de O en una vuelta (2π radianes) y la velocidad angular ω_C de la recta OC alrededor de O

$$\tau = \frac{2\pi}{\omega_C}$$

O bien, como el espacio recorrido por el punto C en una vuelta dividido por la velocidad del punto C. Siendo esta velocidad $\mathbf{v}_C$ el producto de la velocidad angular ω_C por el radio de giro **r+R**:

$$\tau = \frac{2\pi(R+r)}{v_C}$$

Sea como fuere, es necesario conocer la velocidad del punto C de la rueda 2, por lo que hay que calcular primero la velocidad angular ω_2 de la rueda. Para determinar la velocidad angular de un sólido en cinemática plana se puede buscar el CIR, o bien, relacionar dos puntos de velocidad conocida mediante la expresión de velocidades del sólido rígido. En general, para el caso de trenes epicicloidales es preferible este segundo método.

Se necesitan, pues, dos puntos de la rueda 2 de velocidad conocida; al no haber deslizamiento en los puntos de contacto entre esta rueda y las otras dos, resulta que

$$\vec{v}_{A_2} = \vec{v}_{A_1} \qquad \vec{v}_{E_2} = \vec{v}_{E_3}$$

por lo que se relacionan los puntos A y E de la rueda 2 mediante la fórmula de velocidades en el sólido rígido:

$$\vec{v}_A = \vec{v}_E + \vec{v}_{AE}$$

que gráficamente se representa como:

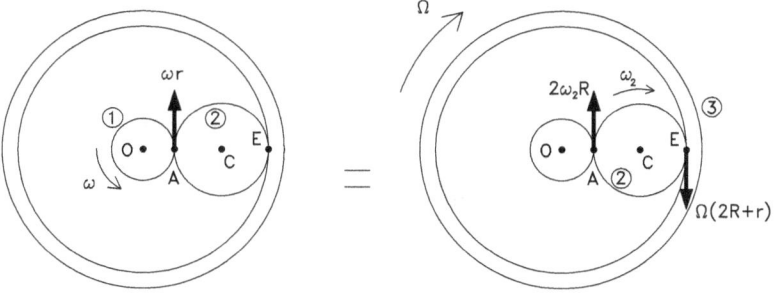

Ahora es fácil hallar la velocidad angular ω_2, ya que de la figura se deduce

$$\omega r = 2\omega_2 R - \Omega(2R + r) \qquad (1)$$

$$\omega_2 = \frac{\omega r}{2R} + \frac{\Omega(2R + r)}{2R}$$

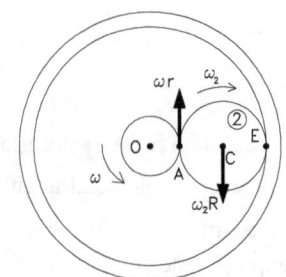

Hay que tener muy en cuenta que ω_C es diferente de ω_2: una es la velocidad angular de la recta OC girando alrededor del punto O, y otra es la velocidad angular del sólido; velocidades que, en general, son diferentes. Conocida ω_2, ahora es fácil hallar $\vec{v}_C$:

$$\vec{v}_C = \vec{v}_A + \vec{v}_{CA}$$

De la figura deducimos:

$$v_C = \omega r - \omega_2 R = \frac{\omega r}{2} - \frac{\Omega(2R + r)}{2}$$

en sentido vertical ascendente, y ω_C valdrá:

$$\omega_C = \frac{1}{R + r}\left(\frac{\omega r}{2} - \frac{\Omega(2R + r)}{2}\right) \qquad (2)$$

sustituyendo ahora Ω y R según los datos del enunciado

$$\vec{\omega}_C = -\frac{3}{2}\omega\,\vec{k}$$

y el tiempo para completar una vuelta:

$$\tau = \frac{2\pi}{|\omega_C|} = \frac{4\pi}{3}\frac{1}{\omega}$$

ya que el tiempo sólo depende del *módulo* de ω_C.

b) Si $\Omega=0$, el cuerpo 3 está parado y, en consecuencia, el sólido 2 describe un movimiento de rodadura sin deslizamiento sobre el cuerpo 3 fijo, siendo el punto E el punto de contacto entre estos dos cuerpos. En estas condiciones resulta ventajoso utilizar la expresión

$$\vec{a}_E = -\vec{\omega}_2 \times \vec{V}_{SE}$$

donde ω_2 es la velocidad angular absoluta de la rueda 2 y $\vec{V}_{SE}$, velocidad de sucesión del punto E, es la velocidad con la que se desplaza el punto geométrico de contacto respecto del anillo 3.

La velocidad angular ω_2 no es la misma del apartado **a)**, al haber cambiado las condiciones cinemáticas. Se puede hallar fácilmente el nuevo valor de ω_2 sustituyendo $\Omega=0$ en el resultado (1) hallado en el apartado anterior. Resulta:

$$\vec{\omega}_2 = -\frac{\omega r}{2R}\vec{k} = -\frac{\omega}{4}\vec{k}$$

Para hallar la velocidad de sucesión es necesario determinar de qué manera se desplaza el punto geométrico de contacto. Se puede determinar que el punto de contacto entre las ruedas 2 y 3 está siempre alineado con los centros O y C, tal como muestra la figura.

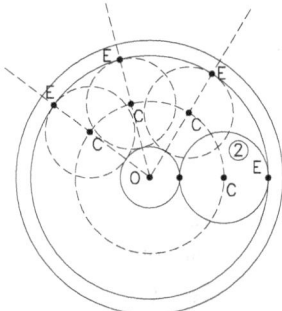

Con ello, el punto geométrico de contacto describe una trayectoria circular alrededor de O de radio **r+2R**, desplazándose solidariamente del punto C, lo que equivale a que su velocidad angular alrededor de O es la misma, ω_C. Sin embargo, igual que para ω_2, esta ω_C no tiene el mismo valor que en el apartado anterior. Igual que antes, sólo es cuestión de sustituir en (2):

$$\vec{\omega}_C = \frac{\omega}{6}\vec{k}$$

Con ello tendremos:

$$\vec{V}_{SE} = \omega_C 5r\vec{j} = \frac{\omega}{6}5r\vec{j}$$

Y finalmente la aceleración del punto E:

$$\vec{a}_E = -\vec{\omega}_2 \times \vec{V}_{SE} = -\begin{bmatrix}0\\0\\-\omega/4\end{bmatrix} \times \begin{bmatrix}0\\\frac{\omega}{6}5r\\0\end{bmatrix} = \frac{5\omega^2 r}{24}\vec{i}$$

El resultado también se puede determinar mediante la expresión más general de la aceleración de un punto para el sólido rígido:

$$\vec{a}_E = \vec{a}_c + \vec{a}_{EC} = \vec{a}_c + \vec{\alpha}_2 \times \overrightarrow{CE} - \omega_2^2 \overrightarrow{CE}$$

en la que es necesario conocer la aceleración de otro punto del sólido. Según todo lo visto, sólo el punto C presenta un valor de aceleración conocido. La velocidad angular es ω_2 absoluta, y α_2 es cero al ser todas las velocidades angulares constantes. Se comprueba que para esta expresión es igualmente necesario conocer ω_2 y ω_c, y el resto de cálculos son más laboriosos en general.

5.- Se considera el mecanismo plano de la figura, en el cual la barra AC desliza dentro del collar B de la barra OB. La longitud de OB es **r** y el ángulo en B es de 90°. Hallar, en la posición indicada, en función de la velocidad y aceleración angulares de la manivela OB:

a) Velocidad de la barra AC relativa a la manivela OB.
b) Aceleración del punto A.

SOLUCIÓN

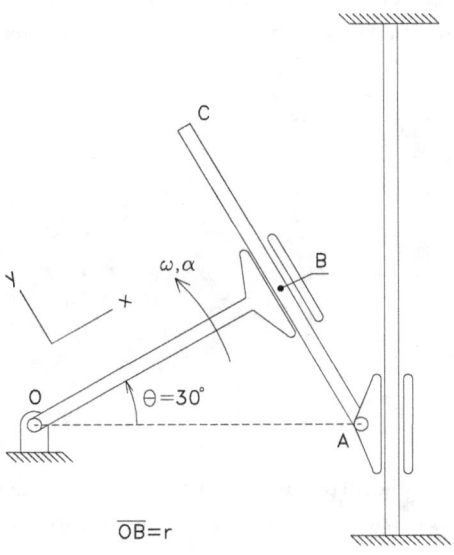

a) La presencia de la guía en B permite describir el movimiento de la barra con respecto de la manivela como un movimiento de traslación permanente a lo largo de la guía. Todos los puntos de la barra AC tendrán la misma velocidad relativa a la manivela; en consecuencia, bastará con estudiar la velocidad relativa de cualquier punto. El punto más adecuado parece ser el A, porque se conoce la dirección de su velocidad que forzosamente vertical, como consecuencia de la presencia de la guía exterior.

La velocidad del punto A podrá expresarse como suma de una velocidad de arrastre y una velocidad relativa En esta composición de movimientos la referencia fija será el laboratorio, y la móvil la manivela OB.

$$\vec{v}_A = \vec{v}_a + \vec{v}_r \Rightarrow \vec{v}_r = \vec{v}_A - \vec{v}_a$$

La velocidad del punto A es desconocida en módulo, pero definida en cuanto a dirección:

$$\vec{v}_A = \begin{bmatrix} v_A \operatorname{sen}\theta \\ v_A \cos\theta \end{bmatrix}$$

La velocidad de arrastre, por su parte, es la velocidad del punto A, suponiendo que perteneciera a la manivela OB; en consecuencia:

$$\vec{v}_a = \vec{\omega} \times \overrightarrow{OA} = \begin{bmatrix} \omega r tg\theta \\ \omega r \end{bmatrix}$$

Por lo tanto, la velocidad relativa será

$$\vec{v}_r = \begin{bmatrix} v_A sen\theta - \omega r tg\theta \\ v_A \cos\theta - \omega r \end{bmatrix}$$

Teniendo en cuenta que, por la estructura del dispositivo, la velocidad relativa debe ser en la dirección de la guía en B, la componente en dirección de la manivela OB debe ser nula, o sea:

$$v_A sen\theta - \omega r tg\theta = 0 \Rightarrow v_A = \frac{\omega r}{\cos\theta}$$

Con este valor para la velocidad del punto A, puede encontrarse la velocidad relativa:

$$\vec{v}_r = 0$$

b) El punto A está obligado a moverse en la dirección de la guía y por consiguiente la aceleración de dicho punto deberá tener esta dirección. En consecuencia, la aceleración del punto A puede determinarse por composición de movimientos utilizando una referencia móvil solidaria de la manivela, que permitirá escribir:

$$\vec{a}_A = \vec{a}_a + \vec{a}_r + \vec{a}_c$$

Para determinar la aceleración de arrastre bastará aplicar lo que dice la propia definición de ésta, que establece que la aceleración de arrastre del punto A es la que tendría dicho punto si estuviera fijo en la referencia móvil OB:

$$\vec{a}_a = \vec{\omega} \times (\vec{\omega} \times \overrightarrow{OA}) + \vec{\alpha} \times \overrightarrow{OA} = \begin{bmatrix} \alpha r tg\theta - \omega^2 r \\ \alpha r + \omega^2 r tg\theta \end{bmatrix}$$

Para determinar la aceleración de Coriolis, se utilizará el valor de la *velocidad relativa* que se ha encontrado anteriormente. Al ser ésta nula, también lo será la aceleración de Coriolis.

$$\vec{a}_c = 2\vec{\omega} \times \vec{v}_r = 0$$

En lo que concierne a la aceleración relativa, lo único que se conoce es su dirección, perpendicular a la barra OB, sin conocerse el módulo:

$$\vec{a}_r = \begin{bmatrix} 0 \\ a_r \end{bmatrix}$$

Sumando las componentes de la aceleración, se llega a la expresión final de la aceleración del punto A:

$$\vec{a}_A = \begin{bmatrix} \alpha r\,\text{tg}\,\theta - \omega^2 r \\ \alpha r + \omega^2 r\,\text{tg}\,\theta + a_r \end{bmatrix}$$

En la expresión obtenida se ignora el valor de a_r. Para determinarlo podemos utilizar, como antes, el hecho de que $\vec{a}_A$ tiene dirección vertical conocida. O sea

$$\vec{a}_A = \begin{bmatrix} a_A\,\text{sen}\,\theta \\ a_A\,\cos\theta \end{bmatrix}$$

Igualando las primeras componentes de estas últimas expresiones de $\vec{a}_A$, tendremos:

$$\vec{a}_A = \frac{\alpha r\,\text{tg}\,\theta - \omega^2 r}{\text{sen}\,\theta}$$

con lo cual:

$$\vec{a}_A = \begin{bmatrix} a_A\,\text{sen}\,\theta \\ a_A\,\cos\theta \end{bmatrix} = \begin{bmatrix} \alpha r\,\text{tg}\,\theta - \omega^2 r \\ \alpha r - \omega^2 r\,\cot g\,\theta \end{bmatrix}$$

Otro método para hallar a_r y $\vec{a}_A$ sería representar geométricamente la composición de movimientos para el punto A:

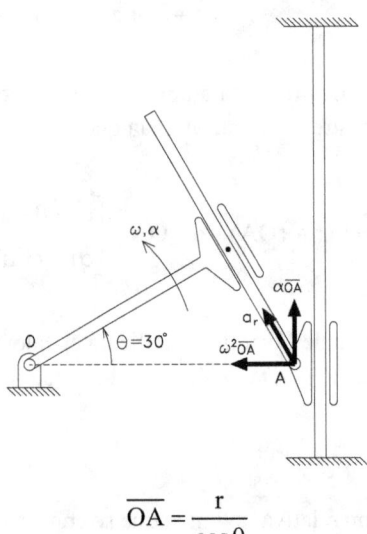

$$\overline{OA} = \frac{r}{\cos\theta}$$

El hecho de conocer la dirección de la aceleración absoluta del punto A permite establecer una ecuación que expresa que no debe existir componente de la resultante en la dirección perpendicular a la guía vertical. Es decir:

$$\frac{\omega^2 r}{\cos\theta} + a_r \,\text{sen}\,\theta = 0 \quad \Rightarrow \quad a_r = -\frac{\omega^2 r}{\text{sen}\,\theta \cos\theta}$$

Sustituyendo este valor, de la aceleración relativa, en la expresión general de la aceleración del punto A, se llega a

$$\vec{a}_A = \begin{bmatrix} \alpha r \,\text{tg}\,\theta - \omega^2 r \\ \alpha r - \omega^2 r \cot g\,\theta \end{bmatrix}$$

6.- En el dispositivo de la figura, B y C son pasadores, el disco de centro C rueda sin deslizar en el contacto D, y la barra 4 desliza dentro de la guía 5, cuyo pasador A está montado sobre la barra OB.

Se conocen ω_1 y α_1. Determinar en el instante considerado:

a) Velocidad angular de la barra 4.

b) Aceleración angular de la barra BC.

Datos: OA = ℓ, AB = 2ℓ, $\angle O = \angle Q = 90º$

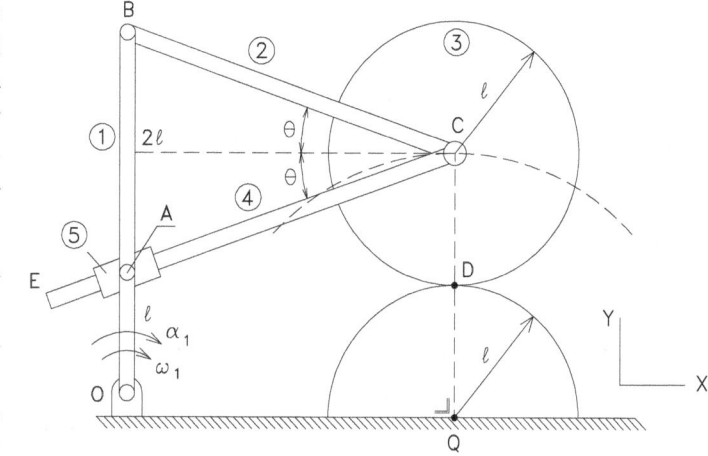

SOLUCIÓN

a) Si llamamos **b** a la distancia BC se verifica

$$b = \overline{BC} = \overline{AC} = \frac{\ell}{\text{sen}\,\theta}$$

Vamos a estudiar la barra 2. El punto B tiene velocidad perpendicular a OB, y la de C es normal a CD ya que el CIR del disco 3 está en D; por tanto, $\vec{V}_B$ y $\vec{V}_C$ son paralelas. De ahí que el CIR de 2 se halle en el infinito: la barra 2 tiene un movimiento instantáneo de traslación, y en consecuencia

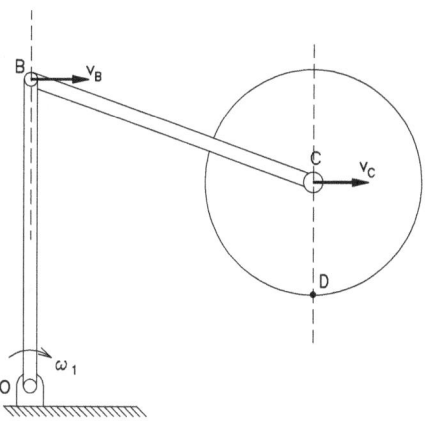

$$\omega_2 = 0 \;,\; \vec{v}_C = \vec{v}_B = 3\omega_1 \ell \vec{i} \quad (1)$$

La barra 4 se mueve en la guía 5, la cual, a su vez, gira. Esto sugiere que podremos hallar ω_4 estudiando el movimiento de un punto -como el C- mediante la fórmula de composición de velocidades. Así, tomando como referencia fija el laboratorio y como referencia móvil la guía 5, tendremos

$$\vec{v}_C = \vec{v}_r + \vec{v}_a \quad (2)$$

La velocidad relativa de C tiene valor desconocido, pero su dirección es la de la barra 4 (ver figura). Por tanto, utilizando la base del enunciado, será

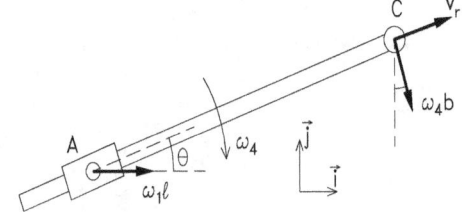

$$\vec{v}_r = v_r \left(\cos\theta \vec{i} + \sen\theta \vec{j} \right)$$

La velocidad de arrastre de C es, por definición, la velocidad absoluta de C, supuesto solidario de la referencia móvil. (Es evidente que $\omega_4 = \omega_5$). O sea:

$$\vec{v}_a = \vec{v}_{A_5} + \omega_4 \times \overrightarrow{AC}$$

La figura anterior ilustra esta última expresión. Utilizando la base ya considerada, tendremos

$$\vec{v}_a = \omega_1 \ell \vec{i} + \omega_4 b \left(\sen\theta \vec{i} - \cos\theta \vec{j} \right)$$

Sustituyendo en (2) las expresiones obtenidas para las velocidades relativa y de arrastre, e igualando componentes con (1), se obtiene el sistema de ecuaciones:

$$3\omega_1\ell = v_r \cos\theta + \omega_1\ell + \omega_4 b \sen\theta$$
$$0 = v_r \sen\theta - \omega_4 b \cos\theta$$

que, una vez resuelto, nos da

$$\omega_4 = \frac{2\omega_1 \ell \sen\theta}{b} = 2\omega_1 \sen^2\theta$$

b) Para determinar α_2 procederemos a analizar el punto C. Este punto describe una circunferencia de radio 2ℓ y centro Q; por tanto, usando componentes intrínsecas, la aceleración de C será

$$\vec{a}_C = \vec{a}_C^{\,t} + \vec{a}_C^{\,n} \quad (3) \quad \text{con} \quad a_C^n = \frac{v_C^2}{2\ell} = \frac{9}{2}\omega_1^2 \ell$$

El diagrama adjunto muestra geométricamente esta aceleración.

Por otra parte, podemos calcular esta misma aceleración tomando C como punto de la barra 2, aplicando para esta barra la fórmula de aceleraciones con punto base en B, es decir:

$$\vec{a}_C = \vec{a}_B + \vec{a}^t_{CB} \quad (4)$$

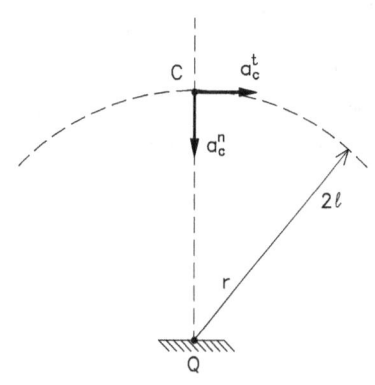

Esta expresión está representada en el diagrama contiguo. Para determinar la aceleración α_2, bastará igualar las proyecciones de las expresiones (3) y (4) sobre la perpendicular a $\vec{a}_t$ (que es la dirección vertical), por cuanto el valor de la incógnita $\vec{a}^t_C$ no precisa ser hallado. Igualando, con la ayuda de los dos últimos diagramas, quedará:

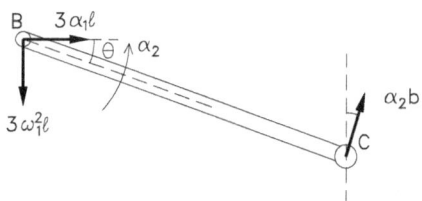

$$\frac{9}{2}\omega_1^2 \ell = 3\omega_1^2 \ell - \alpha_2 b \cos\theta$$

y por tanto

$$\alpha_2 = -\frac{3}{2}\omega_1^2 \operatorname{tg}\theta \quad)$$

7.- En el mecanismo de la figura la barra OA, de longitud ℓ, se mueve con ω y α conocidas. El cursor D describe una circunferencia de radio **r**. Determinar, para la posición indicada:

a) Aceleración normal del punto D.
b) Aceleración angular de la barra AB.

(Datos: Las tres barras, en el instante de la figura, forman ángulos de 60° con la dirección horizontal o eje **x**. BC = BD = 2ℓ).

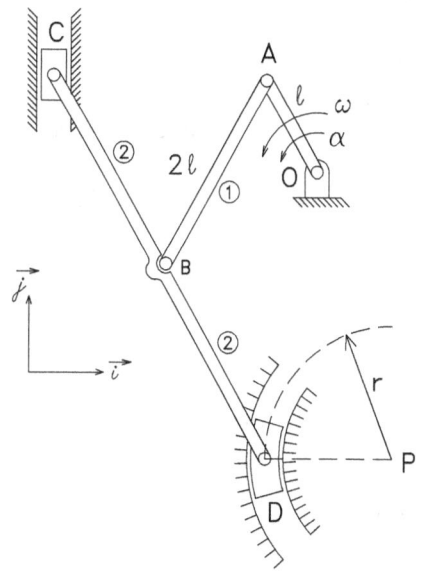

SOLUCIÓN

a) Para resolver el primer apartado hay que considerar que, dado que el punto D describe una trayectoria circular, estará sometido a una aceleración normal. La dirección de ésta será radial y su sentido será hacia el centro de curvatura de la trayectoria en el punto en cuestión. Para determinar el módulo de la aceleración será necesario encontrar el valor de la velocidad lineal con que el punto D recorre su trayectoria. Para hallar el valor de dicha velocidad se utilizará el CIR de la barra CD, cuya posición es fácil de localizar, dado que son conocidas las direcciones de las velocidades de dos puntos de la barra.

En efecto, la velocidad del punto D debe ser tangente a la trayectoria, por consiguiente el CIR deberá hallarse sobre la perpendicular a dicha dirección, recta **bb** de la figura. Por su parte, el punto C describe una trayectoria rectilínea, por lo que el CIR se hallará sobre la perpendicular a esta trayectoria (recta **aa** de la figura siguiente).

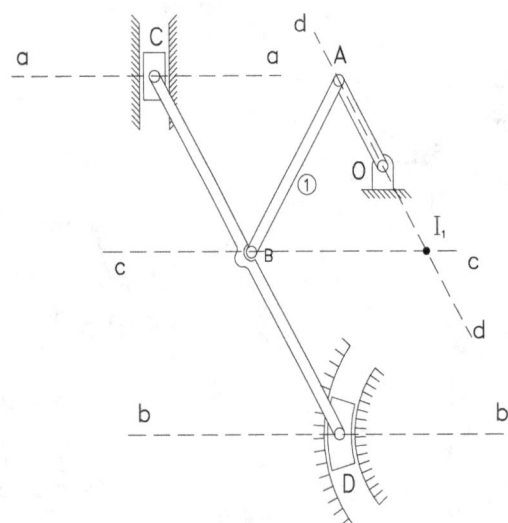

Dado que las rectas **aa** y **bb** *son paralelas y no coincidentes*, la intersección de las mismas se produce en el infinito y, por tanto, el movimiento instantáneo carece de velocidad angular. Se trata, en consecuencia, de un movimiento de *translación instantánea* y, por la definición de este movimiento, *todos los puntos del sólido CD están animados de la misma velocidad*. Para conocer la velocidad del punto D bastará determinar la velocidad de cualquier otro punto de la barra; el punto B parece especialmente adecuado si se considera que *pertenece simultáneamente a la barra AB*, cuyo movimiento está totalmente definido.

Para encontrar el valor de la velocidad del punto B será necesario recurrir al análisis del movimiento del sólido AB y a la determinación de la posición de su CIR. El punto B, por pertenecer a un sólido (CD) con movimiento de traslación, tendrá la misma velocidad que los demás puntos del mismo cuerpo; en consecuencia, el CIR deberá hallarse sobre la recta ortogonal **cc**. El punto A, por pertenecer a una manivela de centro O, describe una trayectoria circular alrededor del punto O. La velocidad de A será tangente a la trayectoria y, en consecuencia, el CIR de la barra AB se encontrará sobre la recta **dd**, que en este instante tiene una dirección radial a la trayectoria.

El CIR de la barra AB se encontrará en la intersección de las rectas **cc** y **dd**, es decir, el punto I_1. Por la especial geometría del sistema, el triángulo ABI_1 es un triángulo equilátero y, en consecuencia, la distancia $I_1B = I_1A = 2\ell$.

La velocidad del punto A, por pertenecer a la manivela, es conocida. El hecho de que el punto A pertenezca también a la barra AB permite determinar la velocidad angular de esta última barra:

$$\begin{matrix} v_A = \omega\ell \, (\text{Barra OA}) \\ v_A = \omega_1 \overline{I_1A} \, (\text{Barra AB}) \end{matrix} \Rightarrow \omega_1 = \frac{\omega}{2}$$

Una vez conocida la velocidad angular de la barra AB y la posición de su CIR, es fácil determinar la velocidad del punto B y, por tanto, la de cualquier punto de la barra DC, en particular la del punto D.

$$v_D = v_B = \omega_1 \overline{I_1B} = 2\omega_1 \ell = \omega \ell$$

Determinada la velocidad lineal del punto D, la aceleración normal del punto D será:

$$a_D^n = \frac{v_D^2}{r} = \frac{\omega^2 \ell^2}{r}$$

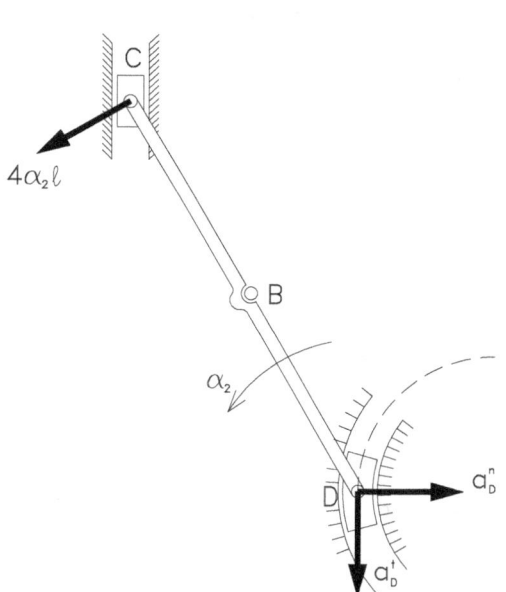

b) Para hallar la aceleración angular de la barra AB *no podrá recurrirse a la derivación* de su velocidad angular puesto que ésta se ha hallado para una *posición particular*; en consecuencia, se deberá utilizar un método indirecto para realizar el cálculo. Dicho procedimiento pasa por la determinación de la aceleración del punto B, dado que, al ser conocida la aceleración del punto A, ambas aceleraciones lineales se podrán relacionar a través de la expresión general

$$\vec{a}_B = \vec{a}_A - \omega_1^2 \overrightarrow{AB} + \vec{\alpha}_1 \times \overrightarrow{AB}$$

donde la única incógnita que quedará será la aceleración angular α_1 que se está buscando.

Para poder realizar este proceso, de determinación de la aceleración de B, se volverá a trabajar con la barra CD, que no posee velocidad angular instantánea pero sí puede poseer aceleración angular α_2, que se deberá determinar. Para ello se recurrirá a la ecuación que relaciona las aceleraciones de los puntos C y D, considerando además que el punto C tiene movimiento rectilíneo vertical y por lo tanto su aceleración debe tener esta dirección. La aceleración del punto C responde a la ecuación:

$$\vec{a}_C = \vec{a}_D + \vec{\alpha}_2 \times \overrightarrow{DC}$$

Hay que considerar que la aceleración tangencial del punto D es desconocida, pero en ningún caso *puede afirmarse que no exista* y también se sabe que será vertical (tangente a la trayectoria circular del punto D). La anterior ecuación vectorial puede representarse mediante el cinema de aceleraciones adjunto. Como la aceleración es vertical, dirección forzada por la ligadura geométrica, *la resultante de los vectores en la dirección horizontal debe ser nula* en el cinema de aceleraciones considerando y, por tanto, se podrá escribir:

$$a_D^n = 4\alpha_2 \ell \operatorname{sen}60° \quad \Rightarrow \quad \alpha_2 = \frac{\omega^2 \ell}{4r\operatorname{sen}60°}$$

Una vez determinada la aceleración angular del sólido CD, puede abordarse el cálculo de la aceleración

del punto B desde dos perspectivas distintas:
- como punto de la barra CD.
- como punto de la barra AB.

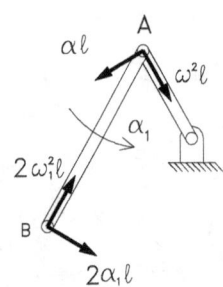
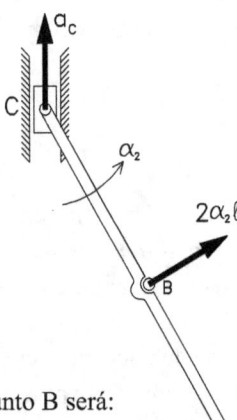

- Como punto de la barra CD (figura de la derecha), la aceleración del punto B será:

$$\vec{a}_B = \vec{a}_C + \vec{\alpha}_2 \times \overrightarrow{CB}$$

En esta expresión, nuevamente, el valor de $\vec{a}_C$ es desconocido, pero es fácil determinar el valor de la componente horizontal de la aceleración del punto B, que valdrá

$$a_B^x = 2\alpha_2 \ell \,\text{sen}\, 60° = \frac{\omega^2 \ell^2}{2r}$$

Como punto perteneciente a la barra AB (figura izquierda), la aceleración de B será:

$$\vec{a}_B = \vec{a}_A - \omega_1^2 \overrightarrow{AB} + \vec{\alpha}_1 \times \overrightarrow{AB}$$

La componente horizontal de la aceleración del punto B, en este segundo caso, responderá a la expresión siguiente:

$$a_B^x = \omega^2 \ell \,\text{sen}\, 30° - \alpha \ell \cos 30° + 2\alpha_1 \ell \cos 30° + 2\omega_1^2 \ell \,\text{sen}\, 30°$$

Sustituyendo el valor conocido de la velocidad angular de la barra AB, ω_1, quedará:

$$a_B^x = \frac{3}{2}\omega^2 \ell \,\text{sen}\, 30° - \alpha \ell \cos 30° + 2\alpha_1 \ell \cos 30$$

Como ambas expresiones para a^x_B deben ser iguales, resultará:

$$\frac{\omega^2 \ell^2}{2r} = \frac{3}{2}\omega^2 \ell \,\text{sen}\, 30° - \alpha \ell \cos 30° + 2\alpha_1 \ell \cos 30$$

de donde se llega a:

$$\alpha_1 = \frac{\alpha}{2} + \frac{\omega^2}{4\cos 30°}\left(\frac{\ell}{r} - 3\,\text{sen}\,30°\right)$$

8.- La rueda dentada 1 engrana con la rueda dentada 3, que es solidaria de la barra AB. La manivela OA no está acoplada con ninguna rueda. Si se hace girar la rueda 1 con ω_1 y α_1 conocidas, determinar en el instante considerado:

a) Velocidad del punto C_2.
b) Aceleración angular de la biela AB.

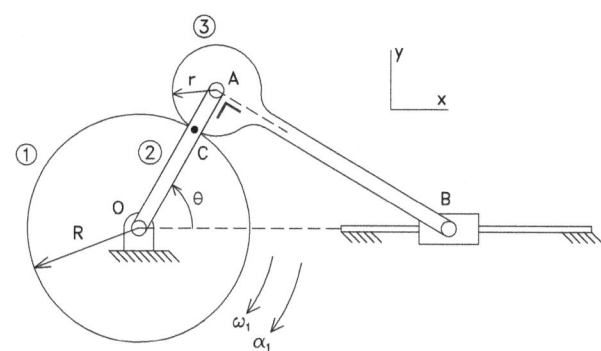

SOLUCIÓN

a) Llamaremos ℓ a la distancia OB. Es claro que

$$\ell = \overline{OB} = \frac{R+r}{\cos\theta}$$

Pasemos ahora a resolver la primera parte del problema. Para ello hallaremos el CIR I_3 del sólido 3 trazando perpendiculares a las velocidades de los puntos A y B (ver figura). La velocidad angular ω_3 se hallará teniendo en cuenta que conocemos la velocidad del punto C de 3, ya que, por la condición de contacto sin deslizamiento, se verificará

$$v_{C_3} = v_{C_1} = \omega_1 R$$

y, por tanto

$$\omega_3 = \frac{v_{C_3}}{\overline{CI_3}} = \frac{\omega_1 R}{\ell/\cos\theta - R} = \frac{\omega_1 R \cos\theta}{\ell - R\cos\theta}$$

La velocidad de A será

$$v_A = \omega_3 \overline{AI_3} = \frac{\omega_1 R \cos\theta}{\ell - R\cos\theta}\left(\frac{\ell}{\cos\theta} - R - r\right)$$

con lo cual la velocidad angular de la manivela OA valdrá en definitiva

$$\omega_2 = \frac{\omega_1 R \,\text{sen}^2\theta}{R\,\text{sen}^2\theta + r}$$

y la velocidad de C_2 pedida

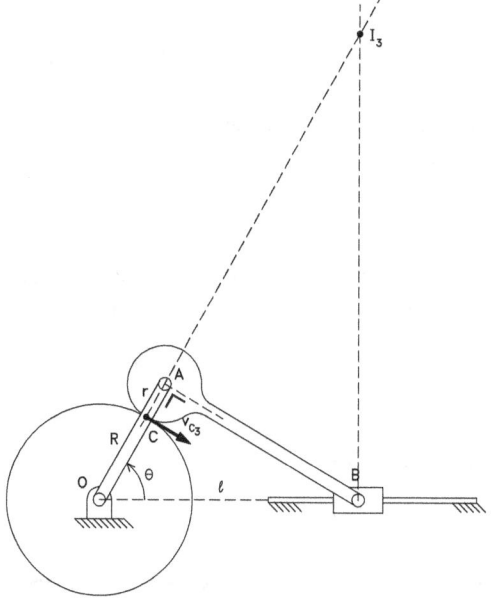

$$v_{C_2} = \omega_2 R = \frac{\omega_1 R^2 \mathrm{sen}^2\theta}{R\,\mathrm{sen}^2\theta + r}$$

b) Para determinar α_3, una ecuación que se debe utilizar se deduce de la condición

$$a_B^y = 0 \quad (1)$$

con la base indicada en el enunciado.

Aplicando la fórmula de aceleraciones para un sólido:

$$\vec{a}_B = \vec{a}_A + \vec{a}_{BA}$$

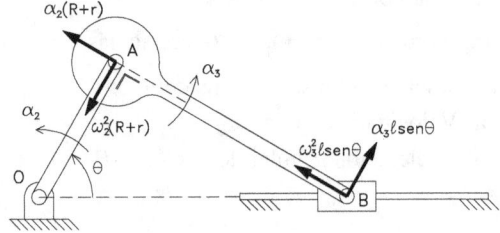

Esta expresión se ilustra geométricamente en la figura. Con la ayuda de este diagrama, la condición anterior se escribirá:

$$\alpha_3 \ell \,\mathrm{sen}^2\theta + \omega_3^2 \ell\, \mathrm{sen}\,\theta\cos\theta + \alpha_2(R+r)\cos\theta - \omega_2^2(R+r)\mathrm{sen}\,\theta = 0 \quad (1)$$

que es una ecuación con las incógnitas α_2 y α_3. El problema estará resuelto si conseguimos otra ecuación con las mismas incógnitas. Para conseguirla, basta considerar que el contacto en C tiene lugar sin deslizamiento y, por tanto, deben ser iguales las componentes de las aceleraciones de C_1 y C_3 en la dirección de la tangente τ en el contacto C. Es decir,

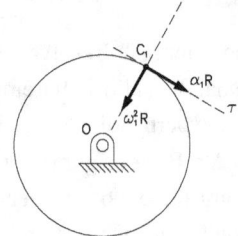

$$a_{C_1}^\tau = a_{C_3}^\tau \quad (2)$$

Los dos diagramas muestran las aceleraciones de ambos puntos. No necesita comentario el valor de la aceleración de C de 1, ya que es prácticamente un dato. En cuanto a la aceleración de C_3, se ha deducido de la fórmula

$$\vec{a}_{C_3} = \vec{a}_A + \vec{a}_{C_3 A}$$

Por tanto, la relación (2) dará
$$\alpha_1 R = \alpha_3 r - \alpha_2(R+r)$$

que es la segunda ecuación buscada. Despejando en ella α_2, tendremos

$$\alpha_2 = \frac{\alpha_3 r - \alpha_1 R}{R + r}$$

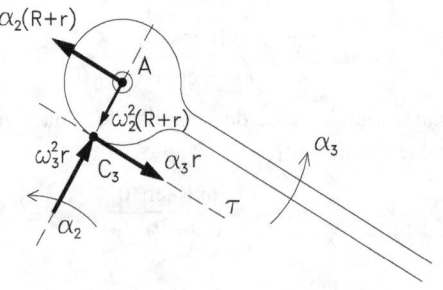

Basta ahora con sustituir este valor en (1) y se deducirá fácilmente la aceleración angular buscada, cuyo valor es

$$\alpha_3 = \frac{\omega_2^2(R+r)\operatorname{sen}\theta - \omega_3^2 \ell \operatorname{sen}\theta\cos\theta + \alpha_1 R\cos\theta}{\ell \operatorname{sen}^2\theta + r\cos\theta}$$

donde ω_2, ω_3 y ℓ son los valores obtenidos anteriormente.

9.- El sistema de la figura está constituido por la barra 1, la barra 4, que puede girar alrededor del punto fijo C, el sólido 2, que desliza a lo largo de la barra 4, y la barra 5, que se mueve por el interior de la guía 3. Los puntos A, B, D y E son articulaciones entre la barra AE y los demás sólidos.

El disco 6 rueda sin deslizar sobre el arco semicircular empotrado en la bancada. El punto H es el punto de contacto entre el disco y el arco semicircular fijo.

Las barras 4 y 5 forman, en el instante que se analiza, el mismo ángulo θ respecto de la vertical. La barra 1, en el mismo instante, tiene dirección horizontal y se conoce la velocidad de su extremo A, que es constante y de módulo **v**. En estas condiciones, determinar, usando la base de la figura:

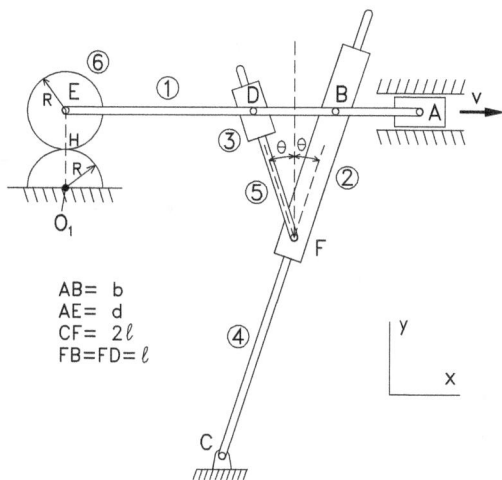

AB= b
AE= d
CF= 2ℓ
FB=FD= ℓ

a) Velocidad angular de la barra 4.
b) Aceleración angular de la barra 4.
c) Velocidad relativa del sólido 3 respecto del sólido 5.

SOLUCIÓN

a) De todo el mecanismo, sólo se conoce la velocidad del punto A. El primer paso es, pues, determinar la velocidad angular ω_1 de la barra 1 para, a continuación, hallar la velocidad del punto B, que es el punto que luego permitirá calcular la velocidad angular ω_4 de la barra 4. Se procede a determinar el CIR de la barra 1

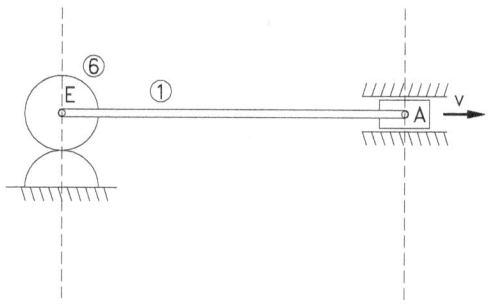

observándose que las rectas formadas son paralelas; en consecuencia, ω_1 es nula, la barra 1 tiene en este momento un movimiento de traslación instantánea, y todos sus puntos se mueven a igual velocidad, por lo que

$$\vec{v}_B = \vec{v}_A$$

Por otra parte, el punto B pertenece al sólido 2, que puede deslizar respecto a la barra 4 y que es arrastrado por ésta. Resulta conveniente pues, describir el movimiento del punto B como una composición de movimientos en que la referencia *móvil* es precisamente la *barra* 4. En estas condiciones:

$$\vec{v}_B = \vec{v}_a + \vec{v}_r$$

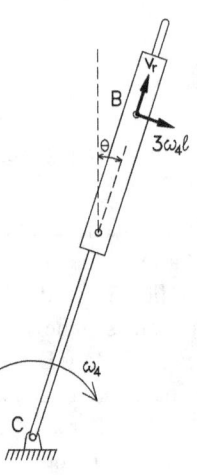

que, gráficamente, se representa en la figura. Igualando la velocidad de B de la barra 1 (figura inferior) y de la barra 2 (figura lateral), se obtiene fácilmente:

$$\omega_4 = \frac{v\cos\theta}{3\ell} \qquad v_r = v\,\mathrm{sen}\,\theta$$

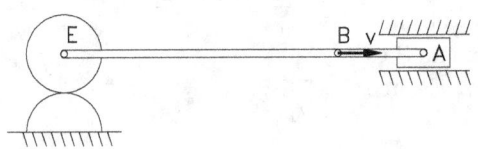

b) El proceso adecuado es análogo al del apartado **a)**, pero para aceleraciones. El primer paso es, pues, hallar la aceleración angular α_1 de la barra 1 relacionando dos puntos del sólido 1. Un punto es A, del cual se conoce que su aceleración es cero, al seguir una trayectoria rectilínea a velocidad constante. El segundo punto debe ser E, ya que no hay otro punto de la barra 1 que tenga trayectoria conocida.

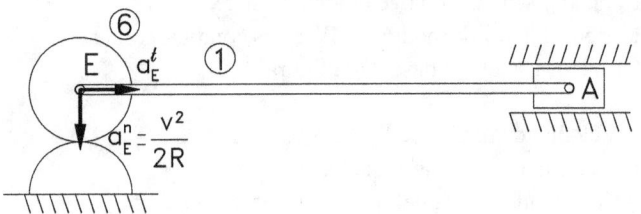

El punto E describe una trayectoria circular alrededor de O_1, por lo que su aceleración tendrá una componente normal conocida dirigida hacia O_1 y una componente tangencial desconocida. Gráficamente: relacionándolo con el punto A mediante la igualdad

$$\vec{a}_E = \vec{a}_A + \vec{a}_{EA}^n + \vec{a}_{EA}^t$$

cuyo segundo miembro se representa en la figura que se muestra a continuación:

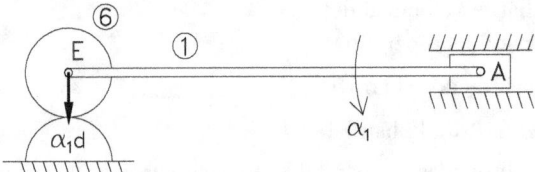

Utilizando las dos últimas figuras, e igualando componentes verticales, se deduce inmediatamente:

$$\alpha_1 = \frac{v^2}{2Rd}$$

Conocida α_1, la aceleración del punto B de la barra 1 es

$$\vec{a}_B = \vec{a}_A + \vec{a}_{BA} \quad (1)$$

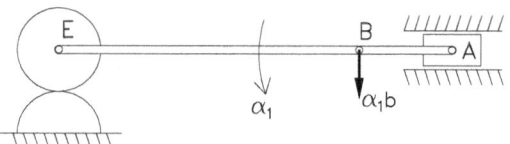

Y finalmente ahora es posible determinar α_4, describiendo el movimiento del punto B como una composición de movimientos siendo la referencia móvil la barra 4:

$$\vec{a}_B = \vec{a}_a + \vec{a}_r + \vec{a}_c \quad (2)$$

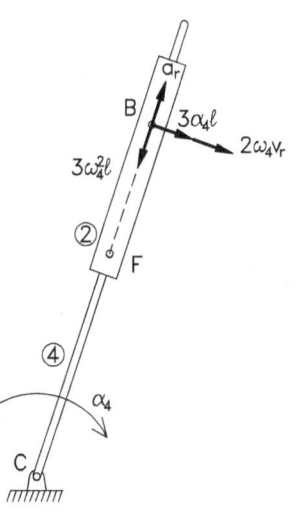

Igualando (1) y (2), y proyectando en la dirección perpendicular a CB, para plantear una sola ecuación con una sola incógnita α_4, tendremos:

$$\alpha_1 b \operatorname{sen}\theta = 3\alpha_4 \ell + 2\omega_4 v_r$$

de donde:

$$\alpha_4 = \frac{\alpha_1 b \operatorname{sen}\theta}{3\ell} - \frac{2\omega_4 v_r}{3\ell}$$

Expresión en la que todas las incógnitas se han determinado previamente.

c) La velocidad relativa $\mathbf{v_r}$' del sólido 3 respecto de la barra 5 es, en realidad, la velocidad relativa de cualquier punto de 3 respecto de 5, al ser el movimiento relativo entre los sólidos 3 y 5 de traslación. Así, resulta ventajoso describir $\mathbf{v_r}$' como la velocidad del punto D del pasador 3 relativa a 5. El punto D pertenece a la barra 1, que se mueve en traslación instantánea, por lo que su velocidad es conocida e igual a la velocidad de A.

$$\vec{v}_D = \vec{v} \quad (3)$$

Por otra parte, el pasador 3 desliza por la barra 5 al tiempo que es arrastrado por ésta, por lo que el movimiento del punto D puede describirse como una composición de movimientos siendo 5 la referencia *móvil*

$$\vec{v}_D = \vec{v}_a + \vec{v}'_r \quad (4)$$

y utilizar esta relación para hallar v_r'. En el término de arrastre se debe incluir la velocidad conocida de otro punto de la referencia móvil 5. Sólo el punto F puede aportar este dato. El punto F pertenece al sólido 2, sólido que presenta un movimiento resultante de una composición de movimientos, según se ha descrito en los apartados anteriores. De este modo, $\vec{V}_F$ se puede calcular mediante una composición de movimientos, donde la referencia móvil es la guía 4:

$$\vec{v}_F = \vec{v}_a + \vec{v}_r$$

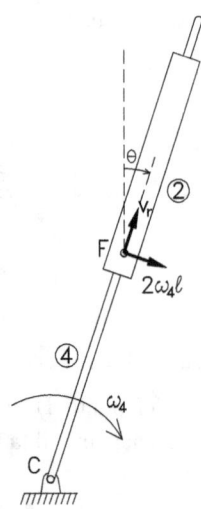

La figura adjunta representa el cálculo de $\vec{V}_F$.

Conocida $\vec{v}_F$, se puede ahora representar gráficamente la expresión (4) según la figura contigua. Ahora se pueden igualar (3) y (4) para formar un sistema de dos ecuaciones con dos incógnitas, siendo éstas v_r' y ω_5. En este caso, a causa de la geometría concreta del mecanismo en este instante, no resulta especialmente ventajosa la búsqueda de una base de proyección que dé una sola ecuación con una incógnita, ya que resolviendo de esta manera aparecerían ángulos 2θ. Se utilizará en este caso la base propuesta en el enunciado, con lo que resultan las ecuaciones

$$v = 2\omega_4 \ell \cos\theta + \omega_5 \ell \cos\theta + v_r \sen\theta - v'_r \sen\theta$$
$$0 = -2\omega_4 \ell \sen\theta + \omega_5 \ell \sen\theta + v_r \cos\theta + v'_r \cos\theta$$

que se pueden resolver simplemente mediante reducción, multiplicando la primera ecuación por sen θ y la segunda por -cos θ, y sumándolas después. El resultado es

$$v'_r = -v \sen\theta + 4\omega_4 \ell \cos\theta \sen\theta + v_r (\sen^2\theta - \cos^2\theta)$$

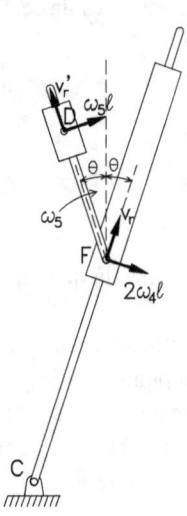

según sentido y dirección indicados en el diagrama, y con el valor de v_r hallado en la parte **a)**.

Otra manera de calcular la velocidad de F es utilizando el punto B que, al pertenecer también al sólido 2, simplifica el proceso al no haber componentes relativas.

10.- La excéntrica circular 1 gira en torno del punto C con velocidad angular constante ω conocida. La biela 2 abraza dicha excéntrica y la mueve dentro de la guía 3. En C hay un pasador. La barra DE está en contacto en E con la pieza FE, que se desplaza horizontalmente como consecuencia del movimiento de la biela. Determinar en el instante de la figura:
  a) Velocidad horizontal de la pieza 5.

b) Aceleración de la biela 2 respecto la guía 3.

SOLUCIÓN

a) Para determinar la velocidad horizontal v_E de la pieza 5, hallaremos en primer lugar la velocidad de D. En este caso la opción más simple, dada la geometría del dispositivo, está en el uso del CIR I_2 de la biela 2. El punto A *es* de la biela y su velocidad es perpendicular a la línea CA, el punto B *de la biela* tiene la velocidad en la dirección AB. Trazando perpendiculares a las direcciones de ambas velocidades localizaremos el punto I_2 buscado (ver figura siguiente).

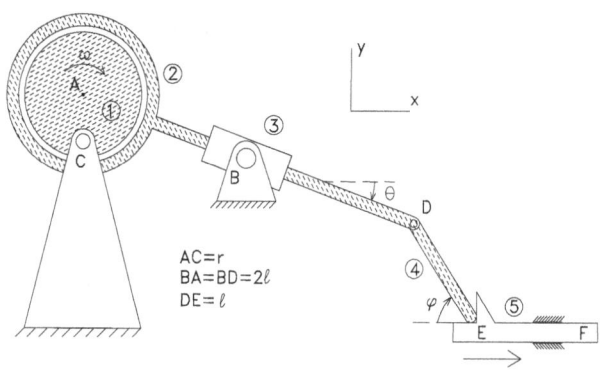

AC=r
BA=BD=2ℓ
DE=ℓ

Conocido I_2, podemos pasar a determinar la velocidad de D. Como se cumple

$$\overline{AB} = \overline{BD} = 2\ell$$

el triángulo rectángulo I_2BA será igual al triángulo rectángulo I_2BD. Por tanto, tendremos

$$\overline{I_2A} = \overline{I_2D}$$

Esto significa que la velocidad de D y la de A son iguales en módulo, ya que estos puntos están a igual distancia del CIR I_2, o sea:

$$v_D = v_A = \omega r$$

Por otra parte, la velocidad de D es perpendicular a I_2D, y de la figura se deduce que

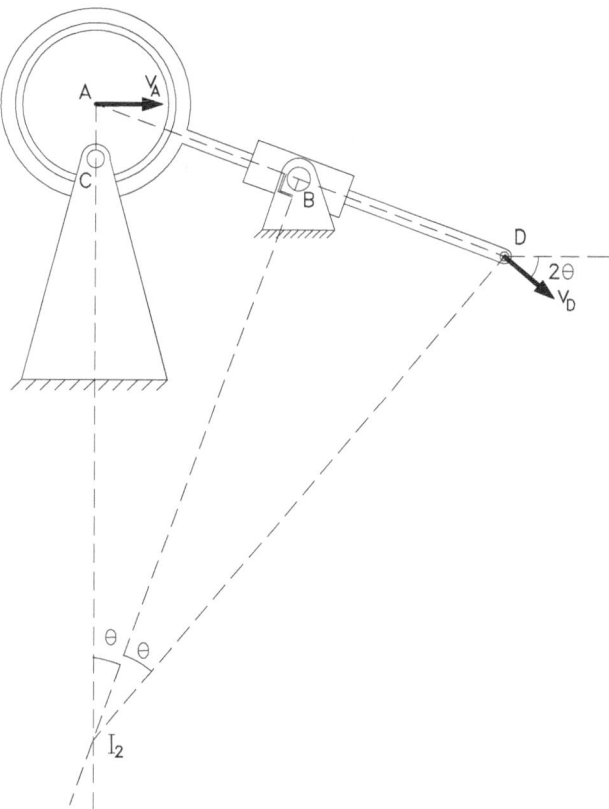

$$\angle AI_2D = 2\theta$$

Por tanto el vector velocidad de D forma un ángulo 2θ con el eje x del enunciado. O sea, conocemos la velocidad de D en módulo y dirección (ver figura), de modo que

$$\vec{v}_D = \begin{bmatrix} \omega r \cos 2\theta \\ -\omega r \sen 2\theta \\ 0 \end{bmatrix} \quad (1)$$

La velocidad $\vec{V}_E$ que queremos determinar tiene dirección conocida, o sea

$$\vec{v}_E = \begin{bmatrix} v_E \\ 0 \\ 0 \end{bmatrix} \quad (2)$$

Considerando el sólido 4 y tomando como base el punto D será:

$$\vec{v}_E = \vec{v}_D + \omega_4 \times \overrightarrow{DE}$$

y teniendo en cuenta (1) y (2), utilizando la base propuesta en el enunciado, podremos escribir

$$\begin{bmatrix} v_E \\ 0 \\ 0 \end{bmatrix} = \begin{bmatrix} \omega r \cos 2\theta \\ -\omega r \sen 2\theta \\ 0 \end{bmatrix} + \begin{bmatrix} 0 \\ 0 \\ \omega_4 \end{bmatrix} \times \begin{bmatrix} \ell \cos\varphi \\ -\ell \sen\varphi \\ 0 \end{bmatrix}$$

que da lugar al sistema de ecuaciones:

$$v_E = \omega r \cos 2\theta + \omega_4 \ell \sen\varphi$$
$$0 = -\omega r \sen 2\theta + \omega_4 \ell \cos\varphi$$

De la segunda ecuación obtenemos

$$\omega_4 = \frac{\omega r \sen 2\theta}{\ell \cos\varphi}$$

y sustituyendo en la primera

$$v_E = \omega r \cos 2\theta (1 + \tg 2\theta \tg\varphi) \rightarrow \quad (3)$$

Con esto hemos concluido este apartado. Antes de proceder a resolver el apartado siguiente convendrá calcular ω_2. Observando el diagrama construido antes, es inmediato que

$$\omega_2 = \frac{v_A}{I_2 A} = \frac{\omega r \sen\theta}{2\ell}$$

b) Con objeto de calcular la aceleración de la biela respecto la guía, estudiaremos el punto A. Aplicando la fórmula de aceleraciones para la excéntrica 1 será:

$$\vec{a}_A = \vec{a}_C + \vec{a}_{AC} \quad (4)$$

En el diagrama adjunto se determina geométricamente esta aceleración $\vec{a}_A$.

También podemos calcular la misma aceleración de A mediante composición de movimientos. Tomando como referencia fija el laboratorio y como referencia móvil la *guía 3*, podremos escribir:

$$\vec{a}_A = \vec{a}_A^r + \vec{a}_A^a + \vec{a}_A^c \quad (5)$$

En el diagrama que se acompaña se han trazado los vectores que corresponden a esta última expresión.

El valor buscado de a_A^r se obtendrá directamente igualando las proyecciones de (4) y (5) en la *dirección AB*. Ayudándonos con las figuras anteriores tendremos:

$$\omega^2 r \operatorname{sen}\theta = a_A^r + \omega_2^2 \, 2\ell$$

y substituyendo el valor de ω_2 dado por (3) se obtiene:

$$a_A^r = \omega^2 r \operatorname{sen}\theta \left(1 - \frac{r \operatorname{sen}\theta}{2\ell}\right)$$

3.2. Problemas propuestos

11.- En el mecanismo de la figura, la manivela OA gira con ω y α conocidas. Todos los puntos de articulación son pasadores. La guía en B se mueve horizontalmente. Para el instante de la figura, el ángulo en D es recto. Determinar:

a) Velocidades angulares de las barras 1 y 3.
b) Aceleración $\vec{a}_D$.
c) Aceleración angular α_2 (empleando una única ecuación escalar).

(Datos: OA = AC = CB = CD = ℓ, DE = 2ℓ)

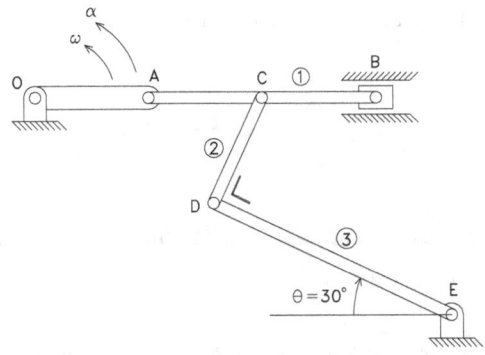

12.- El volante de centro O del mecanismo de la figura gira con velocidad angular ω conocida y constante. Las barras 1 y 2 transmiten el movimiento a la barra 3, que desliza dentro del collar de centro B. Determinar, para el instante considerado, suponiendo que la *referencia móvil* es el collar en B y utilizando el número mínimo de ecuaciones:

a) Aceleración de Coriolis del punto A.
b) Aceleración relativa de la barra 3.

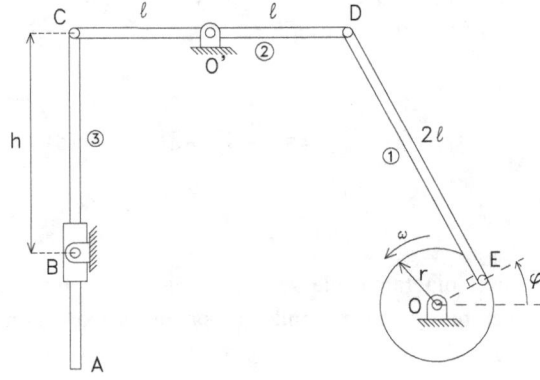

13.- En el mecanismo de la figura, la barra AD está guiada verticalmente y lleva en el pasador A el disco 2 sobre el que se apoya la palanca 3, la cual puede girar alrededor de O_1. Dicha palanca, de espesor despreciable, no presenta deslizamiento en el contacto B. La barra 1 está unida, en el pasador D, al sistema biela-manivela DE-EO_2 con O_2 fijo. En el instante considerado se conocen v_A y a_A (en el sentido de la figura); el ángulo en E es recto. Determinar:

a) Velocidad del punto C.
b) Velocidad angular de la barra 5.
c) Aceleración angular de la barra 3.
d) Aceleración del punto E.

(Datos: DE = EO_2 = ℓ, $O_1B = 2\ell$, $O_1C = 4\ell$)

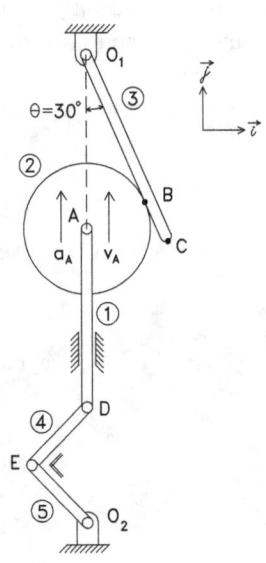

14.- En el mecanismo de la figura, la barra 1 gira con ω constante conocida. En función de los datos de la figura determinar, para el instante considerado, el valor del módulo, dirección y sentido de:

a) Velocidad del sólido 7.
b) Velocidad de la barra 4 respecto el pasador 5.
c) Aceleración del sólido 7.
d) Aceleración angular de la barra 4.

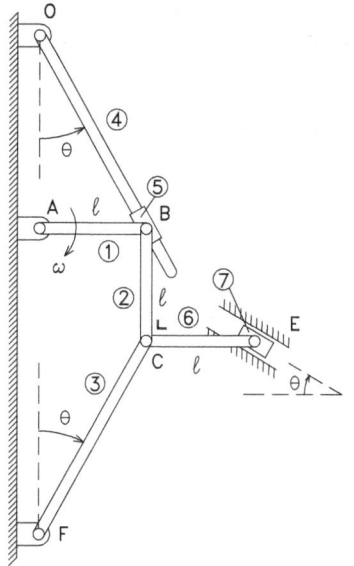

15.- La barra 1 de la figura tiene un pasador en A montado sobre el disco 3; dicha barra desliza a lo largo de la guía de centro B situado sobre el disco 2. Ambos discos giran con velocidades angulares constantes y conocidas. Se pide:

a) Velocidad angular de la barra 1.
b) Aceleración angular de la misma barra.
c) Aceleración de B_1.

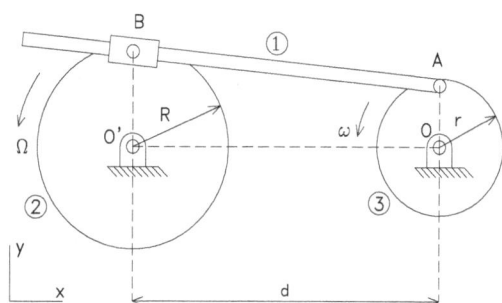

16.- Los puntos D, E y F son articulaciones de pasador. La barra DA gira con el collar 3 y desliza por el interior del mismo. El pivote en A se mueve a lo largo de la palanca 1 y ocasiona su rotación. En el instante de la figura se conocen la velocidad y la aceleración del pistón D. Determinar:

a) Velocidad del punto E.
b) Las aceleraciones tangencial y normal de E.
c) Aceleración del punto D relativa al collar 3.
d) Velocidad angular de la palanca OB.
e) Aceleración de Coriolis de A_2 si la referencia móvil es la palanca 1.

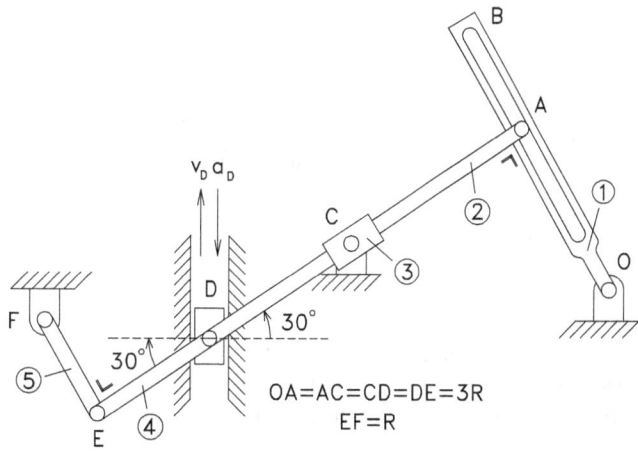

17.- Un mecanismo consta de la manivela O'A que pone en movimiento la biela AB y el balancín OB. La biela AB es solidaria de la rueda dentada de centro B que engrana con el piñón 1, que puede girar alrededor de O. En el instante de la figura AB y OB son perpendiculares. Si se supone que el balancín OB gira con ω constante, determinar:

a) Velocidad angular de la manivela 3.
b) Aceleración angular de dicha manivela.
c) Aceleración del punto C_1 .
Datos: OB = R, BC= r

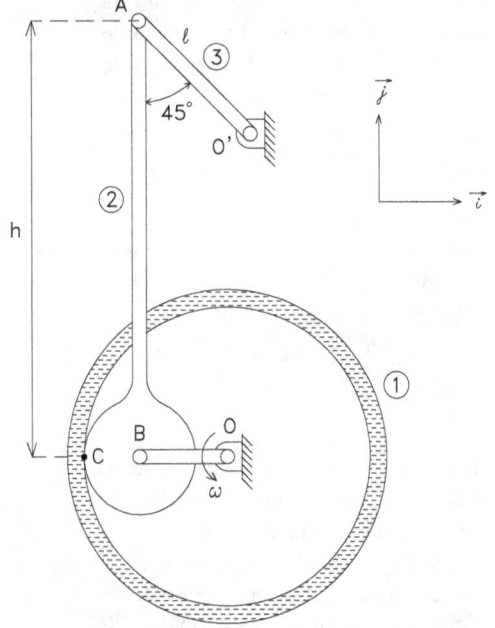

18.- El brazo telescópico DC del dispositivo considerado gira con velocidad angular ω constante y conocida; simultáneamente se alarga con velocidad **V** constante y conocida. El disco 2, de radio **r**, está en contacto sin deslizamiento con la barra 1 en el punto A. En el instante de la figura el ángulo en B es recto. Determinar, en la base de proyección indicada:

a) Valores de ω_1 y de ω_2.

b) Valor de α_1, explicando la propiedad utilizada para deducirlo.

c) Valor de las aceleraciones relativa, de arrastre y complementaria del punto A_2. considerando como referencia móvil el brazo 1.

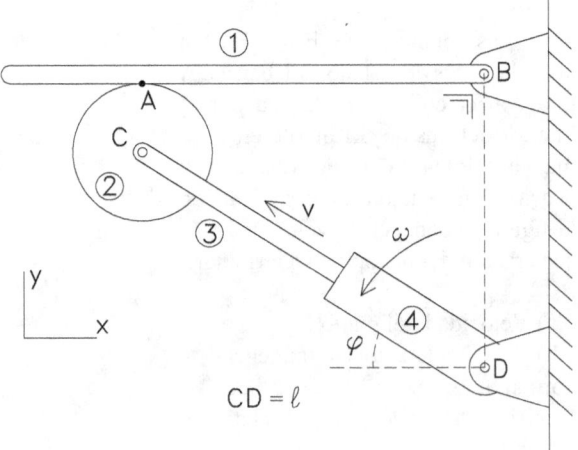

19.- En el dispositivo de la figura, la palanca acodada AOB gira con velocidad angular ω constante y conocida. La barra 3 desliza por el interior de la guía D, situada en el extremo de la manivela 4, que puede girar alrededor de E. La palanca 1 está articulada, por su extremo A, a la barra acodada; por su otro extremo lo está con el disco 2, que rueda sin deslizar en el punto de contacto H. Determinar:

a) Velocidad angular ω_2 del disco 2 y aceleración $\vec{a}_H$ de su punto de contacto H con la bancada.

b) Aceleración angular α_2 del disco.

c) Módulos y sentidos de ω_3 y α_4.

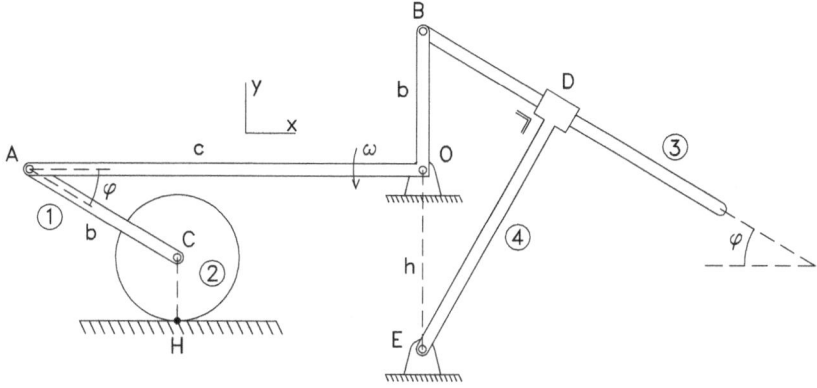

20.- En el sistema de engranajes de la figura, el punto B gira en torno del punto O fijo de manera que la recta OB está animada de una velocidad y una aceleración angulares ω_B y α_B conocidas. El piñón 1, de centro O, tiene ω_1 y α_1 también conocidas. Se pide:

a) Valor de ω_2 y α_2.

b) Definir la velocidad de sucesión de A. Comprobar que $\vec{v}_{A/1} = \vec{v}_{A/2}$.

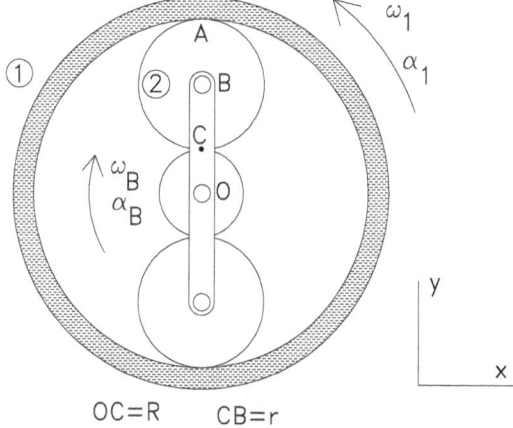

21.- En el dispositivo de la figura la manivela AB gira con velocidad angular ω constante y conocida. El extremo C de la barra CE está obligado a moverse verticalmente. En el extremo E se ha dispuesto un pasador que articula la barra al disco de radio ℓ. Las uniones en D y B son también pasadores.

Determinar, en el instante de la figura y utilizando la base indicada:
1. Aceleración normal $\mathbf{a}_E^n$ del punto E
2. Aceleraciones angulares α_1 y α_2.

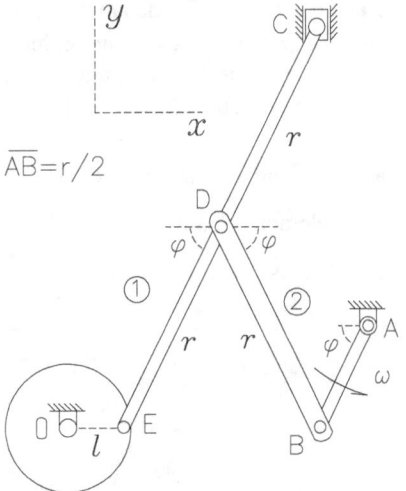

Evaluación parcial 5/11/1998

22.- En el dispositivo de la figura, la barra 1 gira con velocidad angular constante ω_1 en torno al punto A. Por el extremo B se une a la barra 2 por medio de un pasador, la barra 2 y el disco 3 están en contacto en el punto C donde se produce un movimiento de rodadura sin deslizamiento.

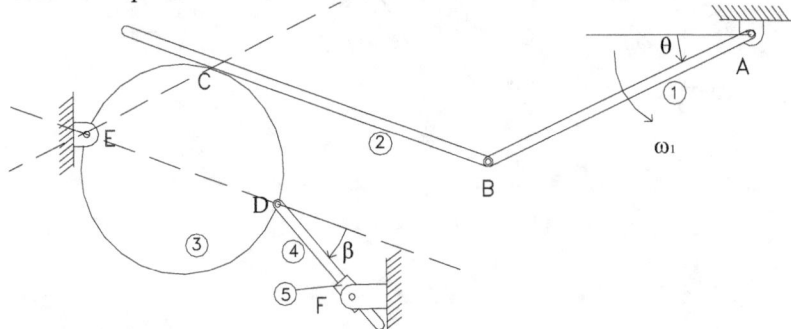

El disco 3 gira alrededor del punto fijo E y se une mediante un pasador a la barra 4 en el punto D (diametralmente opuesto a E) la barra 4 desliza por el interior de la guis 5 que gira alrededor del punto fijo F.

En el instante que se ilustra la barra 1 forma un ángulo θ con la horizontal, mientras que la barra 4 forma un ángulo β con la recta DE. La geometría del problema, en este instante, es conocida de manera que: AB = BC = 2ℓ ; CD = CE = ℓ ; DF = d; BC // DE ; mientras que AB forma 45° con BC.

Utilizando la base que se considere más adecuada en cada caso, determinar:
1. Velocidad del punto F de la barra 4, ($\vec{v}_{F4}$)
2. Velocidad angular de la guia 5 ($\vec{\omega}_5$)
3. Aceleración angular del disco 3 ($\vec{\alpha}_3$)

Evaluación parcial 30/10/2002

23.- En el mecanismo que se ilustra en la figura las barras 1 y 3 se mueven con ω constante y conocida. La barra 1 se encuentra en posición vertical mientras que la 3 está en posición horizontal. El extremo C de la barra 2 se mantiene en contacto con la barra 3. Determinar:
  a) Velocidad de deslizamiento de la barra 2 respecto de la 3 en el contacto C.
  b) Aceleración relativa del punto C_2 respecto de la barra 3.

Evaluación parcial 13/4/1999

24.- El disco 5 gira con velocidad angular ω constante y conocida. El pasador P, solidario del disco 5, puede deslizarse por la ranura longitudinal de la barra 4, de manera que transmite el movimiento al resto del sistema. Las uniones H, A, B, Q, E, C son articulaciones, mientras que el contacto en D es de rodadura sin deslizamiento. Determinar:
  a) Velocidad angular ω_1.
  b) Aceleración angular α_4.
  c) Aceleración angular α_1.

Evaluación parcial 5/11/1998

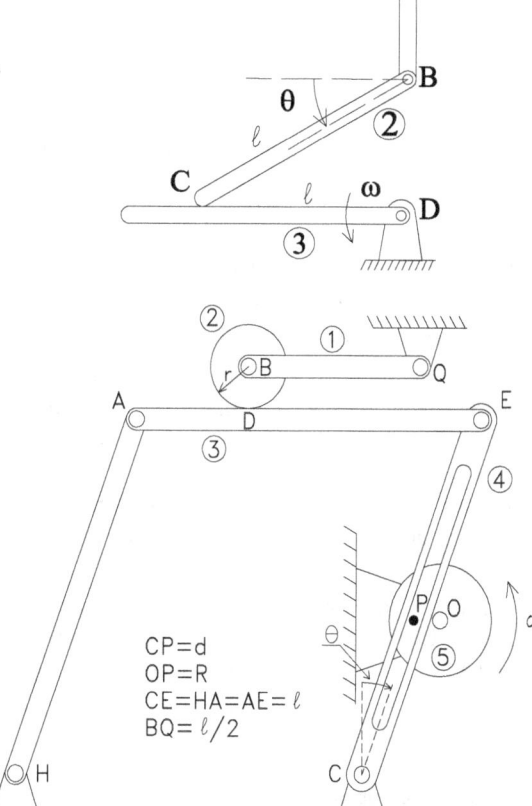

25.- El disco 2 de radio **R** gira con velocidad angular ω **constante** respecto de la plataforma 1, que se mueve hacia la izquierda con velocidad horizontal constante **v**. En el punto de contacto, B, entre el disco y la plataforma no hay deslizamiento. En el punto A, en la periferia del disco, se ha dispuesto una guía articulada al propio disco por cuyo interior puede deslizar la

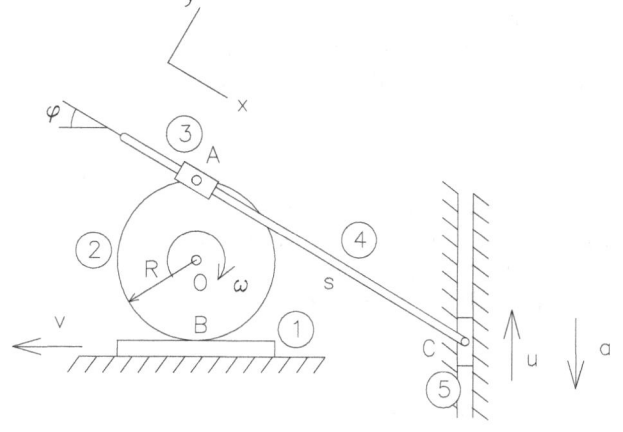

barra 4. La barra 4 está articulada en C a la corredera 5 que se mueve en dirección vertical con velocidad **u** y aceleración **a**. En el instante que se ilustra la distancia entre C y A es **s**. Utilizando la base de la figura, determinar:

a) La velocidad angular ω_4 de la barra 4.

b) La aceleración de coriolis a^c_{A4} del punto A de la barra 4, utilizando como referencia móvil la guía articulada al disco.

c) La aceleración $a_{A4/3}$ del punto A de la barra 4 respecto de la guía 3

Evaluación parcial 15/4/1999

26.- Una leva 3, que gira con velocidad angular ω_3 y aceleración angular α_3, transmite su movimiento a un seguidor mediante un contacto sin deslizamiento en el punto D. El seguidor consta de un disco 2 de radio r que gira con aceleración angular α_2 y está articulado en centro C a una barra 2, que obliga a que el movimiento de C sea vertical, y a una barra 1 que puede deslizar por el interior de una guía 4 articulada en F a la bancada. En el instante que se ilustra la superficie de contacto de la leva con el disco forma un ángulo

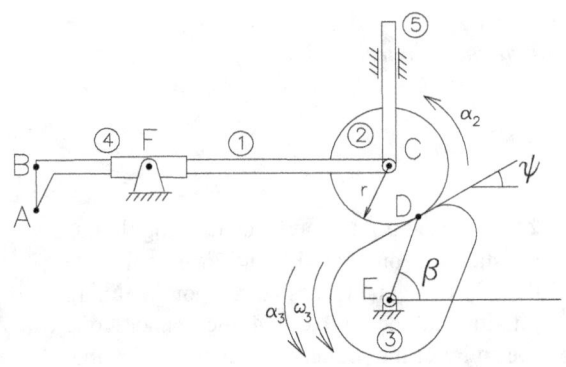

ψ con la horizontal y las distancias entre los diferentes puntos del mecanismo son ED=a, FC=b, BF=c, BA=d

Determinar, para este instante:

a) La velocidad v_A del punto A de la barra 1.
b) La aceleración a_C del punto C del disco 2.

Evaluación parcial 27/10/1999

27.- El mecanismo de la figura consta de una barra tractora 1 que impone, a través de la biela 2, un movimiento de vaivén a la barra 3. Ésta última tiene soldada una guía ranurada por cuyo interior puede deslizar el extremo E de la barra 4, que mantiene una trayectoria debido a que desliza por el interior de la guía fija horizontal.

La barra 1 se mueve con velocidad angular ω constante y conocida y, en el instante en cuestión, está en posición horizontal al igual que la barra 3. Determinar:

a) La velocidad de la barra 4.
b) La aceleración de la barra 4.

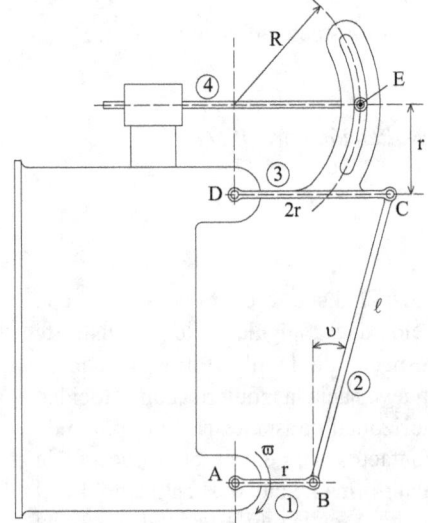

Evaluación parcial 25/10/2003

28.- En el mecanismo de la figura la barra 1 y el disco 5 se mueven con velocidades angulares constantes y conocidas. En el instante que se representa, la barra 1 está en posición vertical y la barra 4 en posición horizontal. En el punto A se mantiene el contacto entre las barras 1 y 2. Determinar, en el instante considerado:

    a) Velocidad del punto A_2 relativa a la barra 1.

    b) Aceleración angular α_2 de la barra 2.

Evaluación parcial 18/4/2001

4. PROBLEMAS DE DINÁMICA DE LA PARTÍCULA

4.1. Problemas resueltos

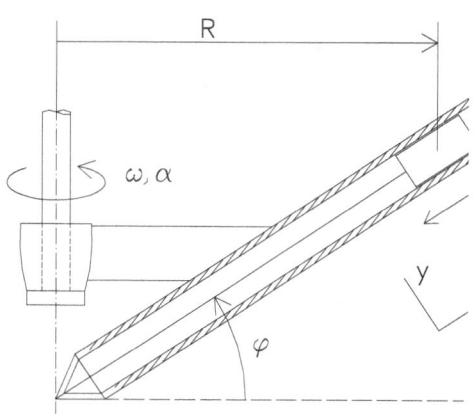

1.- El cursor A se masa m se mueve sin rozamiento, velocidad u constante, dentro del tubo como consecuenc la acción de la cuerda. En el instante de la figura, el tubo con ω y α conocidas. Determinar:
  a) Tensión T de la cuerda.
  b) Reacción del tubo sobre el cursor

Los valores de las dimensiones implicadas en el problema en el instante en cuestión los siguientes:
R=80 cm; m=0,4kg; u=1,5m/s; ω=3r/s; α=2r/s²; Φ=3

SOLUCIÓN

El cursor se mueve con velocidad relativa constante, respecto al tubo inclinado, como consecuencia de la acción de la tensión T que se ejerce mediante el hilo. Al mismo tiempo, el dispositivo gira con velocidad y aceleración angulares conocidas. Utilizando como referencia móvil el tubo inclinado, es evidente que el cursor A está sometido a una aceleración de arrastre y una aceleración de Coriolis, como consecuencia de la existencia de velocidad angular de arrastre ω y de velocidad relativa (u). En resumen, el cinema de aceleraciones representa dichas aceleraciones en las direcciones de los ejes indicados. La expresión vectorial correspondiente es:

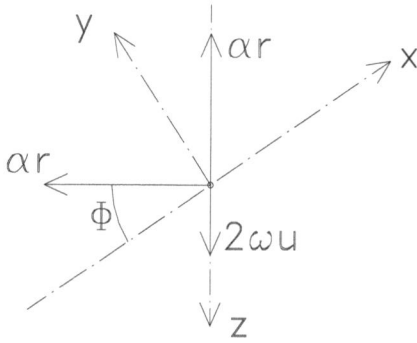

$$\vec{a} = \begin{Bmatrix} -\omega^2 r\cos\varphi \\ \omega^2 r\sen\varphi \\ 2\omega u - \alpha r \end{Bmatrix}$$

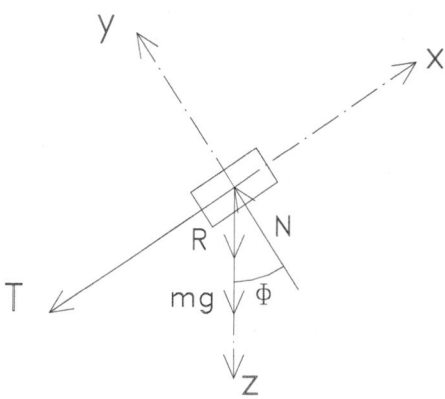

El diagrama de sólido rígido permite identificar las fuerzas que actúan, sobre el cursor A, en el instante en cuestión. Debe considerarse que, al ser la guía un tubo, puede existir contacto en cualquier dirección perpendicular a la superficie del tubo y, por tanto, que existirá componente de contacto en la dirección del eje **y** (N) y componente de contacto en la dirección del eje **z** (R). Ello da lugar a una fuerza suma, sobre el cursor, que viene dada por la expresión:

$$\vec{F} = \begin{Bmatrix} -mg\text{sen}\varphi + T \\ N - mg\cos\varphi \\ R \end{Bmatrix}$$

Teniendo en cuenta que la aceleración hallada es la aceleración absoluta de la partícula, se podrá aplicar la segunda ley de Newton, de modo que resulta:

$$\vec{F} = m\vec{a} \Rightarrow \begin{Bmatrix} T = m(g\text{sen}\varphi + \omega^2 r\cos\varphi) \\ N = m(g\cos\varphi + \omega^2 r\text{sen}\varphi) \\ R = m(2\omega u - \alpha r) \end{Bmatrix}$$

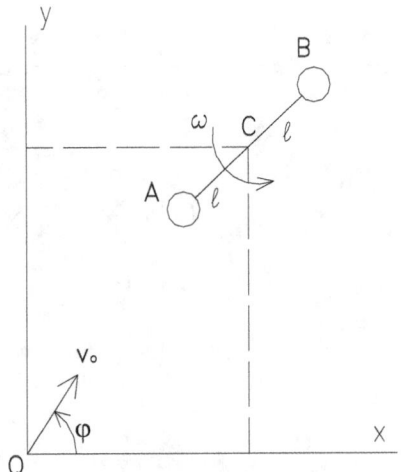

2.- Dos pequeñas esferas de masa **m** cada una están unidas por una barra de masa despreciable y longitud 2ℓ. En el instante inicial el punto C está en el origen de coordenadas Q con velocidad v_0 que forma un ángulo φ con la horizontal. Al mismo tiempo, el dispositivo gira entorno a C con velocidad angular ω. Todo el movimiento está contenido en un plano vertical.

Determinar:

a) Momento cinético $\vec{H}_Q$, si C ocupa una posición genérica $\vec{r}$ con velocidad $\vec{v}$.

b) Trayectoria de C y aceleración angular α del sistema.

SOLUCIÓN

Para determinar el momento cinético respecto del punto Q, se aplicará el teorema de Köenig (descomposición baricéntrica del momento cinético):

$$\vec{H}_Q = \overrightarrow{QG} \times m\vec{v}_G + \vec{H}_G$$

Suponiendo que el punto C, centro de masas del sistema de partículas, se halla en una posición genérica, se podrá escribir:

$$\overrightarrow{QG} \times m\vec{v}_G = \vec{r} \times m\vec{v}$$

Por su parte, el momento cinético respecto de C debe incorporar solo el movimiento de las partículas con respecto de la referencia traslacional con dicho punto C, por tanto:

$$\vec{H}_G = \vec{H}_C = 2m\ell^2 \omega \vec{k}$$

de manera que finalmente resulta:

$$\vec{H}_Q = \vec{r} \times m\vec{v} + 2ml^2 \omega \vec{k}$$

La trayectoria de C se podrá obtener por aplicación directa del teorema de la cantidad de movimiento del sistema, que establece que éste se mueve como si se tratara de una partícula de masa igual a la del sistema, situada en el centro de masas y sometido a la fuerza suma de las acciones que se ejercen sobre las partículas del sistema. La trayectoria será, por tanto, la de una partícula de masa 2m, lanzada con una velocidad inicial $\vec{V}_0$, que forma un ángulo φ con la horizontal. El resultado es una trayectoria parabólica de ecuación:

$$x = v_0 \cos\varphi \, t$$

$$y = v_0 \sen\varphi \, t - \frac{1}{2} g t^2$$

que en forma explícita será:

$$y = x \tg\varphi - \frac{g x^2}{2 v_0^2 \cos^2\varphi}$$

Para determinar la aceleración angular se aplicará el teorema del momento cinético respecto del centro de masas de sistema, C, que permite escribir:

$$\sum \vec{M}_C = \frac{d\vec{H}_C}{dt}$$

Dado que el momento de las fuerzas aplicadas (pesos de las partículas) respecto al centro de masas es nulo, el momento cinético es constante y por tanto no existe aceleración angular.

3.- El dispositivo de la figura está situado en un plano vertical. El contacto entre el pequeño bloque rectangular, de masa **m**, y la cuña, de masa **M**, es liso; también lo es el contacto de la cuña con el suelo. En el instante inicial, el sistema parte del reposo, con el bloque en la posición A. Determinar:
  a) Tiempo que tarda el bloque en llegar al suelo
  b) Fuerza de contacto entre el bloque y la cuña

SOLUCIÓN
En primer lugar se trazarán los diagramas de sólido libre del bloque y de la cuña, por separado. Igualmente se representaran los correspondientes cinemas de aceleraciones del bloque y del centro de masas de la cuña.
  En cada uno de los diagramas de sólido libre se pondrá de manifiesto la presencia de la fuerza de

interacción entre ambos sólidos (N).

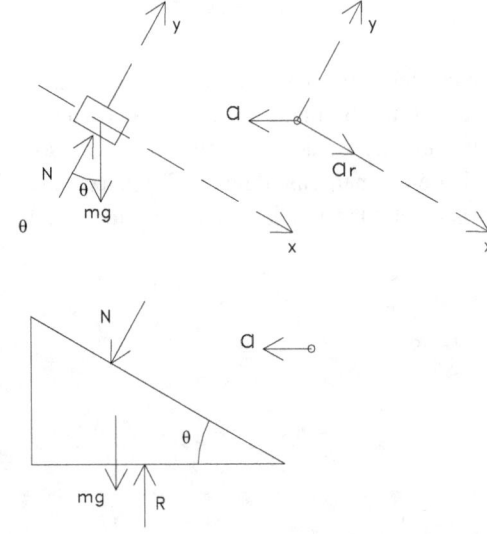

Es evidente que, si la cuña no presenta rozamiento con la superficie plana inferior, como consecuencia de la fuerza N que ejerce el bloque sobre ella, ésta se desplazará hacia la izquierda con una aceleración a. Al propio tiempo el bloque se deslizará por la cara inclinada de la cuña, con una determinada aceleración relativa a ésta, a_r. En cualquier caso, no hay que olvidar que el bloque se mueve en contacto con la cuña, y en consecuencia está también sujeto a la aceleración de arrastre que le proporciona el hecho de que ésta se desplace. Por tanto, la aceleración absoluta del bloque será la suma de ambas. No existe aceleración de Coriolis dado que, pese a existir movimiento relativo, no existe velocidad angular de arrastre. El cinema de aceleraciones, correspondiente al bloque, representa su aceleración absoluta.

De la aplicación de la segunda ley de Newton a cada uno de los sólidos se deducen las ecuaciones siguientes:

$$\text{Bloque} \Rightarrow \begin{cases} mg\sin\theta = ma_r - ma\cos\theta \\ mg\cos\theta - N = ma\sin\theta \end{cases} \quad,\quad \text{Cuña} \Rightarrow N\sin\theta = Ma$$

De la ecuación correspondiente a la cuña, se obtiene que:

$$N = \frac{Ma}{\sin\theta}$$

Lo que, sustituido en la segunda de las ecuaciones de la dinámica del bloque, lleva a:

$$a = \frac{mg\cos\theta\sin\theta}{M + m\sin^2\theta}$$

y permite determinar el valor de **N**, reemplazando la aceleración a en la anterior.

El valor de la aceleración relativa a_r se obtiene sustituyendo, también a, en la primera de las ecuaciones de la dinámica del bloque, de modo que:

$$N = \frac{Mmg\cos\theta}{M + m\sin^2\theta}$$

$$a_r = g\sin\theta \left[\frac{M+m}{M + m\sin^2\theta} \right]$$

obsérvese que si la masa **M** de la cuña es muy grande comparada con la del bloque, el término msen$^2\theta$ es despreciable frente a la masa **M** de la cuña y da como resultado que la aceleración **a** es muy pequeña (en el limite, si la masa M fuera infinita, la aceleración seria nula) y la fuerza normal es N=mgcosθ mientras que la aceleración relativa es a_r=gsenθ ; que son los valores que adoptarían dichas magnitudes si se estudiara el deslizamiento del mismo bloque por la superficie de un plano inclinado fijo.

Para determinar el tiempo que tarda el bloque en llegar al punto B bastará con trabajar en la referencia móvil, con la aceleración relativa, y hallar el tiempo que tarda un móvil, que parte del reposo, en recorrer una distancia s, si está sometido a una aceleración a_r, en consecuencia:

$$s = V_0 t + \frac{1}{2} a_r t^2$$

$$V_0 = 0 \Rightarrow s = \frac{1}{2} a_r t^2$$

$$t = \sqrt{\frac{2s}{a_r}} = \sqrt{\frac{2s\left(M + m\operatorname{sen}^2\theta\right)}{g\operatorname{sen}\theta\left(M + m\right)}}$$

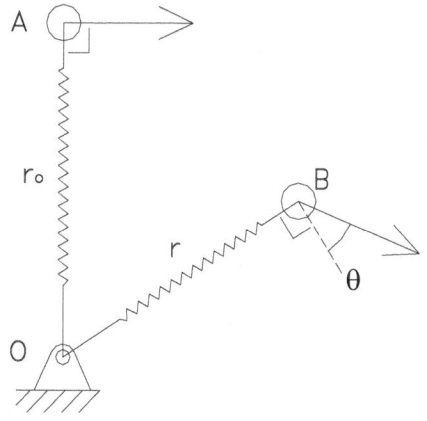

4.- Una pequeña masa m se mueve, sobre un plano horizontal liso, sometida a la acción de un muelle de rigidez k conocida y de longitud natural despreciable, fijada por el otro extremo en el punto O. En el instante inicial, la masa está en A, a una distancia r_0 conocida de O, con velocidad perpendicular a OA y módulo V_0 también conocido. Determínese, para la posición B, situada a distancia r de O:
   a) Valor **v** de la velocidad y ángulo θ.
   b) Radio de curvatura y variación del módulo de la velocidad por unidad de tiempo

SOLUCIÓN

Dado que se trata de un movimiento horizontal, el peso de la pequeña masa queda compensado por la reacción normal del citado plano horizontal; al ser un movimiento sin rozamiento, solo existe la fuerza del resorte que, al estar fijado por su extremo O, se convierte en una fuerza central. En consecuencia se verificará el teorema de conservación del momento cinético Ho, es decir:

$$\vec{H}_O = \text{Cte.} \Rightarrow m v_0 r_0 = m v r \cos\theta$$

Por otra parte, la inexistencia de fuerzas disipativas lleva a la verificación de la conservación de la energía, por tanto:

$$E_A = E_B \Rightarrow \frac{1}{2}mv_0^2 + \frac{1}{2}kr_0^2 = \frac{1}{2}mv^2 + \frac{1}{2}kr^2$$

De la primera de las ecuaciones resulta:

$$\cos\theta = \frac{v_0 r_0}{vr} \quad \Rightarrow \quad \theta = \arccos\left(\frac{v_0 r_0}{vr}\right)$$

Mientras que, de la segunda, se obtiene el valor del módulo de la velocidad:

$$mv_0^2 + k\left(r_0^2 - r^2\right) = mv^2 \Rightarrow v = \sqrt{\frac{mv_0^2 + k\left(r_0^2 - r^2\right)}{m}}$$

Para determinar el radio de curvatura será necesario conocer la aceleración normal:

$$a_n = \frac{v^2}{\rho} \quad \Rightarrow \quad \rho = \frac{v^2}{a_n}$$

y para saber la variación del módulo de la velocidad se deberá determinar la aceleración tangencial:

$$\frac{d|v|}{dt} = a_t$$

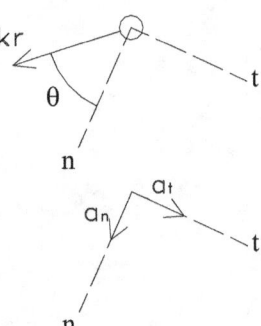

El diagrama de sólido libre tan solo debe incluir la fuerza debida al resorte, que forma un ángulo θ respecto de la dirección radial. El cinema de aceleraciones incluirá la aceleración normal, en la dirección radial y la aceleración tangencial en la dirección tangente, que queda totalmente identificada por la dirección de la velocidad. Aplicando la segunda ley de Newton, en las direcciones normal y tangencial, quedará:

$$kr\cos\theta = ma_n$$
$$-kr\sen\theta = ma_t$$

de donde se deduce:

$$\rho = \frac{v^2 m}{kr\cos\theta} = \frac{v^3 m}{kv_0 r_0}$$

$$a_t = -\frac{kr\sen\theta}{m}$$

5.- Un pequeño cursor de masa **m** desliza sin rozamiento por la superficie del anillo vertical de radio R. El cursor está montado en el extremo B de un muelle cuya constante de recuperación es **k** y que tiene una longitud natural despreciable. Suponiendo que la guía está en reposo y que el cursor B se abandona, también en reposo, en la proximidad de A. Determinar:

a) Fuerza de contacto que aparece entre el anillo y el cursor cuando éste pasa por la posición C.

b) Condición que debe cumplirse para que la posición $\theta=90$ sea de equilibrio relativo a la guía, cuando ésta gira con ω constante y conocida en torno al eje vertical AC.

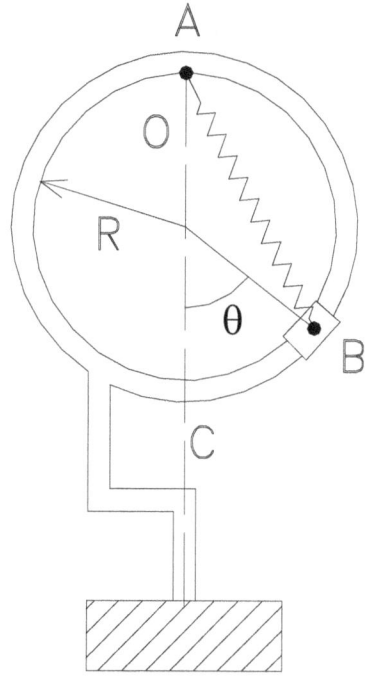

SOLUCIÓN

a) Para resolver este primer apartado se trazará el diagrama de sólido libre y el cinema de aceleraciones del cursor en la posición C. En cuanto al cinema de aceleraciones, en este primer apartado se parte de la hipótesis que no existe movimiento de la guía circular respecto al eje vertical, en consecuencia solo aparecerá la aceleración normal, fruto del movimiento curvilíneo del cursor. En lo referente al diagrama de sólido libre, solo habrá una fuerza normal de contacto y el peso, no existirá componente tangencial de la fuerza ya que no existe rozamiento.

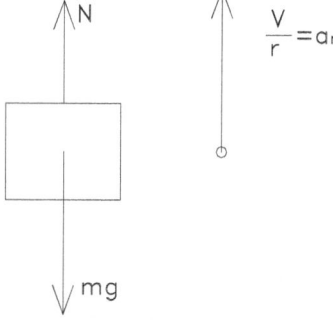

La aplicación de la segunda ley de Newton conduce a:

$$N - mg = m\frac{v^2}{r} \Rightarrow N = m\left(g - \frac{v^2}{r}\right)$$

Es evidente que la determinación de la reacción normal requiere conocer la velocidad del cursor en la posición C. Para determinar ésta se recurrirá a la aplicación del teorema de la energía ya que en este caso se podrá aplicar, de forma sencilla, el principio de conservación de la energía. En efecto, se dan las condiciones para que el proceso sea conservativo ya que todas las fuerzas que intervienen en el movimiento o bien provienen de un potencial escalar por medio del gradiente, caso de las fuerzas producidas por el resorte o de las derivadas de la atracción gravitatoria, o no realizan trabajo, caso de la fuerza de contacto, que es siempre ortogonal al desplazamiento de la corredera por su guía circular: En este último caso, es evidente que si existiera fuerza de rozamiento entre la corredera y la citada guía, de produciría una disipación de energía que impediría la aplicación inmediata del principio de conservación. En consecuencia, la energía mecánica del sistema será la misma durante todo el movimiento. Podrá por tanto igualarse la energía total (suma de la energía cinética, la energía potencial elástica y la energía potencial gravitatoria) en cada una de las dos posiciones, es decir:

$$E_A = E_C \Rightarrow \begin{cases} E_A = U_{gA} + T_A + U_{kA} \begin{cases} U_{gA} = mgr \\ T_A = 0 \\ U_{kA} = 0 \end{cases} \\ E_C = U_{gC} + T_C + U_{kC} \begin{cases} U_{gC} = mgr \\ T_C = \dfrac{1}{2}mv^2 \\ U_{kC} = \dfrac{1}{2}k(2r)^2 \end{cases} \end{cases}$$

de donde

$$mg2r = \frac{1}{2}mv^2 + \frac{1}{2}k4r^2$$

por tanto la velocidad valdrá:

$$v = \sqrt{\frac{4r(mg-kr)}{m}}$$

y, por tanto la fuerza de contacto será:

$$N = 4kr - 3mg$$

b) Para determinar las condiciones que se deben verificar para que la posición $\theta = \pi/2$ sea de equilibrio relativo cuando la guía circular gira entorno del eje vertical con una velocidad angular constante ω, se deberá trazar nuevamente el diagrama de sólido libre y el correspondiente cinema de aceleraciones para dicha posición. El diagrama de sólido rígido incorpora la fuerza elástica, el peso y la fuerza de contacto, perpendicular a la guía. En condiciones generales el

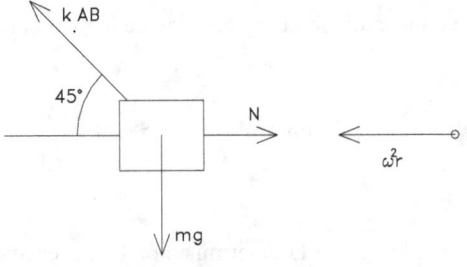

diagrama de aceleraciones debe incluir la aceleración relativa, la aceleración de Coriolis y la aceleración de arrastre, en el buen entendido de que, si existe equilibrio relativo a la guía, son nulas:
- la velocidad relativa
- la aceleración relativa
    1. Componente tangencial (variación del módulo de la velocidad relativa)
    2. Componente normal v^2/r (dado que la velocidad relativa es cero)
- la aceleración de Coriolis (dado que la velocidad relativa es cero)

En consecuencia, solo existe la aceleración de arrastre.

Por aplicación de la segunda ley de Newton, se puede escribir:

$$kr\sqrt{2}\operatorname{sen}45 = mg$$

de donde

$$k = \frac{mg}{k}$$

Se advierte que la posición de equilibrio relativo, para esta posición del cursor, es independiente de la velocidad angular de rotación de la guía; ésta solo interviene para establecer el mayor o menor valor de la fuerza de contacto.

6.- El dispositivo de la figura se mueve en un plano vertical. La barra AB gira con ω constante y conocida por la acción de un motor no mostrado. La barra BD tiene una articulación en el pasador B, mientras que su extremo D se mueve horizontalmente. El cursor de masa **m** desliza sin rozamiento y, en el instante considerado, tiene una velocidad **v** conocida respecto la barra, en el sentido indicado. Determinar, para este instante,

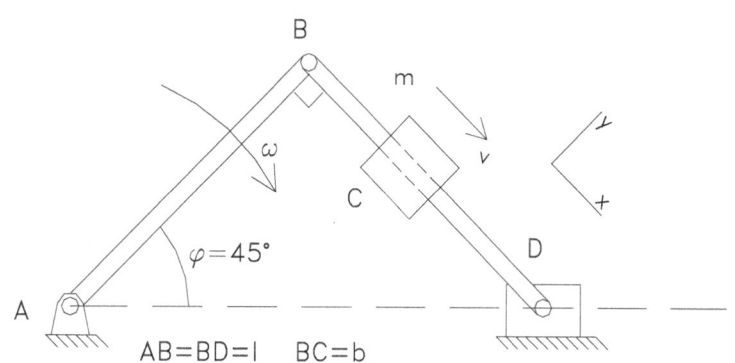

a) Aceleración del cursor respecto de la barra BD.
b) Reacción N de la barra sobre el cursor.

SOLUCIÓN

Se trazará el diagrama de sólido libre del cursor y el cinema de aceleraciones del mismo, en el instante en cuestión.

Dado que el sistema se mueve en un plano vertical, el cursor está sometido:
- a su propio peso (mg)
- a la reacción de contacto (N) que, al no existir rozamiento, tiene solo una componente perpendicular a la superficie de contacto (barra BD).

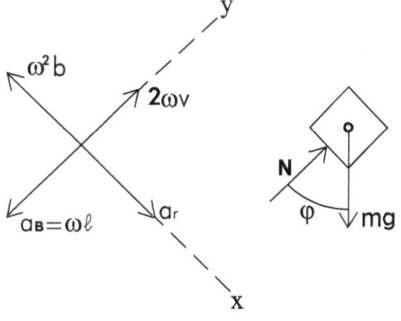

Para determinar la aceleración del cursor se considerará una referencia móvil, solidaria de la barra BD, y se aplicará la composición de movimientos. Existirán las siguientes componentes de la aceleración:

- aceleración de arrastre, consecuencia del movimiento de la barra BD. Tendrá dos componentes: la aceleración lineal del punto B (que pertenece a la barra AB) y una componente en la dirección de la propia barra BD, dirigida hacia B, consecuencia de la velocidad angular de esta barra.
- aceleración relativa, en la dirección de la propia barra.
- aceleración de Coriolis.

Aplicando la segunda ley de Newton, en las direcciones **x,y** de los ejes de la figura quedará:

$$mg\,\text{sen}\varphi = m\omega^2 b + m a_r$$
$$N - mg\cos\varphi = m 2\omega v - m\omega^2 l$$

de donde:

$$a_r = g\,\text{sen}\varphi - \omega^2 b$$
$$N = m\left(g\cos\varphi + 2\omega v - \omega^2 l\right)$$

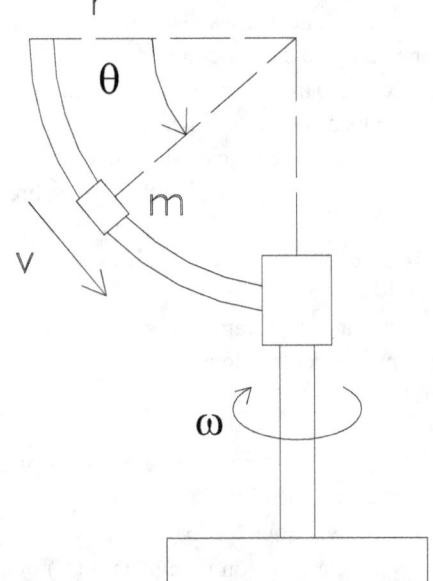

7.- La guía circular de radio r gira entorno de su eje vertical con velocidad angular ω constante. En este momento, el cursor de masa **m** se mueve sobre la guía con velocidad **v** conocida. Determinar:
   a) La reacción de la guía sobre el cursor.
   b) Aceleración del cursor relativa a la guía

SOLUCIÓN

En primer lugar se trazarán tanto el diagrama de sólido libre como el cinema de aceleraciones de la partícula, en un instante genérico cualquiera.

Con respecto al diagrama de sólido libre deben hacerse algunas consideraciones. El hecho de que el contacto sea liso lleva a no tener que incluir una fuerza de rozamiento en dirección tangente a la guía. En cuanto a la fuerza de contacto normal a la guía, tiene dos componentes, una en dirección radial contenida en el plano vertical que define la propia guía semicircular(**N**) y otra, también normal a la guía, pero contenida en un plano perpendicular al anterior(**R**) (si se utilizara un sistema de coordenadas cilíndricas tendría la dirección z).

Respecto del cinema de aceleraciones, para facilitar el cálculo, se considerará una referencia móvil, solidaria de la guía, respecto de la cual la corredera se mueve con una determinada velocidad y aceleración relativas. Existirán, por tanto,
- aceleración de arrastre, consecuencia del movimiento con la guía.
- dos componentes de la aceleración relativa (normal y tangencial a la guía
- aceleración de Coriolis, ya que existe velocidad relativa y velocidad angular de arrastre. Dicha aceleración de Coriolis tendrá dirección (binormal) perpendicular al plano definido por los ejes normal y tangencial a la guía (plano que contiene a la guía semicircular).

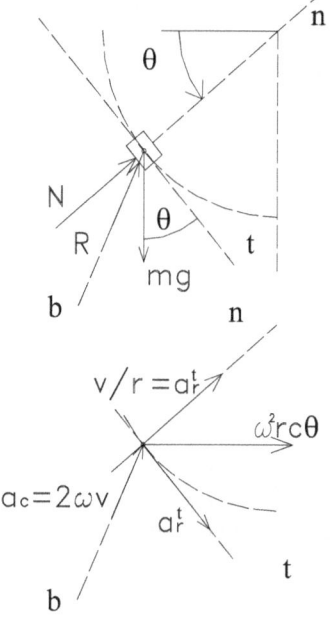

Ahora podrá aplicarse la segunda ley de Newton en las direcciones tangencial, normal y binormal, respecto de la guía, de modo que se obtendrá en sistema de ecuaciones siguiente::

$$mg\cos\theta = ma_r^t + m\omega^2 r\cos\theta\sen\theta$$
$$N - mg\sen\theta = m\frac{v^2}{r} + m\omega^2 r\cos^2\theta$$
$$R = 2m\omega v$$

Resolviendo el sistema, los resultados pedidos serán:

$$R = 2m\omega v$$
$$N = mg\sen\theta + m\frac{v^2}{r} + m\omega^2 r\cos^2\theta$$
$$a_r^n = \frac{v^2}{r}$$
$$a_r^t = g\cos\theta - \omega^2 r\cos\theta\sen\theta$$

8.- Las tres barras de la figura están articuladas entre ellas y se mueven en un plano vertical. El cursor **C**, de pequeñas dimensiones y masa **m**, se mueve sin rozamiento a lo largo de la barra BE con velocidad relativa **v** conocida, en el instante que se ilustra en la figura, en el cual las barras 1 y 2 están en posición vertical, la barra 1 está animada de una velocidad angular ω constante y conocida. Determinar:

a) Aceleración a_r del cursor respecto 3.

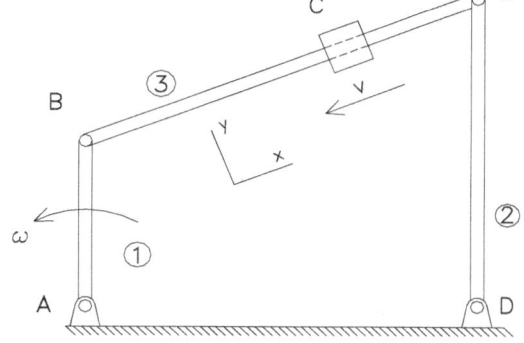

b) Reacción normal **N** de 3 sobre el cursor.

SOLUCIÓN

Se trazará el diagrama de sólido libre y el cinema de aceleraciones para el cursor C. Sobre el cursor actúan únicamente la reacción normal (perpendicular a la barra 3 por no existir rozamiento) y el peso propio del cursor. Para encontrar las aceleraciones se utilizará la composición de movimientos, considerando la referencia móvil solidaria de la barra 3. Ésta se encuentra, en este instante, en traslación instantánea, dado que las velocidades de sus puntos extremos (B y E) son paralelas. El hecho de que la

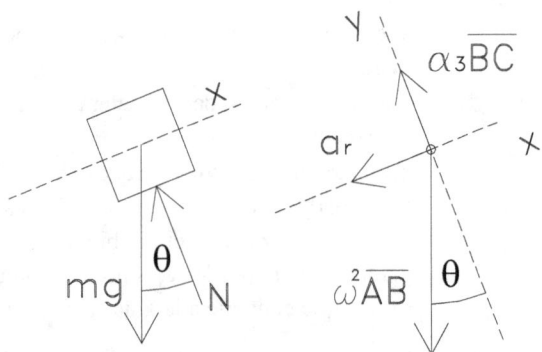

barra se halle en un movimiento de traslación instantánea implica que su velocidad angular es nula, pero no puede afirmarse lo mismo de su aceleración angular, es decir, $\omega_3 = 0$, $\alpha_3 \neq 0$. Si la velocidad angular de la referencia móvil es nula, la aceleración de Coriolis de la corredera lo será también.

Aplicando la segunda ley de Newton a la corredera y proyectando dicha ley en la base xy indicada, se advierte que la componente en la dirección x permite encontrar el valor de la aceleración relativa.

$$mg\,\text{sen}\theta = m\left(a_r + \omega^2 \overline{AB}\,\text{sen}\theta\right) \Rightarrow a_r = \left(g - \omega^2 \overline{AB}\right)\text{sen}\theta$$

En la dirección del eje y, la ecuación resultante será:

$$mg - N = m\left(\omega^2 \overline{AB}\cos\theta - \alpha_3 \overline{BC}\right) \Rightarrow N = m\left(g + \alpha_3 \overline{BC} - \omega^2 \overline{AB}\cos\theta\right)$$

Tal como puede observarse en la ecuación resultante, existen dos magnitudes desconocidas: la fuerza **N** y la aceleración angular de arrastre α_3. En consecuencia, hará falta una ecuación adicional.

La ecuación adicional se podrá obtener de la cinemática del movimiento, para ello se recurrirá al punto E, cuyo movimiento está perfectamente definido por pertenecer a dos barras (BE y DE), una de las cuales es una manivela.

Por pertenecer a la barra BE la aceleración del punto E es la suma de dos componentes,

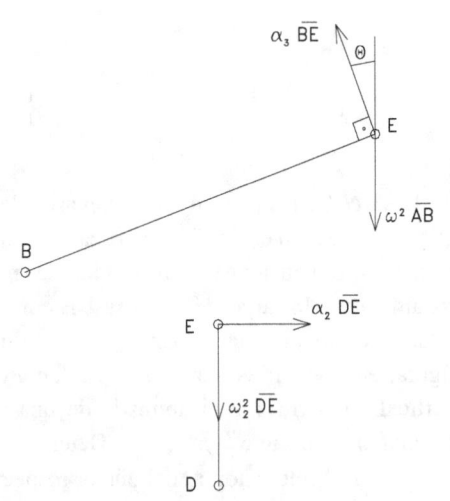

4 Dinámica de la partícula

$$\vec{a}_E = \vec{\alpha}_3 \times \overrightarrow{BE} - \omega^2 \overrightarrow{AB}$$

Por pertenecer a la barra DE su aceleración será también la suma de dos componentes,

$$\vec{a}_E = \vec{\alpha}_2 \times \overrightarrow{DE} - \omega_2^2 \overrightarrow{DE}$$

El valor de ω_2 es fácil de determinar dado que la velocidad de todos los puntos de la barra BE es la misma (se trata de un movimiento de traslación instantánea) y por tanto los puntos B y E tienen la misma velocidad, en consecuencia:

$$\vec{V}_B = \vec{V}_E \Rightarrow \omega \overline{AB} = \omega_2 \overline{DE} \Rightarrow \omega_2 = \omega \frac{\overline{AB}}{\overline{DE}}$$

Por otra parte, igualando las componentes de la aceleración en la dirección vertical, se podrá escribir:

$$\omega^2 \overline{AB} - \alpha_3 \overline{BE} \cos\theta = \omega_2^2 \overline{DE} \Rightarrow \alpha_3 = \omega^2 \frac{\overline{AB}}{\overline{DE}} \operatorname{tg}\theta$$

lo que, sustituido en la ecuación que expresa el valor de la fuerza N en función de los parámetros cinemáticos de la barra, lleva al resultado:

$$N = m \left[g - \omega^2 \overline{AB} \left(\cos\theta - \frac{\overline{BC}}{\overline{DE}} \operatorname{tg}\theta \right) \right]$$

9.- El ascensor de la figura tiene masa **m** y es movido por el motor M con el sistema de poleas indicado. Los elementos rotativos tienen radio **r** y masa despreciable. El coeficiente de rozamiento entre la caja del ascensor y las guías vale μ. Si el dispositivo asciende con aceleración a constante conocida, determinar:
  a) Momento motor M.
  b) Rendimiento mecánico del sistema.

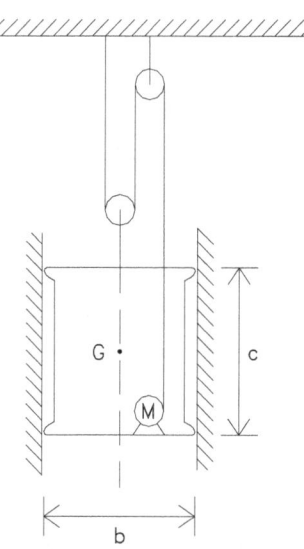

SOLUCIÓN

Para conocer el conjunto de fuerzas que actúan sobre el sistema a estudiar se trazará el diagrama de sólido libre del ascensor y la polea móvil que se mueve solidaria con la caja del ascensor.

El hecho de que el motor actúe sobre el cable de tracción, descentrado respecto del eje vertical de la caja, hace que ésta se apoye sobre el vértice superior izquierdo y el vértice inferior derecho.

La fuerza normal a la superficie es idéntica en ambos puntos, pero de sentidos opuestos, mientras que la fuerza de rozamiento en ambos contactos se opone al movimiento del ascensor.

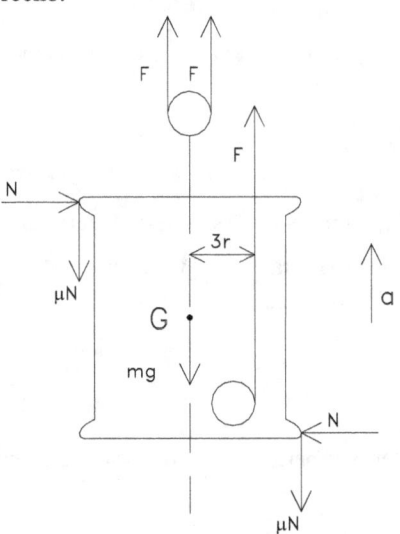

El ascensor se mueve con aceleración lineal constante y sin velocidad ni aceleración angulares, por tanto

$$3F-2\mu N-mg=ma$$

si se toman momentos respecto del centro de masas G quedará:

$$F\cdot 3r = N\cdot c \Rightarrow N = F\frac{3r}{c}$$

por lo que

$$F=\frac{mc(g+a)}{3(c-2\mu r)}$$

de manera que el par motor será:

$$M = F\cdot r \Rightarrow M = F = \frac{mcr(g+a)}{3(c-2\mu r)}$$

El rendimiento mecánico es la relación entre el trabajo obtenido respecto del trabajo suministrado, es decir:

$$\text{eff} = \frac{W_1 - W_f}{W_1} = \frac{W_2}{W_2 + W_f}$$

Donde:
- W_1 = Trabajo suministrado al dispositivo
- W_2 = Trabajo recibido del dispositivo
- W_f = Trabajo disipado por fricción

El trabajo suministrado por el motor, en una vuelta es $W_1 = M\cdot 2\pi$. Si el motor gira una vuelta recoge una longitud $2\pi r$ de cable y el ascensor, por existir una polea móvil, asciende la mitad es decir πr. En consecuencia la energía disipada es $W_f = N\cdot 2\pi r \cdot \mu$ de modo que:

$$\text{eff} = \frac{M\cdot 2\pi - 2\pi r\mu N}{M\cdot 2\pi} = \frac{F-\mu N}{F}$$

Como **N=3Fr/c**:

$$\text{eff} = \frac{c - 3\mu r}{c}$$

10.- En el dispositivo de la figura la masa de la cuerda y de la polea son despreciables. Los bloques tienen masa **m** cada uno. El contacto entre ellos tiene lugar con rozamiento cuyo coeficiente es μ. El contacto entre el bloque 2 y el suelo es liso. El sistema se mueve con velocidad constante, entre las posiciones x=0 y x=3ℓ, bajo la acción de la fuerza F.

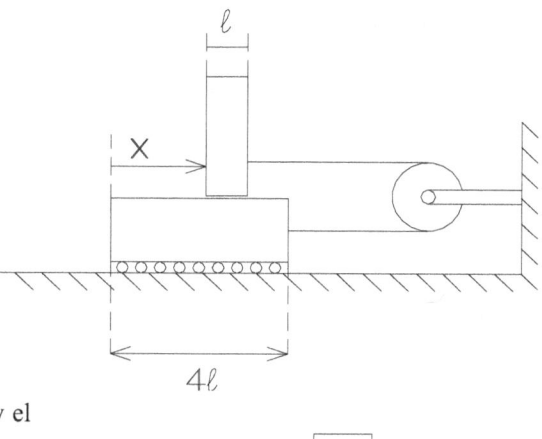

  a) Calcular el valor de F y la tensión de la cuerda
  b) Determinar si el trabajo de las fuerzas de rozamiento es independiente de la referencia y justifícalo. Hallar su valor y el del trabajo de la fuerza F.

SOLUCIÓN

El sistema mecánico no está compuesto por un único sólido rígido, sino por un conjunto de dos sólidos. Dado que el sistema se mueve con velocidad constante, ninguno de los dos bloques presentará aceleración. El hecho de que los dos sólidos rígidos tengan un grado de libertad relativo indica que, como consecuencia de la tracción F, éstos pueden tener movimiento entre ellos. Por otra parte, obsérvese que la tensión de la cuerda y la fuerza de rozamiento son acciones internas del sistema y, en consecuencia no aparecen en forma explícita en el diagrama de sólido

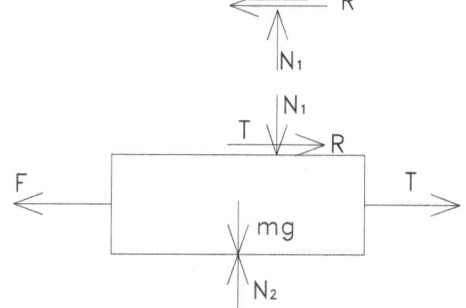

libre del conjunto. Ello obliga a descomponer el sistema en sus dos sólidos componentes. El hecho de estudiar los dos sólidos rígidos por separado hace aparecer dichas acciones de forma explícita en cada diagrama ya que, al descomponer el sistema, estas fuerzas interiores al sistema completo pasan a ser fuerzas exteriores para cada una de las partes. En consecuencia, se pueden trazar los dos diagramas de sólido libre que se ilustran y en los que están presentes las siguientes acciones:

Sobre el bloque 1 actúa:
  • la tensión de la cuerda (**T**)
  • el peso propio (**mg**)
  • la reacción normal (**N₁**)
  lLa fuerza de rozamiento entre bloques (**R**)

Sobre el sólido 2 actúa:

- la fuerza F
- el peso propio (**mg**)
- la reacción normal de la bancada (**N₂**)
- la tensión (**T**)
- la fuerza normal entre bloques (**N₁**)
- la fuerza de rozamiento entre bloques (**R**)

La segunda ley de Newton, aplicada al bloque 2, proporciona las siguientes ecuaciones:

$$N_1 + mg - N_2 = 0$$
$$F - R - T = 0$$

De forma análoga, para el bloque 1, puede escribirse:

$$N_1 - mg = 0 \Rightarrow N_1 = mg$$
$$T - R = 0 \Rightarrow T = R$$

como, por otra parte, se sabe que la relación entre la fuerza de rozamiento y la fuerza normal es el coeficiente de rozamiento dinámico, se puede escribir:

$$R = \mu N_1$$

De modo que:

$$F = 2R = 2\mu mg$$
$$T = \mu mg$$

El trabajo realizado por la fuerza de rozamiento entre las posiciones inicial y final es **R.3ℓ**, es un trabajo interno y, por tanto, independiente de la referencia. El trabajo realizado por la fuerza exterior en el mismo tiempo será **F.1,5ℓ**, ya que el bloque 1 se habrá desplazado **1,5 ℓ** hacia la derecha en ese intervalo de tiempo. Es evidente que, dado que **F=2R**, el trabajo de la fuerza externa es idéntico al disipado por el rozamiento interno.

11.- La cadena homogénea de la figura tiene masa **m** y longitud ℓ. Su extremo libre se abandona en reposo en x=0. Determinar:

a) Tensión de la cadena en su soporte S para el instante genérico de la figura.

b) Incremento de energía de la cadena entre el instante inicial y el instante en que x=2ℓ.

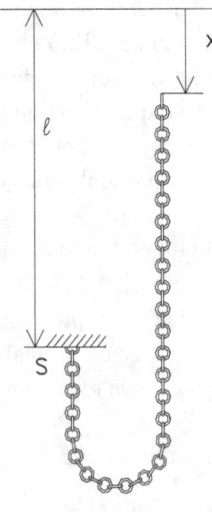

SOLUCIÓN

De la observación de la figura puede deducirse que, cuando el extremo libre de la cadena ha descendido una altura x, existe un tramo x/2 de la cadena que se encuentra en reposo, suspendido de la bancada. En consecuencia, el tramo en movimiento es de una longitud (ℓ-x/2).

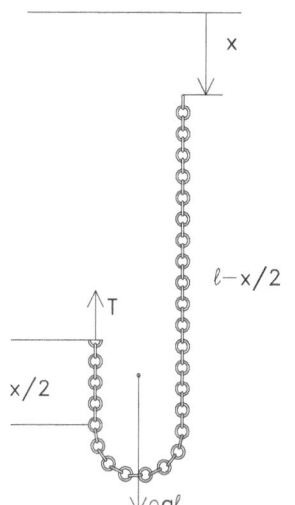

En este caso, al tratarse de un sistema deformable, no es fácil la aplicación de la segunda ley de Newton ya que el movimiento del centro de masas del sistema es difícil de determinar. Para resolver el problema se utilizará el teorema de la cantidad de movimiento.

El diagrama de fuerzas ilustra las acciones que se realizan sobre el sistema en estudio (cadena), que se reducen a:

- peso propio ($\rho g \ell$) de toda la cadena
- tensión (T) que ejerce la bancada sobre el extremo fijo.

Por tanto, en función del citado teorema, se podrá escribir:

$$\rho g l - T = \frac{dP_x}{dt}$$

La cantidad de movimiento de la cadena solo afectará a la parte de ésta que está animada de una velocidad, el tramo de cadena suspendido tendrá cantidad de movimiento nula por el hecho de estar en reposo. De modo que será:

$$P_x = \rho \left(1 - \frac{x}{2}\right) \dot{x}$$

La variación temporal de la cantidad de movimiento se obtendrá derivando la anterior expresión:

$$\frac{dP_x}{dt} = \rho \ddot{x} \left(1 - \frac{x}{2}\right) + \rho \dot{x} \left(-\frac{\dot{x}}{2}\right)$$

Si se considera que, en caída libre, se verifica:

$$\ddot{x} = g \quad ,, \quad \dot{x}^2 = 2gx$$

Se podrá sustituir en las anteriores expresiones y resultará que la tensión vale:

$$T = \frac{3\rho g x}{2}$$

La variación de la energía en el proceso de caída será la diferencia entre las energías potenciales en las dos las posiciones: inicial y final. Esta caída representa un descenso del centro de masas de la cadena desde la posición + ℓ/2 a la − ℓ/2, por tanto:

$$\Delta U = -\rho g l^2$$

12.- Integrar las ecuaciones diferenciales del movimiento de un proyectil de masa **m** que se ha disparado con una velocidad inicial v_o y que forma un ángulo φ con la horizontal. Considérese el caso ideal en que el rozamiento con el aire es nulo, y también el caso en que el rozamiento es proporcional a la velocidad ($\vec{R} = -k\vec{v}$).

  a) Para el primer caso, determinar el radio de curvatura de la trayectoria en el punto más alto y el alcance horizontal x_m.
  b) En el segundo caso, hallar las ecuaciones de la trayectoria y el valor del alcance máximo x_{max}.

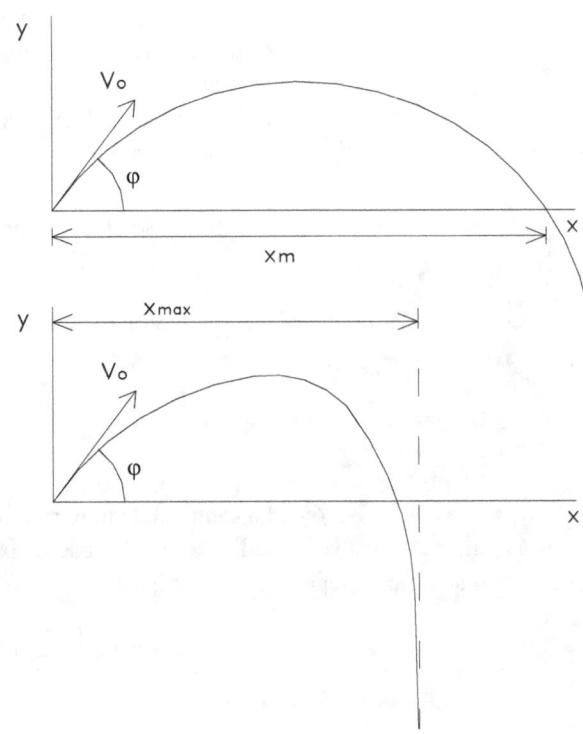

SOLUCIÓN

En la primera hipótesis, la segunda ley de Newton, aplicada a la partícula en un instante cualquiera de su movimiento, establece que:

$$\vec{F} = m \frac{d\vec{V}}{dt}$$

Como la fuerza solo tiene componente vertical quedaran las dos ecuaciones siguientes:

$$m \frac{dV_x}{dt} = 0 \Rightarrow V_x = \text{cte.} = V_0 \cos\varphi$$

$$m \frac{dV_y}{dt} = -mg \Rightarrow dV_y = -g\,dt \Rightarrow V_y = V_0 \text{sen}\varphi - gt$$

Las que, integradas llevan a las ecuaciones:

$$\frac{dx}{dt} = V_0 \cos\varphi \Rightarrow x = V_0 \cos\varphi\, t$$

$$\frac{dy}{dt} = V_0 \text{sen}\varphi - gt \Rightarrow y = V_0 \text{sen}\varphi\, t - \frac{1}{2} g t^2$$

En el punto más alto solo existe la componente horizontal de la velocidad, que es constante, mientras que la aceleración normal es la de la gravedad; en consecuencia:

$$\rho = \frac{V^2}{a_n} = \frac{V_0 \cos\varphi}{g}$$

El alcance máximo se obtendrá cuando la altura y vuelva a ser cero (la primera solución es, evidentemente, t=0), por tanto:

$$y=0 \Rightarrow t = \frac{2V_0 \text{sen}\varphi}{g} \Rightarrow x_{max} = \frac{V_0^2 \text{sen}2\varphi}{g}$$

En la segunda hipótesis, que presupone que existe fricción viscosa con el aire, la segunda ley de Newton queda:

$$m\frac{d\vec{V}}{dt} = \vec{F}$$

La fuerza es la resultante de las fuerzas exteriores que actúan sobre la partícula, en consecuencia incluye el peso y el rozamiento del proyectil con el aire,

$$\vec{F} = -kV_x\vec{i} - kV_y\vec{j} - (kV_z + mg)\vec{k}$$

podrán por tanto, establecerse tres ecuaciones una para cada una de las coordenadas.

$$m\frac{dV_x}{dt} = -kV_x \Rightarrow \ln V_x = -\frac{k}{m}t + cte \Rightarrow V_x = C_x e^{-kt/m}$$

$$m\frac{dV_y}{dt} = -kV_y \Rightarrow \ln V_y = -\frac{k}{m}t + cte \Rightarrow V_y = C_y e^{-kt/m}$$

$$m\frac{dV_z}{dt} = -kV_z - mg \Rightarrow \ln(kV_z + mg) = -\frac{k}{m}t + cte \Rightarrow kV_z + mg = C_z e^{-kt/m}$$

Para determinar las constantes de integración se utilizarán las condiciones iniciales que establecen que, en el instante inicial, en que t=0, las componentes de la velocidad son: $V_x = V_0 \cos\varphi$, $V_y = 0$, $V_z = V_0 \text{sen}\varphi$; de manera que $C_x = V_0 \cos\varphi$, $C_y = 0$, $C_z = k V_0 \text{sen}\varphi + mg$, po lo que las expresiones de las velocidades serán:

$$V_x = V_0 \cos\varphi e^{-kt/m}$$

$$V_z = \left[V_0 \text{sen}\varphi + \frac{mg}{k}\right] e^{-kt/m} - \frac{mg}{k}$$

Para hallar la posición bastará con integrar nuevamente las anteriores ecuaciones, de modo que resultará:

$$\frac{dx}{dt}=V_0\cos\varphi e^{-kt/m} \Rightarrow x=-\frac{m}{k}V_0\cos\varphi e^{-kt/m}+cte$$

$$\frac{dz}{dt}=\left[V_0\sen\varphi+\frac{mg}{k}\right]e^{-kt/m}-\frac{mg}{k} \Rightarrow z=-\frac{m}{k}\left[V_0\sen\varphi+\frac{mg}{k}\right]e^{-kt/m}-\frac{mg}{k}t+cte$$

Dado que las condiciones iniciales son, para t=0, x=0, z=0, las expresiones de las coordenadas en función del tiempo serán:

$$x=\frac{m}{k}V_0\cos\varphi\left[1-e^{-kt/m}\right]$$

$$z=\frac{m}{k}\left[\left(V_0\sen\varphi+\frac{mg}{k}\right)\left(1-e^{-kt/m}\right)-gt\right]$$

Obsérvese que para valores del tiempo muy altos, tendiendo a infinito,

$$t\to\infty \Rightarrow \begin{cases} V_x\to 0 \;,\; V_z\to -\frac{mg}{k} \\ x\to x_{max}=\frac{m}{k}V_0\cos\varphi \;,\; z\to\infty \end{cases}$$

Para valores muy elevados del tiempo la velocidad alcanza un límite y por tanto se llega a un equilibrio de fuerzas entre la atracción gravitatoria y la fricción viscosa.

La altura máxima que alcanza el proyectil se logrará en el instante en que la velocidad ascendente $V_z=0$, en cuyo caso el valor de la altura es:

$$Z_{max}=\frac{m}{k}\left[V_0\sen\varphi-g\ln\left(\frac{kV_0\sen\varphi+mg}{mg}\right)\right]$$

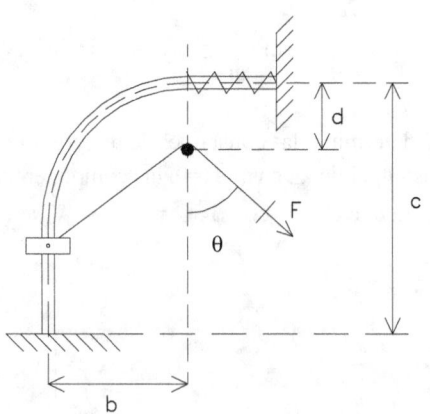

13.- La guía de la figura consta de un tramo curvilíneo seguido del tramo recto, en el que se encuentra un resorte. El cursor de masa **m** y dimensiones despreciables parte del reposo en la posición más baja. Es accionado por el cable, cuyo extremo libre está sometido a la tracción F constante, desconocida, y que forma un ángulo θ también constante con la vertical. Los contactos son lisos y las masas del cable y de las pequeñas poleas son despreciables. La rigidez del resorte, situado en la parte recta horizontal de la guía es conocida y vale **k**. Determinar:

a) Valor de la fuerza F para que la compresión máxima del muelle sea δ.
b) Incremento brusco de la reacción sobre el cursor al pasar por el punto en que se inicia el tramo recto. (considérese que el radio de curvatura de la guía en ese punto tiene un valor ρ conocido).

SOLUCIÓN

La primera parte del problema podrá resolverse a través del teorema de la energía. Dado que el sistema parte del reposo, en la posición más baja, y alcanza la posición de reposo, con el resorte comprimido, en la parte horizontal, el trabajo realizado por la fuerza constante al tirar del hilo se utilizará para incrementar la energía potencial gravitatoria y la energía potencial elástica (E_f). Debe recordarse que no se producen disipaciones por fricción.

$$E_A + W_{Af} = E_f \Rightarrow \begin{cases} E_A = U_{gA} + T_A + U_{kA} = 0 \\ \\ E_f = U_{gf} + T_f + U_{kf} \end{cases} \begin{cases} U_{gf} = mgc \\ T_f = 0 \\ U_{kf} = \dfrac{1}{2}k\delta^2 \end{cases}$$

Dado que la fuerza aplicada es constante, el trabajo realizado por ésta será el producto de dicha fuerza por la longitud de cable recogido. En consecuencia:

$$W_{Af} = F \cdot \left(l_A - l_f\right) = F\left[\sqrt{(c-d)^2 + b^2} - \sqrt{d^2 + \delta^2}\right]$$

Por tanto, la fuerza valdrá:

$$F = \dfrac{mgc + \dfrac{1}{2}k\delta^2}{\sqrt{(c-d)^2 + b^2} - \sqrt{d^2 + \delta^2}}$$

Para hallar la reacción al pasar por el punto de transición entre la trayectoria curva y la trayectoria recta se trazará el diagrama de sólido libre y el cinema de aceleraciones correspondientes al instante en cuestión. En el diagrama solo existirán el peso y la reacción normal. En el cinema solo existirá la aceleración normal. Por tanto, un instante antes de pasar por el punto B, el cursor verifica:

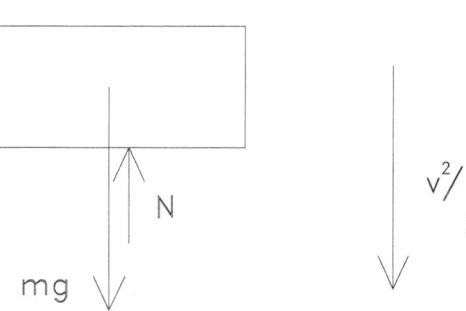

$$mg-N=m\frac{V_B^2}{\rho} \Rightarrow N=mg-m\frac{V_B^2}{\rho}$$

En el tramo recto, cuando el radio de curvatura es infinito, desaparece el valor de la aceleración normal y, en consecuencia,

$$N=mg$$

La reacción detecta ese cambio brusco en las características del movimiento, se produce una variación en la reacción normal, que vale:

$$\Delta N=m\frac{V_B^2}{\rho}$$

Para poder cuantificar la variación en la reacción será necesario determinar la velocidad del cursor en esta posición, justo antes de que inicie el tramo recto y, por tanto, la compresión del resorte.

Si se considera que cuando el cursor llegue a esta posición ya no se producirá variación de la energía potencial, sino que la energía cinética que ha adquirido en el camino se transformará en energía potencial elástica y en recuperar parte de la longitud del cable, trabajando contra la fuerza F que lo ha recogido y se supone que sigue actuando, entonces quedará:

$$T_B=U_{kf}+W_{Bf} \Rightarrow \frac{1}{2}mV_B^2=\frac{1}{2}k\delta^2+F\left(\sqrt{d^2+\delta^2}-d\right)$$

De modo que

$$V_B^2=\frac{k\delta^2+2F\left(\sqrt{d^2+\delta^2}-d\right)}{m}$$

En consecuencia, el incremento en la reacción será:

$$\Delta N=m\frac{V_B^2}{\rho}=\frac{k\delta^2+2F\left(\sqrt{d^2+\delta^2}-d\right)}{\rho}$$

La velocidad en el punto B podía haberse determinado estableciendo el balance entre las energías de las posiciones A y B de modo que:

$$E_A=0$$
$$E_B=mgc+\frac{1}{2}mV_B^2$$
$$W_{AB}=F\left[\sqrt{(c-d)^2+b^2}-d\right]$$

De modo que:

$$E_A + W_{AB} = E_B \Rightarrow V_B^2 = \frac{2F\left[\sqrt{(c-d)^2 + b^2} - d\right] - 2mg}{m}$$

El incremento de reacción será:

$$\Delta N = m\frac{V_B^2}{\rho} = \frac{2F\left[\sqrt{(c-d)^2 + b^2} - d\right] - 2mg}{\rho}$$

14.- Se dispone de un pasador esférico de masa **m** que se mueve, sin rozamiento, por una guía circular de radio $R = \sqrt{2} \cdot h$ situada en el plano horizontal y que está sujeta a un muelle, de constante **k** y longitud natural h/2. Cuando pasa por el punto A tiene una velocidad **v**. Se pide:

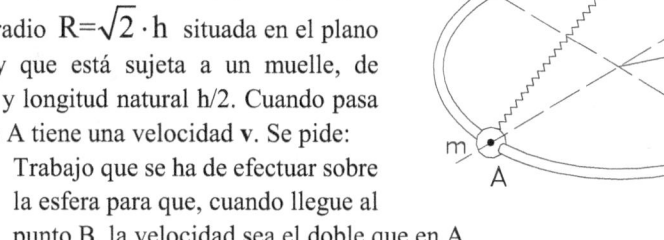

  a) Trabajo que se ha de efectuar sobre la esfera para que, cuando llegue al punto B, la velocidad sea el doble que en A.
  b) El módulo de la reacción de la guía sobre la esfera en el punto B.

SOLUCIÓN

Para determinar el trabajo que se debe suministrar al sistema, se aplicará el teorema de la energía. El campo de fuerzas que actúa sobre el pasador es:
- la fuerza que ejerce el resorte, que es una fuerza conservativa.
- la normal en dirección radial a la guía, contenida en el plano horizontal, que no realiza trabajo por ser perpendicular al desplazamiento.
- el peso y la reacción perpendicular al plano de la guía circular, que no realizan trabajo por ser ortogonales a la dirección del desplazamiento.

En estas condiciones puede escribirse:

$$E_A + W_{AB} = E_B \Rightarrow \begin{cases} E_A = T_A + U_{kA} \Rightarrow \begin{cases} T_A = \dfrac{1}{2}mv^2 \\ U_{kA} = \dfrac{1}{2}k\left[\sqrt{2R^2 + h^2} - \dfrac{h}{2}\right]^2 \end{cases} \\ E_B = T_B + U_{kB} \Rightarrow \begin{cases} T_B = \dfrac{1}{2}mv_B^2 \\ U_{kA} = \dfrac{1}{2}k\left[h - \dfrac{h}{2}\right]^2 \end{cases} \end{cases}$$

De modo que:

$$W_{AB} = E_B - E_A = \frac{3}{2}mv^2 - 3kh^2$$

Para hallar el módulo de la reacción, se trazará el diagrama de sólido libre y el cinema de aceleraciones del pasador en la posición B. En dicha posición el resorte realiza una tracción vertical, el peso y la reacción normal tiene también esta dirección y, en dirección radial, existe otra componente de la reacción de la guía. Si se aplica la segunda ley de Newton en cada una de las dos direcciones, resulta:

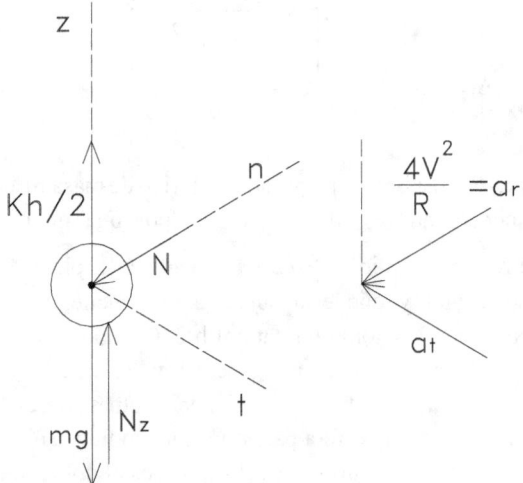

$$K\frac{h}{2} + N_z - mg = 0 \Rightarrow N_z = mg - K\frac{h}{2}$$

$$N_n = m\frac{4v^2}{R} = m\frac{4v^2}{h\sqrt{2}}$$

a partir de estos dos resultados se puede obtener el valor de la reacción resultante:

$$N = \sqrt{\left(mg - K\frac{h}{2}\right)^2 + \left(m\frac{4v^2}{h\sqrt{2}}\right)^2}$$

15.- La rueda, de masa despreciable y radio **r**, tiene soldada una masa puntual en D y otra en C, ambas de valor **m**. El muelle AB tiene rigidez **k** y longitud natural despreciable. No hay deslizamiento en el contacto D. El sistema parte del reposo en la posición indicada.

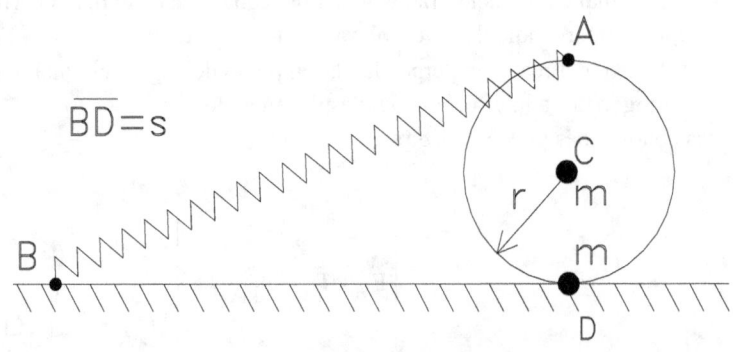

Determinar:
  a) Velocidad angular ω de la rueda cuando haya dado un cuarto de vuelta
  b) Reacción vertical en D en función de ω.

SOLUCIÓN

El sistema que se presenta es conservativo. El movimiento del mismo se realiza sin que se produzca disipación de energía. En efecto:

- En el contacto liso D aparece una reacción vertical, que siempre es perpendicular al desplazamiento, y una reacción horizontal de fricción, que impide su deslizamiento. En el primer caso la ortogonalidad entre la fuerza y el desplazamiento implican un trabajo nulo. En el caso de la otra componente de contacto, como consecuencia de la ausencia de deslizamiento, la fuerza horizontal actúa siempre sobre un punto reposo y no disipa ninguna energía. Es evidente, por consiguiente, que las fuerzas de contacto no realizan ningún trabajo.
- La fuerza del resorte es una fuerza conservativa, al igual que el peso.

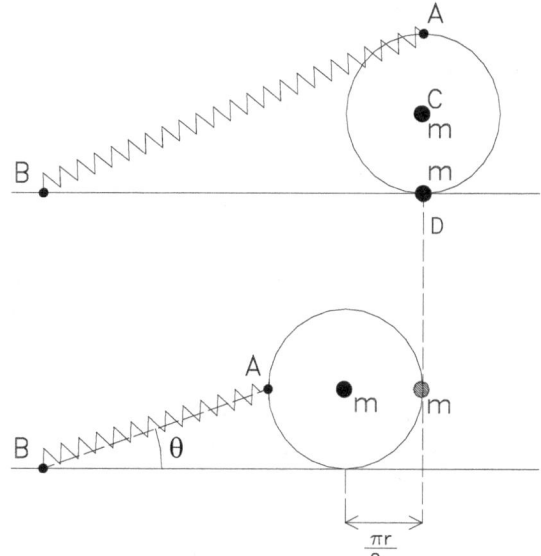

En consecuencia puede aplicarse el principio de conservación de la energía mecánica entre los dos instantes a considerar. Se considerará como nivel cero de energía potencial gravitatoria el plano horizontal de rodadura. En el instante inicial, la energía mecánica es la suma de la energía potencial gravitatoria (masa C a una altura r), la energía potencial elástica (resorte alargado respecto de la posición inicial de longitud natural nula) y la energía cinética, inexistente, dado que el sistema parte del reposo.

$$E_i = mgr + \frac{1}{2}k\left[s^2 + 4r^2\right]$$

En la posición final existe la energía potencial gravitatoria debida a las dos masas situadas a una altura r respecto de la horizontal, la energía potencial elástica dado que el resorte mantiene un alargamiento (menor que en la posición inicial como consecuencia del movimiento de la rueda) y la energía cinética de las masas.

$$E_f = 2mgr + \frac{1}{2}k\left[\left[s - r\left(\frac{\pi}{2} + 1\right)\right]^2 + r^2\right] + \frac{3}{2}m\omega^2 r^2$$

Aplicando el teorema de conservación de la energía, resulta:

$$E_i = E_f \Rightarrow \frac{3}{2}m\omega^2 r^2 = \frac{1}{4}kr\left[r(4-\pi)+2s(\pi+2)\right]-mgr$$

$$\omega = \sqrt{\frac{k}{6mr}\left[r(4-\pi)+2s(\pi+2)\right]-\frac{2g}{3r}}$$

Para hallar la reacción vertical en D, se deberá analizar el campo de fuerzas que actúa sobre el sistema, para ello se realizará el diagrama de sólido rígido de la rueda y el cinema de aceleraciones, del centro de masas del sistema, para el mismo instante. Es fácil advertir que, sobre la rueda actúan las fuerzas siguientes:

- La fuerza producida por el resorte
- La resultante del peso de las dos masas
- Las fuerzas de contacto en el punto D, que incluirá la fuerza de rozamiento necesaria para que exista rodadura.

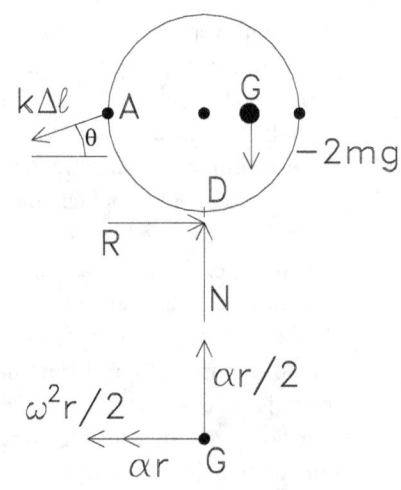

Para determinar la reacción normal es necesario encontrar, previamente, el valor de la aceleración angular. Para ello, se aplica, a la rueda y las masas, el teorema del momento cinético respecto del punto D. En estas condiciones se podrá escribir:

$$\sum \vec{M}_D - \overrightarrow{DG} \times 2m\vec{a}_G = I_G \vec{\alpha}$$

De modo que:

$$rK\Delta\ell\,\mathrm{sen}\theta + rK\Delta\ell\cos\theta - \frac{r}{2}2mg - \frac{r}{2}2m\alpha\frac{r}{2} - r2m\alpha r - r2m\omega^2\frac{r}{2} = \frac{1}{2}mr^2\alpha$$

$$\alpha = \frac{1}{3}\left[\frac{k\Delta\ell}{mr}(\mathrm{sen}\theta + \cos\theta) - \left(\frac{g}{r}+\omega^2\right)\right]$$

Aplicando la segunda ley de Newton, y teniendo en cuenta su componente vertical,

$$N - 2mg - k\Delta\ell\,\mathrm{sen}\theta = 2m\alpha\frac{r}{2}$$

$$N = k\Delta\ell\,\mathrm{sen}\theta + m(2g + \alpha r)$$

De modo que sustituyendo el valor de α y los valores de **cos θ** y **sen θ** se podrá encontrar la reacción normal, N.

16.- El cursor de masa **m** se mueve sin

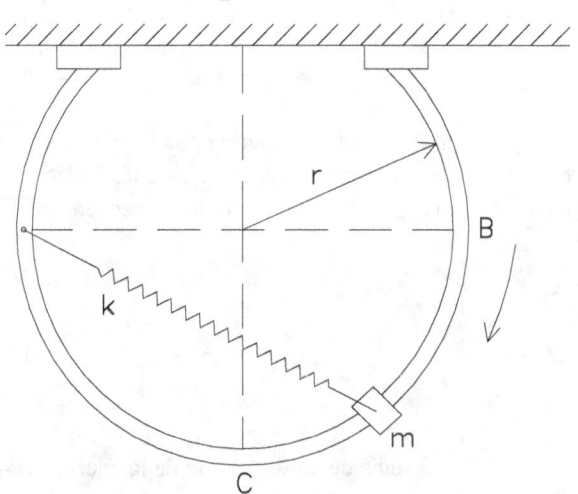

rozamiento a lo largo de la guía circular de radio **r** de la figura situada en un plano vertical. El muelle de rigidez d conocida tiene longitud natural despreciable. Si el cursor parte de B con velocidad prácticamente nula, determinar la velocidad y aceleración del cursor en C.

SOLUCIÓN

Al tratarse de un movimiento en un plano vertical, sin rozamiento y bajo la acción, únicamente, de un resorte, es un sistema conservativo. Por tanto puede afirmarse que la energía mecánica total en la posición B es idéntica a la de la posición C.

En el punto B la energía mecánica es:

$$E_B = T_B + U_{gB} + U_{kB} \Rightarrow \begin{cases} T_B = 0 \\ U_{gB} = mgr \\ U_{kB} = \frac{1}{2}k(2r)^2 \end{cases}$$

En el punto C, la energía mecánica es:

$$E_C = T_C + U_{gC} + U_{kC} \Rightarrow \begin{cases} T_C = \frac{1}{2}mv^2 \\ U_{gC} = 0 \\ U_{kC} = \frac{1}{2}k(\sqrt{2}r)^2 \end{cases}$$

Igualando ambas energías se podrá determinar la velocidad pedida,

$$E_B = E_C \Rightarrow mgr + 2kr^2 = \frac{1}{2}mv^2 + kr^2$$

$$v = \sqrt{\frac{2(mg+kr)r}{m}}$$

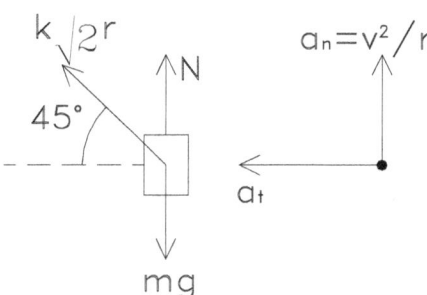

Para determinar la aceleración del cursor en C, se trazará el diagrama de sólido libre y el cinema de aceleraciones en dicha posición:

El primero incluirá la reacción normal de contacto, el peso propio y la fuerza realizada por el resorte. El diagrama de aceleraciones, por su parte, deberá tener en cuenta las dos componentes de la aceleración en el punto C: la aceleración normal, conocida por ser conocida la velocidad en esta posición, y la aceleración tangencial, que es desconocida

La aplicación de la segunda ley de Newton, en la dirección **x**, lleva a:

$$k\sqrt{2}r\cos 45 = ma_t$$

$$a_t = \frac{kr}{m}$$

Como la aceleración normal es conocida, quedará:

$$a_n = \frac{2(mg+kr)}{m}$$

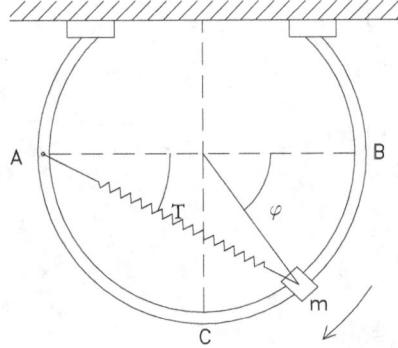

La expresión de la aceleración relativa podría encontrarse también por derivación del módulo de la velocidad. Ello requiere encontrar una expresión general de la velocidad y no puede determinarse a partir de la expresión de la velocidad en una posición concreta. En estas condiciones y trabajando en una posición definida por el ángulo φ respecto de la horizontal, la expresión de la velocidad es:

$$v^2 = \frac{2r^2 k \operatorname{sen}^2\theta + 2mgr\operatorname{sen}2\theta}{m}$$

donde, derivando respecto del tiempo, quedará,

$$v \cdot \dot{v} = \frac{1}{m}\left[r^2 k \operatorname{sen}2\theta + mgr\cos 2\theta\right]\dot{\theta}$$

$$\downarrow \left(\theta = \frac{\varphi}{2}\right)$$

$$v \cdot \dot{v} = \frac{1}{m}\left[r^2 k \operatorname{sen}\varphi + mgr\cos\varphi\right]\frac{\dot{\varphi}}{2}$$

Los valores de las velocidades angulares son:

$$\dot{\theta} = \frac{\dot{\varphi}}{2} = \frac{v}{2r}$$

De modo que sustituyendo los valores para $\theta = 45°$ quedará

$$\dot{v} = a_r = \frac{kr}{m}$$

5. PROBLEMAS DE DINÁMICA DEL ESPACIO

5.1. Problemas resueltos

1.- Un cilindro homogéneo de masa **m** está montado en un marco, de masa despreciable, con una inclinación de ángulo γ respecto de la vertical. Este marco gira con velocidad angular $\dot{\varphi}$ constante en torno del eje vertical, mientras que el cilindro, a su vez, gira respecto del marco con **p** = cte. Sabiendo que el apoyo A no soporta esfuerzos axiales y que el centro de masas G equidista de los extremos A y B una distancia ℓ, determinar:

a) Reacciones en A y B.
b) Energía cinética del cilindro.

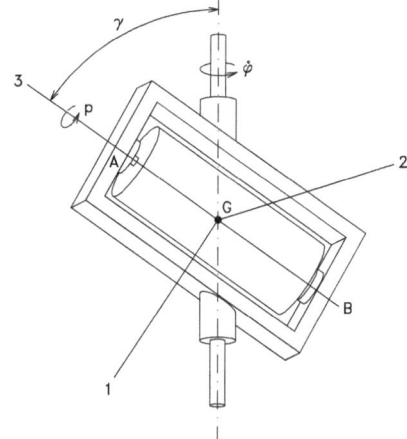

SOLUCIÓN

Dado que las reacciones que se deben calcular comportan la determinación de más de tres incógnitas, se deberán aplicar los teoremas vectoriales de la cantidad de movimiento y del momento cinético.

La posición del centro de masas, que es al propio tiempo punto de intersección de los ejes físicos de rotación, implica que es un punto fijo y carece, por tanto, de aceleración:

$$\vec{a}_G = 0$$

La velocidad angular $\vec{\Omega}$ del rotor será la composición de las rotaciones del cilindro respecto del marco y la del marco respecto de la referencia fija; en consecuencia:

$$\vec{\Omega} = \vec{\dot{\varphi}} + \vec{p}$$

Para proceder a la determinación del momento cinético deberá elegirse un punto de reducción y un triedro de cálculo. El centro de reducción es, indudablemente, el centro de masas del cilindro, que es al propio tiempo punto fijo. La base de cálculo se elegirá considerando que el momento cinético es una magnitud instrumental que requiere ser derivada para aplicarla al teorema de su mismo nombre. En el caso que se está estudiando, al tratarse de un rotor simétrico respecto del eje AB, las magnitudes de inercia son independientes de cualquier rotación en torno de dicho eje, en consecuencia se adoptará una base solidaria del marco y con su misma velocidad angular $\vec{\dot{\varphi}}$. El eje 3 tendrá la dirección BA; el eje 2 será perpendicular al marco; el eje 1 será ortogonal a los dos anteriores y su sentido será tal que el triedro sea directo.

En estas condiciones, la velocidad angular del cilindro será:

$$\vec{\Omega} = \begin{bmatrix} -\dot{\varphi}\operatorname{sen}\gamma \\ 0 \\ \dot{\varphi}\cos\gamma + p \end{bmatrix}$$

El momento cinético respecto del punto G se expresará mediante el vector

$$\vec{H}_G = \mathbb{I}_G \vec{\Omega} = \begin{bmatrix} I & 0 & 0 \\ 0 & I & 0 \\ 0 & 0 & I_3 \end{bmatrix} \begin{bmatrix} -\dot{\varphi}\operatorname{sen}\gamma \\ 0 \\ \dot{\varphi}\cos\gamma + p \end{bmatrix} = \begin{bmatrix} -I\dot{\varphi}\operatorname{sen}\gamma \\ 0 \\ I_3(\dot{\varphi}\cos\gamma + p) \end{bmatrix}$$

Tal como se ha indicado al seleccionar la base de cálculo, la variación temporal del momento cinético deberá considerar el hecho de que la base está en movimiento y no es solidaria del cilindro, sino sólo del marco; en consecuencia, deberá aplicarse el operador derivada en base móvil

$$\frac{d\vec{H}_G}{dt} = \left.\frac{d\vec{H}_G}{dt}\right|_b + \vec{\Omega}_b \times \vec{H}_G = \begin{bmatrix} 0 \\ I_3(\dot{\varphi}\cos\gamma + p)\dot{\varphi}\operatorname{sen}\gamma - I\dot{\varphi}^2\cos\gamma\operatorname{sen}\gamma \\ 0 \end{bmatrix}$$

Una vez determinadas las expresiones de la aceleración del centro de masas y de la variación temporal

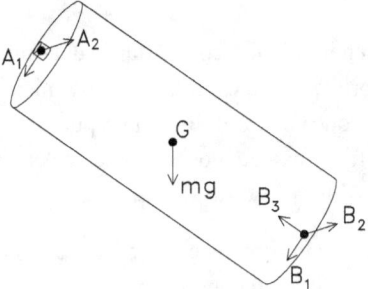

del momento cinético, se deberán identificar las acciones que se ejercen sobre el sólido en cuestión.

En el apoyo B actúa una fuerza de módulo y dirección desconocidos que da lugar, por tanto, a tres componentes. En el apoyo A actúa una fuerza de módulo desconocido de cuya dirección se sabe que no tiene componente en la dirección del eje 3, como consecuencia de que este apoyo no soporta esfuerzos axiales. En el punto G actúa, evidentemente, el propio peso del cilindro.

Una vez identificadas las fuerzas que se ejercen sobre el cuerpo, puede procederse a aplicar los teoremas vectoriales.

Teorema de la cantidad de movimiento:

$$\Sigma\vec{F} = m\vec{a}_G = 0$$

de donde se deducen las tres ecuaciones escalares siguientes:

$$A_1 + B_1 + mg\operatorname{sen}\gamma = 0 \quad (1)$$
$$A_2 + B_2 = 0 \quad (2)$$
$$B_3 - mg\cos\gamma = 0 \quad (3)$$

Teorema del momento cinético:

$$\frac{d\vec{H}_G}{dt} = \Sigma \vec{M}_G = \overrightarrow{GB} \times \vec{B} + \overrightarrow{GA} \times \vec{A} = \begin{bmatrix} 0 \\ 0 \\ -\ell \end{bmatrix} \times \begin{bmatrix} B_1 \\ B_2 \\ B_3 \end{bmatrix} + \begin{bmatrix} 0 \\ 0 \\ \ell \end{bmatrix} \times \begin{bmatrix} A_1 \\ A_2 \\ 0 \end{bmatrix} = \begin{bmatrix} (B_2 - A_2)\ell \\ (A_1 - B_1)\ell \\ 0 \end{bmatrix}$$

que da lugar a las dos ecuaciones escalares

(4) $\ell(B_2 - A_2) = 0$

(5) $\ell(A_1 - B_1) = \dot{\varphi}^2 \operatorname{sen}\gamma \cos\gamma (I_3 - I) + I_3 p \, \dot{\varphi}^2 \operatorname{sen}\gamma$

De la ecuación (3) se deduce directamente

$$B_3 = mg \cos\gamma$$

A partir de las ecuaciones (2) y (4), es fácil encontrar:

$$A_2 = B_2 = 0$$

Resolviendo el sistema de ecuaciones (1) y (5) se llega a los valores:

$$B_1 = \frac{-mg}{2} \operatorname{sen}\gamma + \frac{1}{2\ell}\left[\dot{\varphi}^2 \operatorname{sen}\gamma \cos\gamma (I - I_3) - I_3 p \, \dot{\varphi}\operatorname{sen}\gamma\right]$$

$$A_1 = \frac{-mg}{2} \operatorname{sen}\gamma - \frac{1}{2\ell}\left[\dot{\varphi}^2 \operatorname{sen}\gamma \cos\gamma (I - I_3) - I_3 p \, \dot{\varphi}\operatorname{sen}\gamma\right]$$

La energía cinética del sistema responde a la expresión:

$$T = \frac{1}{2}\vec{\Omega} \cdot \vec{H}_G = \frac{1}{2}\left[I_2 \dot{\varphi}^2 \operatorname{sen}^2\gamma + I_3 (\dot{\varphi}\cos\gamma + p)^2\right]$$

2.- Una válvula de mariposa consiste en un disco homogéneo y uniforme, de masa **m**, montado en el interior de un conducto cilíndrico, de radio **r**, mediante dos apoyos A y B de tal forma que el disco puede girar entorno al eje AB, con respecto del conducto. Dicho movimiento se consigue aplicando un par M al eje AB.

La válvula está montada en un vehículo, de modo que el eje del conducto -**aa**- es siempre vertical. Dicho vehículo recorre una trayectoria circular de radio ρ y lo hace a velocidad constante **v**, de tal forma que el eje AB siempre está dirigido hacia el centro de la trayectoria circular (ver planta).

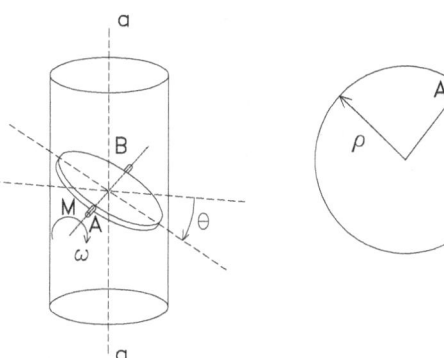

Determinar:

a) Velocidad y aceleración angulares absolutas del disco cuando éste gira con velocidad angular constante ω respecto del conducto.

b) ¿Qué par, M, debe aplicarse al eje AB para que la válvula se abra a velocidad constante ω respecto del conducto?

c) Determinar las reacciones en los apoyos A y B si el apoyo B no puede resistir esfuerzos axiales.

SOLUCIÓN

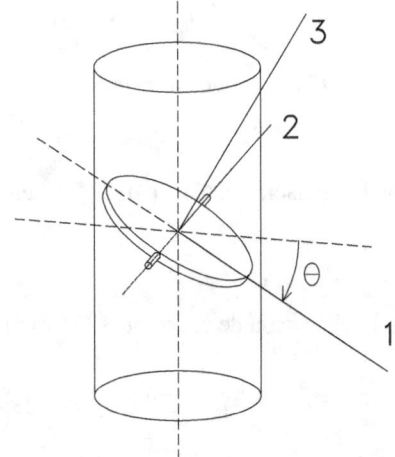

El sólido rígido objeto de este problema es una placa circular. Por las adecuadas consideraciones de simetría, puede concluirse que dicho sólido es rotor simétrico con respecto del eje perpendicular a la placa por su centro. Esta característica del sólido rígido que se ha de estudiar no permite hacer ninguna modificación en la resolución del problema, al no ser este eje ninguno de los ejes físicos de rotación del sólido. Como consecuencia de lo dicho, la base de proyección deberá ser solidaria del disco en cuestión.

La base de proyección estará constituida por el eje 2, que tendrá la dirección del eje AB y el sentido de A hacia B; el eje 3 perpendicular a la placa y dirigido hacia arriba; el eje 1 tendrá la dirección y sentidos necesarios para que el triedro sea directo. Esta base estará animada del mismo movimiento que tiene el disco y por tanto su velocidad angular será la de éste.

Dado que se piden tanto las reacciones en los apoyos como el par aplicado a la placa circular, se deberá recurrir a las ecuaciones derivadas de los teoremas vectoriales, exigiendo la aplicación tanto de la segunda ley de Newton como del teorema del momento cinético.

Este último teorema del momento cinético requiere la elección del punto de reducción. Cabe la posibilidad de utilizar el centro de masas G del sólido o la de considerar cualquier otro de sus puntos. Dado que no existe ninguno que pueda considerarse fijo en el espacio, parece adecuado escoger, como punto de reducción, el centro de masas del disco.

El hecho de que la válvula esté montada sobre un vehículo que describe una trayectoria circular y que el eje AB mantenga, en todo momento, la dirección radial hace que el disco esté animado de una velocidad angular vertical de módulo V/ρ. En estas condiciones, la velocidad angular absoluta del sólido rígido será:

$$\vec{\Omega}_{Dis} = \vec{\omega} + \vec{\Omega} = \begin{bmatrix} -\frac{v}{\rho}\sen\theta \\ \omega \\ \frac{v}{\rho}\cos\theta \end{bmatrix}$$

Al ser la base de proyección solidaria del disco, su velocidad angular será la de éste. Al aplicar el operador derivada en base móvil resultará:

$$\dot{\vec{\Omega}}_{Dis} = \frac{d\vec{\Omega}_{Dis}}{dt}\bigg|_b + \vec{\Omega}_b \times \vec{\Omega}_{Dis} = \begin{bmatrix} -\frac{v}{\rho}\dot{\theta}\cos\theta \\ 0 \\ -\frac{v}{\rho}\dot{\theta}\sin\theta \end{bmatrix} = \begin{bmatrix} -\frac{v\omega}{\rho}\cos\theta \\ 0 \\ -\frac{v\omega}{\rho}\sin\theta \end{bmatrix}$$

Para la aplicación de la segunda ley de Newton, será necesario determinar la aceleración del centro de masas del cilindro. Para ello bastará considerar que el punto G describe una trayectoria circular de radio ρ con velocidad v conocida. Como consecuencia de lo dicho, bastará con determinar la componente de arrastre de la aceleración del punto G

$$\vec{a}_G = \begin{bmatrix} 0 \\ -\frac{v^2}{\rho} \\ 0 \end{bmatrix}$$

Para la determinación de las reacciones en los cojinetes y del par aplicado en A por el motor, se utilizarán los teoremas vectoriales. Será necesario, por tanto, hallar el momento cinético del cilindro y estudiar su variación temporal. Al disponer de la posición del centro de masas G y puesto que la base es solidaria del disco, se podrá escribir:

$$\vec{H}_G = \begin{bmatrix} I & 0 & 0 \\ 0 & I & 0 \\ 0 & 0 & I_3 \end{bmatrix} \begin{bmatrix} -\frac{v}{\rho}\sin\theta \\ \omega \\ \frac{v}{\rho}\cos\theta \end{bmatrix} = \begin{bmatrix} -\frac{Iv}{\rho}\sin\theta \\ I\omega \\ \frac{I_3 v}{\rho}\cos\theta \end{bmatrix}$$

Dado que se ha escogido una base de trabajo solidaria del eje de revolución del cilindro, y que éste se halla fijo en la plataforma circular que se mueve con velocidad angular ω, la base estará animada de la misma velocidad angular. El hecho de proyectar en una base en movimiento obligará a determinar la variación del momento cinético mediante el operador derivada en base móvil. En consecuencia, se podrá escribir:

$$\frac{d\vec{H}_G}{dt} = \frac{d\vec{H}_G}{dt}\bigg|_b + \vec{\Omega}_b \times \vec{H}_G = \begin{bmatrix} (I_3 - I)\frac{v\omega}{\rho}\cos\theta \\ (I_3 - I)\frac{v^2}{\rho^2}\sin\theta\cos\theta \\ 0 \end{bmatrix}$$

Por tratarse de un disco plano homogéneo y dada la elección de ejes que se ha realizado, se verificará que el momento de inercia respecto del eje 3 es igual a la suma de los momentos de inercia respecto de los ejes uno y dos. Por tanto $I_3 = 2I$.

Para la determinación de las reacciones en los apoyos y del par motor, se deberán aplicar los teoremas vectoriales. Previamente será necesario analizar el sistema de fuerzas actuantes sobre el sólido rígido.

En el apoyo A existirá una reacción de dirección y módulo desconocidos y el par debido al motor M; en el apoyo B existe una reacción contenida en el plano ortogonal al eje AB, el peso propio aplicado en el centro de masas G. Proyectando en la base escogida quedará:

Fuerzas:

$$\vec{A} = \begin{bmatrix} A_1 \\ A_2 \\ A_3 \end{bmatrix} \quad \vec{B} = \begin{bmatrix} B_1 \\ 0 \\ B_3 \end{bmatrix} \quad \vec{G} = \begin{bmatrix} mgsen\theta \\ 0 \\ -mg\cos\theta \end{bmatrix}$$

Momentos:

$$\vec{M} = \begin{bmatrix} 0 \\ M \\ 0 \end{bmatrix}$$

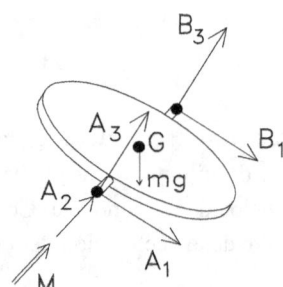

Dado que se ha elegido como punto de reducción el centro de masas del cilindro, será necesario calcular el momento resultante, respecto de dicho punto, de todas las acciones que se ejercen sobre el cuerpo rígido. Para ello habrá que considerar las distancias al punto G de todos los puntos de aplicación de las diferentes fuerzas actuantes e incluir el momento M que se aplica directamente al eje AB por el motor. En estas condiciones, el momento resultante sobre el punto G de reducción será:

$$\Sigma \vec{M}_G = \begin{bmatrix} 0 \\ -r \\ 0 \end{bmatrix} \times \begin{bmatrix} A_1 \\ A_2 \\ A_3 \end{bmatrix} + \begin{bmatrix} 0 \\ r \\ 0 \end{bmatrix} \times \begin{bmatrix} B_1 \\ 0 \\ B_3 \end{bmatrix} + \begin{bmatrix} 0 \\ M \\ 0 \end{bmatrix} = \begin{bmatrix} (B_3 - A_3)r \\ M \\ (A_1 - B_1)r \end{bmatrix}$$

Una vez analizado el campo de fuerzas y los momentos que actúan sobre el disco, pueden aplicarse los teoremas vectoriales que permitirán plantear las ecuaciones:

Teorema de la cantidad de movimiento:

$$\Sigma \vec{F} = m\vec{a}_G \Rightarrow \begin{bmatrix} A_1 + B_1 + mgsen\theta \\ A_2 \\ A_3 + B_3 - mg\cos\theta \end{bmatrix} = m \begin{bmatrix} 0 \\ -\frac{v^2}{\rho} \\ 0 \end{bmatrix}$$

(1) $A_1 + B_1 = -mgsen\theta$

(2) $A_2 = -\dfrac{mv^2}{\rho}$

(3) $A_3 + B_3 = mg\cos\theta$

Teorema del momento cinético:

$$\Sigma \vec{M}_G = \frac{d\vec{H}_G}{dt} \Rightarrow \begin{bmatrix} (B_3 - A_3)r \\ M \\ (A_1 - B_1)r \end{bmatrix} = \begin{bmatrix} (I_3 - I)\omega \frac{v}{\rho}\cos\theta \\ (I_3 - I)\frac{v^2}{\rho^2}\cos\theta \\ 0 \end{bmatrix}$$

$$(4)\, r(B_3 - A_3) = (I_3 - I)\omega \frac{v}{\rho}\cos\theta$$

$$(5)\quad M = \frac{v^2}{\rho^2}\,\text{sen}\,\theta\cos\theta(I_3 - I)$$

$$(6)\quad A_1 - B_1 = 0$$

La ecuación (5) permite obtener el valor del par necesario:

$$M = \frac{v^2}{\rho^2}\,\text{sen}\,\theta\cos\theta(I_3 - I)$$

De las ecuaciones (3) y (4) se obtiene:

$$A_3 = +\frac{mg\cos\theta}{2} - \frac{(I_3 - I)\omega v\cos\theta}{2\rho r}$$

$$B_3 = +\frac{mg\cos\theta}{2} + \frac{(I_3 - I)\omega v\cos\theta}{2\rho r}$$

La ecuación (2) permite escribir, directamente,

$$A_2 = -\frac{mv^2}{\rho}$$

De las ecuaciones (1) y (6) se deduce:

$$A_1 = B_1 = \frac{-mg\,\text{sen}\,\theta}{2}$$

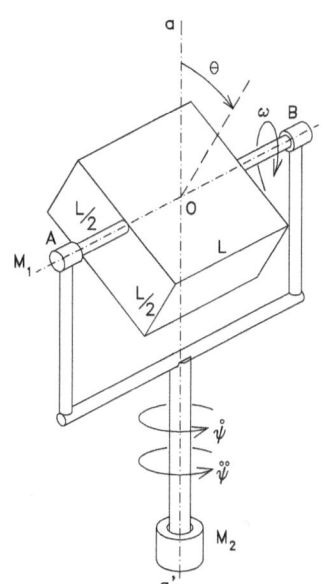

3.- Un paralelepípedo homogéneo de masa **m**, cuya base es un cuadrado de lado L y cuya altura es L/2, está soldado al eje AB, el cual está soportado por una horquilla y gira accionado por el motor M_1 con velocidad angular constante $\bar{\omega}$. Al mismo tiempo la horquilla gira con velocidad angular $\dot{\Psi}$ y aceleración angular $\ddot{\Psi}$ en torno al eje vertical accionado por el motor M_2. Se sabe que el radio de giro de la horquilla respecto del eje **a-a'** es **k** y su masa M. Determinar, suponiendo que el apoyo B no soporta esfuerzos axiales:
   a) Velocidad y aceleración angulares del paralelepípedo.
   b) Aceleración del centro de masas del bloque.
   c) Reacciones en A y B.
   d) Momento necesario suministrado por el motor M_1.
   e) Momento necesario suministrado por el motor M_2.

SOLUCIÓN

El paralelepípedo objeto de este problema es un semicubo. Mediante la aplicación de las consideraciones de simetría al cubo completo y utilizando la propiedad del sólido mitad, puede concluirse que dicho semicubo es rotor esférico con respecto del punto O, centro de la cara superior. Esta característica del sólido rígido que se ha de estudiar permite una gran flexibilidad a la hora de elegir la base de proyección.

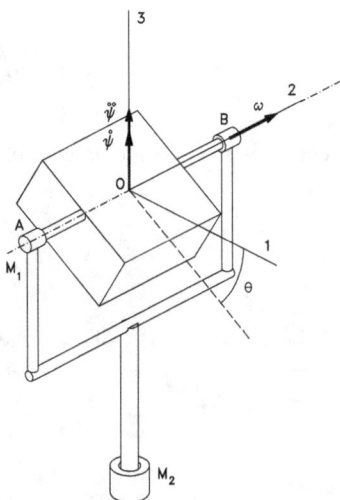

Dado que se piden tanto las reacciones en los apoyos como los pares aplicados, se deberá recurrir a las ecuaciones derivadas de los teoremas vectoriales. El hecho de que se requieran más de tres incógnitas permite prever la necesidad de aplicar tanto la segunda ley de Newton como el teorema del momento cinético.

La aplicación del teorema del momento cinético requiere la elección del punto de reducción. Cabe la posibilidad de utilizar el centro de masas G del semicubo o la de considerar el punto O, de intersección de los ejes físicos de rotación, y por tanto fijo en el espacio.

Teniendo en cuenta el hecho de que el sólido es un rotor esférico con respecto al punto O, parece más adecuado elegir, como punto de reducción, dicho punto fijo. Ello permite adoptar cualquier base de proyección, puesto que, al tratarse de un rotor esférico, la matriz de inercia será indiferente a cualquier orientación de la base.

A fin de simplificar las proyecciones, es conveniente escoger una base solidaria del eje AB y, por tanto, animada de la velocidad $\vec{\Psi}$, pero no de la velocidad $\vec{\omega}$. De este modo, el eje 2 tendrá la dirección del eje AB y el sentido de A hacia B; el eje 3 será vertical y dirigido hacia arriba; el eje 1 tendrá la dirección y sentidos necesarios para que el triedro sea directo.

En estas condiciones, la velocidad angular absoluta del sólido rígido será

$$\vec{\Omega} = \vec{\psi} + \vec{\omega} = \begin{bmatrix} 0 \\ \omega \\ \dot{\psi} \end{bmatrix}$$

Al ser la base de proyección solidaria del eje AB, su velocidad angular será

$$\vec{\Omega}_b = \vec{\psi} = \begin{bmatrix} 0 \\ 0 \\ \dot{\psi} \end{bmatrix}$$

Para encontrar la aceleración angular del sólido rígido, deberá determinarse la variación temporal del vector velocidad angular. Para hallar esta derivada será necesario considerar que los vectores se han proyectado sobre una base móvil y por consiguiente será necesario utilizar el operador derivada en base móvil:

$$\dot{\vec{\Omega}} = \frac{d\vec{\Omega}}{dt} = \left.\frac{d\vec{\Omega}}{dt}\right|_b + \vec{\Omega}_b \times \vec{\Omega} = \begin{bmatrix} -\dot{\psi}\omega \\ 0 \\ \ddot{\psi} \end{bmatrix}$$

Para la determinación de la aceleración del centro de masas del semicubo, bastará con considerar que, tanto el punto O (fijo) como el punto G pertenecen al mismo sólido rígido, del cual se conocen su velocidad y aceleración angulares; por lo tanto, se podrá aplicar la expresión general:

$$\vec{a}_G = \vec{a}_O + \vec{\Omega} \times (\vec{\Omega} \times \overrightarrow{OG}) + \dot{\vec{\Omega}} \times \overrightarrow{OG} = \begin{bmatrix} (\omega^2 + \dot{\psi}^2)\tfrac{L}{4}\,\mathrm{sen}\theta \\ -\tfrac{L}{4}\ddot{\psi}\,\mathrm{sen}\theta - 2\dot{\psi}\omega\tfrac{L}{4}\cos\theta \\ \omega^2 \tfrac{L}{4}\cos\theta \end{bmatrix}$$

Para determinar las reacciones en los cojinetes y el par aplicado en A por el motor, se utilizarán los teoremas vectoriales. Será necesario, por tanto, hallar el momento cinético del paralelepípedo y estudiar su variación temporal.

Al haber elegido el punto O como punto de reducción y dado que, respecto de dicho punto, se trata de un rotor esférico, se podrá escribir:

$$\vec{H}_O = \mathrm{II}_O \vec{\Omega} = \begin{bmatrix} 0 \\ I\omega \\ I\dot{\psi} \end{bmatrix}$$

Dado que la base en que se está trabajando se mueve, para hallar la variación temporal del momento cinético se deberá aplicar el operador derivada en base móvil, en consecuencia:

$$\frac{d\vec{H}_O}{dt} = \left.\frac{d\vec{H}_O}{dt}\right|_b + \vec{\Omega}_b \times \vec{H}_O = \begin{bmatrix} -I\dot{\psi}\omega \\ 0 \\ I\ddot{\psi} \end{bmatrix}$$

Una vez determinada la aceleración del centro de masas del sólido y la variación temporal del momento cinético, será necesario analizar el sistema de fuerzas que actúan sobre el sólido rígido.

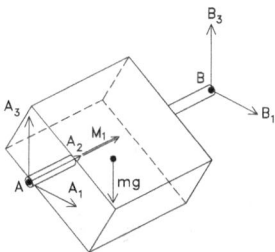

En el apoyo A existirá una reacción de dirección y módulo desconocidos y el par debido al motor M_1; en el apoyo B existe una reacción contenida en el plano ortogonal al eje AB, el peso propio aplicado en el centro de masas G. Proyectando en la base escogida quedará:

Fuerzas:
$$\vec{A} = \begin{bmatrix} A_1 \\ A_2 \\ A_3 \end{bmatrix} \qquad \vec{B} = \begin{bmatrix} B_1 \\ 0 \\ B_2 \end{bmatrix} \qquad \vec{P} = \begin{bmatrix} 0 \\ 0 \\ -mg \end{bmatrix}$$

Momentos:
$$\vec{M} = \begin{bmatrix} 0 \\ M_1 \\ 0 \end{bmatrix}$$

Dado que, por las razones indicadas, se ha elegido como punto de reducción el punto O, será necesario calcular el momento resultante, respecto de dicho punto, de todas las acciones que se ejercen sobre el cuerpo rígido. Para ello habrá que considerar las distancias al punto O de todos los puntos de aplicación de las diferentes fuerzas actuantes e incluir el momento M_1 que se aplica directamente al eje AB por el motor. En estas condiciones, el momento resultante sobre el punto O de reducción será:

$$\Sigma \vec{M}_O = \begin{bmatrix} 0 \\ -L \\ 0 \end{bmatrix} \times \begin{bmatrix} A_1 \\ A_2 \\ A_3 \end{bmatrix} + \begin{bmatrix} 0 \\ L \\ 0 \end{bmatrix} \times \begin{bmatrix} B_1 \\ 0 \\ B_2 \end{bmatrix} + \begin{bmatrix} -\frac{L}{4}\operatorname{sen}\theta \\ 0 \\ -\frac{L}{4}\cos\theta \end{bmatrix} \times \begin{bmatrix} 0 \\ 0 \\ -mg \end{bmatrix} + \begin{bmatrix} 0 \\ M_1 \\ 0 \end{bmatrix} = \begin{bmatrix} (B_3 - A_3)L \\ M_1 - \frac{L}{4} mg\operatorname{sen}\theta \\ (A_1 - B_1)L \end{bmatrix}$$

Una vez analizado el campo de fuerzas y momentos que actúan sobre el paralelepípedo pueden aplicarse los teroremas vectoriales, que permitirán plantear las ecuaciones:

Teorema de la cantidad de movimiento:

$$\Sigma \vec{F} = m\vec{a}_G \Rightarrow \begin{bmatrix} A_1 + B_1 \\ A_2 \\ A_3 + B_3 - mg \end{bmatrix} = m \begin{bmatrix} (\omega^2 + \dot{\psi}^2)\frac{L}{4}\operatorname{sen}\theta \\ -\frac{L}{4}(\ddot{\psi}\operatorname{sen}\theta + 2\dot{\psi}\omega\cos\theta) \\ \frac{L}{4}\omega^2\cos\theta \end{bmatrix}$$

(1) $\quad A_1 + B_1 = m(\omega^2 + \dot{\psi}^2)\dfrac{L}{2}\operatorname{sen}\theta$

(2) $\quad A_2 = -\dfrac{mL}{4}(\ddot{\psi}\operatorname{sen}\theta + 2\dot{\psi}\omega\cos\theta)$

(3) $\quad A_3 + B_3 = mg + \dfrac{mL}{4}\omega^2\cos\theta$

Teorema del momento cinético:

$$\Sigma \vec{M}_O = \frac{d\vec{H}_O}{dt} \quad \Rightarrow \quad \begin{bmatrix} (B_3 - A_3)L \\ M_1 - \tfrac{L}{4}mg\,\text{sen}\,\theta \\ (A_1 - B_1)L \end{bmatrix} = \begin{bmatrix} -I\dot\psi\,\omega \\ 0 \\ I\ddot\psi \end{bmatrix}$$

(4) $(B_3 - A_3)L = -I\dot\psi\,\omega$

(5) $M_1 = +\dfrac{L}{4}mg\,\text{sen}\,\theta$

(6) $(A_1 - B_1)L = I\ddot\psi$

De las ecuaciones (1) y (6), resultará:

$$A_1 = m(\omega^2 + \dot\psi^2)\frac{L}{4}\text{sen}\,\theta + \frac{I\ddot\psi}{2L}$$

$$B_1 = m(\omega^2 + \dot\psi^2)\frac{L}{4}\text{sen}\,\theta - \frac{I\ddot\psi}{2L}$$

De las ecuaciones (3) y (4), se obtendrá:

$$A_3 = \frac{mg}{2} + \frac{mL\omega^2\cos\theta}{8} + \frac{I\dot\psi\,\omega}{2L}$$

$$B_3 = \frac{mg}{2} + \frac{mL\omega^2\cos\theta}{8} - \frac{I\dot\psi\,\omega}{2L}$$

De la ecuación (2), directamente

$$A_2 = -\frac{mL}{4}(\ddot\psi\,\text{sen}\,\theta + 2\dot\psi\,\omega\cos\theta)$$

La ecuación (5), por su parte, permite obtener:

$$M_1 = \frac{L}{4}mg\,\text{sen}\,\theta$$

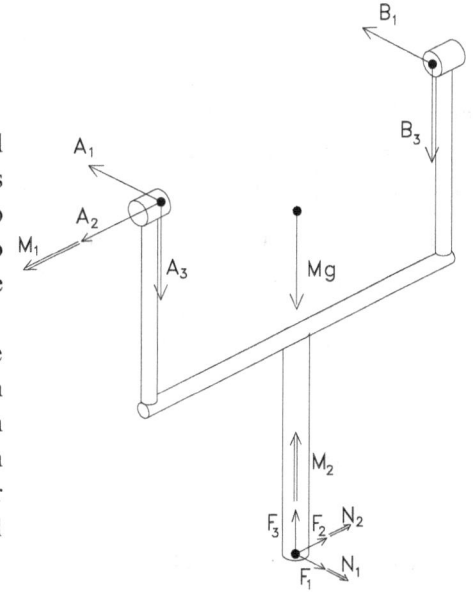

Para determinar el par necesario suministrado por el motor M_2, que permite el movimiento en las condiciones cinemáticas que se han especificado, será necesario establecer la ecuación del movimiento de la horquilla. Paso previo para ello es la determinación del conjunto de acciones que se ejercen sobre ésta.

Tal como se ilustra en la figura, como consecuencia de la tercera ley de Newton, en los puntos A y B actúan reacciones iguales y de sentido opuesto a las que se han supuesto en el paralelepípedo. También debe tenerse en cuenta el par reacción, de sentido opuesto al par motor M_1 considerado antes y actuando sobre el soporte en el punto A.

También se incluye el par M_2 creado por el motor inferior, y el peso Mg propio de la horquilla aplicado en su centro de masas. Finalmente, deben añadirse las acciones de enlace que mantienen la horquilla veritcal y, no obstante, le permiten girar alrededor de su propio eje. Como la horquilla *no puede trasladarse* en las direcciones 1, 2 y 3, *existirán* las fuerzas de enlace F_1, F_2 y F_3. Por otra parte, la horquilla únicamente puede girar en la dirección 3. O sea, las rotaciones alrededor de 1 y 2 en el punto F *no pueden efectuarse*. De ahí que *existan* los momentos de enlace N_1 y N_2.

Dado que se conoce el radio de giro k de la horquilla, el momento de inercia de ésta, respecto del eje 3, será **mk²**.

La tercera componente del teorema del momento cinético permite escribir:

$$M_2 - LA_1 + LB_1 = mk^2 \ddot{\psi}$$

Esta última ecuación, combinada con la ecuación (6) encontrada anteriormente, permite determinar el valor del par M_2 necesario, que será:

$$M_2 = \left(I + m k^2\right)\ddot{\psi}$$

4.- Un satélite de comunicaciones consta de un cuerpo central, de altura 2ℓ, y dos paneles solares cuadrados de lado 2ℓ y masa **m** cada uno. Uno de estos paneles solares está articulado al cuerpo central, a mitad de su altura, mediante dos apoyos A y C. El apoyo C incluye un motor no visto, de par M, que sirve para extender el panel, pero no absorbe esfuerzos en dirección de la recta AC.

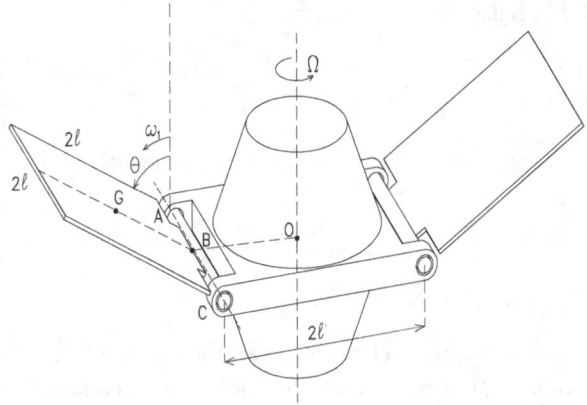

Cuando se realiza el proceso de extensión del panel solar, el satélite está girando con velocidad angular constante Ω y su punto O está animado de una aceleración lineal a de dirección y sentido paralela a AC. Como consecuencia de la acción del motor en C, el panel gira con una velocidad ω_1 constante con respecto del cuerpo del satélite. Determinar:

    a) Aceleración angular absoluta del panel solar.
    b) Aceleración absoluta del centro de masas del panel.
    c) Reacciones en A y en C.
    d) Par M necesario en el motor C para que se produzca el movimiento descrito.

SOLUCIÓN

Para realizar el primer apartado se utilizara una base 123, solidaria del cuerpo central del satélite y moviéndose con la velocidad angular Ω de éste.

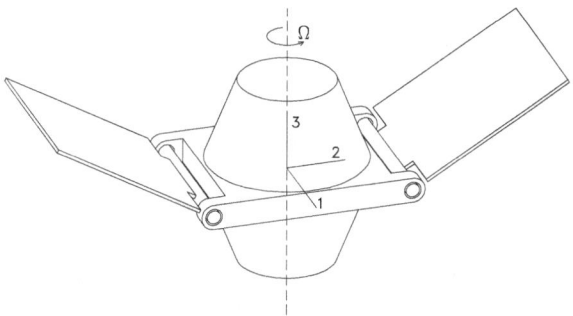

En este caso, la velocidad angular absoluta del panel solar tendrá dos componentes, una debida al arrastre con el satélite (Ω) y una componente relativa al cuerpo central del mismo (ω_1). En estas condiciones, pese a que las velocidades angulares involucradas sean constantes en módulo, siempre existirá aceleración angular. Es evidente que la velocidad angular relativa del panel no mantiene su dirección constante en el espacio y, por lo tanto, existe aceleración angular. Para determinarla, se podrá recurrir a la derivación en base móvil; las velocidades angulares del sólido y de los ejes de proyección son, en la base propuesta:

$$\vec{\Omega}_{Sol} = \begin{bmatrix} \omega_1 \\ 0 \\ \Omega \end{bmatrix} \quad \vec{\Omega}_b = \begin{bmatrix} 0 \\ 0 \\ \Omega \end{bmatrix}$$

Aplicando ahora el operador derivada en base móvil, quedará:

$$\dot{\vec{\Omega}}_{Sol} = \frac{d\vec{\Omega}_{Sol}}{dt} = \left.\frac{d\vec{\Omega}_{Sol}}{dt}\right|_b + \vec{\Omega}_b \times \vec{\Omega}_{Sol} = 0 + \begin{bmatrix} 0 \\ \Omega\,\omega_1 \\ 0 \end{bmatrix}$$

Para la determinación de los demás apartados será más cómodo trabajar con una base **xyz** solidaria del panel solar en la forma indicada en la figura. Ello se debe, fundamentalmente, a la necesidad de que, al aplicar el teorema del momento cinético, los términos de la matriz de inercia sean invariantes con el tiempo. Como, por otra parte, será necesario conocer la aceleración del

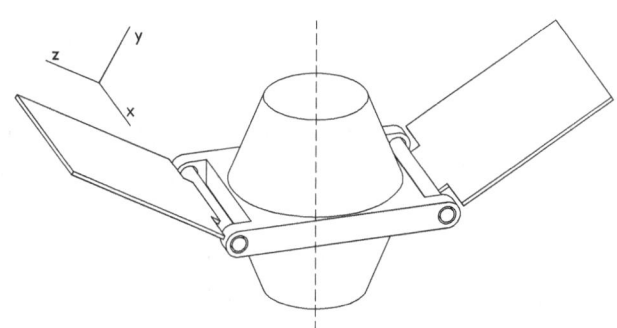

centro de masas del panel para poder aplicar la segunda ley de Newton al sólido rígido, se deberá determinar en dicha base.

En esta nueva base la aceleración angular del panel tendrá la siguiente proyección:

$$\dot{\vec{\Omega}}_{Sol} = \begin{bmatrix} 0 \\ \Omega\,\omega_1 \cos\theta \\ -\Omega\,\omega_1 \text{sen}\theta \end{bmatrix}$$

Para la determinación de la aceleración del centro de masas, G, del panel se recurrirá al hecho de que el punto medio de la articulación del panel con el cuerpo central (llamado B) y el punto G pertenecen al mismo sólido y, por lo tanto, es posible utilizar la expresión:

$$\vec{a}_G = \vec{a}_B + \vec{\Omega}_{Sol} \times (\vec{\Omega}_{Sol} \times \overrightarrow{BG}) + \dot{\vec{\Omega}}_{Sol} \times \overrightarrow{BG}$$

El punto medio de la articulación B pertenece, simultáneamente, al cuerpo central del satélite y, en consecuencia, su aceleración valdrá:

$$\vec{a}_B = \vec{a}_O + \vec{\Omega} \times (\vec{\Omega} \times \overrightarrow{OB})$$

de modo que sustituyendo los valores de los vectores, todos ellos conocidos, proyectados en la base de trabajo actual resultará:

$$\vec{a}_G = \vec{a}_O + \vec{\Omega} \times (\vec{\Omega} \times \overrightarrow{OB}) + \vec{\Omega}_{Sol} \times (\vec{\Omega}_{Sol} \times \overrightarrow{BG}) + \dot{\vec{\Omega}}_{Sol} \times \overrightarrow{BG} = \begin{bmatrix} a + 2\,\Omega\,\omega_1 \ell \cos\theta \\ \Omega^2 \ell \cos\theta\,(1+\text{sen}\theta) \\ -\Omega^2 \ell \,\text{sen}\theta\,(1+\text{sen}\theta) - \omega_1^2 \ell \end{bmatrix}$$

Para la determinación de las reacciones en los cojinetes y del par aplicado en A por el motor, se utilizarán los teoremas vectoriales. Será necesario, por tanto, hallar el momento cinético del panel solar y estudiar su variación temporal.

Al disponer de la posición del centro de masas G y puesto que la referencia es solidaria del sólido rígido, se podrá escribir:

$$\vec{H}_G = \mathbb{I}_G\,\vec{\Omega}_{Sol} = \begin{bmatrix} I & 0 & 0 \\ 0 & I' & 0 \\ 0 & 0 & I \end{bmatrix} \begin{bmatrix} \omega_1 \\ \Omega\,\text{sen}\theta \\ \Omega\cos\theta \end{bmatrix} = \begin{bmatrix} I\,\omega_1 \\ I'\Omega\,\text{sen}\theta \\ I\,\Omega\cos\theta \end{bmatrix}$$

Para hallar la variación temporal del momento cinético se deberá aplicar el operador derivada en base móvil, dado que la base en que se está trabajando se mueve con el cuerpo rígido; en consecuencia

$$\frac{d\vec{H}_G}{dt} = \left.\frac{d\vec{H}_G}{dt}\right|_b + \vec{\Omega}_b \times \vec{H}_G = \begin{bmatrix} (I - I')\Omega^2 \text{sen}\theta\cos\theta \\ I'\Omega\,\omega_1 \cos\theta \\ (I' - 2I)\Omega\,\omega_1 \text{sen}\theta \end{bmatrix}$$

Una vez se ha determinado el momento cinético y su variación temporal, se deberá realizar un análisis de las acciones que se ejercen sobre el sistema.

Fuerzas:
$$\vec{C} = \begin{bmatrix} 0 \\ C_2 \\ C_3 \end{bmatrix} \quad \vec{A} = \begin{bmatrix} A_1 \\ A_2 \\ A_3 \end{bmatrix} \quad \vec{G} = \begin{bmatrix} 0 \\ -mg\,\text{sen}\,\theta \\ -mg\cos\theta \end{bmatrix}$$

Momentos:
$$\vec{M} = \begin{bmatrix} M \\ 0 \\ 0 \end{bmatrix}$$

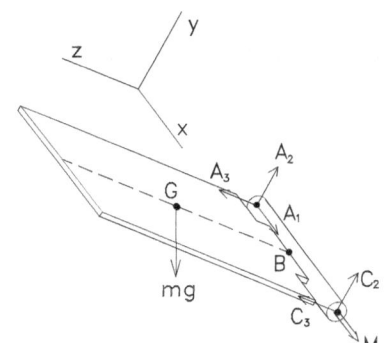

El cálculo de los momentos de las fuerzas que actúan sobre el sistema, respecto del punto G, será:

$$\Sigma\vec{M}_G = \overrightarrow{GC}\times\vec{C} + \overrightarrow{GA}\times\vec{A} + \vec{M} = \begin{bmatrix} M + C_2\ell + A_2\ell \\ -C_3\ell - A_1\ell + A_3\ell \\ C_2\ell - A_2\ell \end{bmatrix}$$

Los teoremas vectoriales permiten plantear ahora las seis ecuaciones siguientes:

Teorema de la cantidad de movimiento:

$$\begin{bmatrix} A_1 \\ C_2 + A_2 - mg\,\text{sen}\,\theta \\ C_3 + A_3 - mg\cos\theta \end{bmatrix} = m\begin{bmatrix} a + 2\Omega\,\omega_1\ell\cos\theta \\ \Omega^2\ell\cos\theta\,(1+\text{sen}\,\theta) \\ -\Omega^2\ell\,\text{sen}\,\theta\,(1+\text{sen}\,\theta) - \omega_1^2\ell \end{bmatrix}$$

$$A_1 = m\,a + 2m\,\ell\,\Omega\,\omega_1\cos\theta$$
(1) $\quad C_2 + A_2 = m\,g\,\text{sen}\,\theta + m\,\Omega^2\ell\cos\theta\,(1+\text{sen}\,\theta)$
(2) $\quad C_3 + A_3 = m\,g\cos\theta - m\,\Omega^2\ell\,\text{sen}\,\theta\,(1+\text{sen}\,\theta) - m\,\omega_1^2$

Teorema del momento cinético:

$$\begin{bmatrix} M + (C_2 + A_2)\ell \\ (A_3 - A_1 - C_3)\ell \\ (C_2 - A_2)\ell \end{bmatrix} = \begin{bmatrix} (I - I')\Omega^2\text{sen}\,\theta\cos\theta \\ I'\Omega\,\omega_1\cos\theta \\ (I' - 2I)\Omega\,\omega_1\text{sen}\,\theta \end{bmatrix}$$

(3) $M + (C_2 + A_2)\ell = (I - I')\Omega^2 \text{sen}\theta \cos\theta$

(4) $(A_3 - A_1 - C_3)\ell = I'\Omega \omega_1 \cos\theta$

(5) $(C_2 - A_2)\ell = (I' - 2I)\Omega \omega_1 \text{sen}\theta$

De las ecuaciones (1) y (3), resultará:

$$M = (I - I')\Omega^2 \text{sen}\theta \cos\theta - mg\ell \text{sen}\theta - m\Omega^2\ell^2 \cos\theta(1 + \text{sen}\theta)$$

De las ecuaciones (1) y (5), se obtendrá:

$$C_2 = \frac{mg\text{sen}\theta}{2} + \frac{m\Omega^2\ell\cos\theta(1+\text{sen}\theta)}{2} + \frac{(I'-2I)}{2\ell}\Omega\omega_1\text{sen}\theta$$

$$A_2 = \frac{mg\text{sen}\theta}{2} + \frac{m\Omega^2\ell\cos\theta(1+\text{sen}\theta)}{2} - \frac{(I'-2I)}{2\ell}\Omega\omega_1\text{sen}\theta$$

De las ecuaciones (2) y (4), junto con el valor de A_1, se obtiene:

$$A_3 = \frac{mg\cos\theta}{2} - \frac{m\Omega^2\ell\text{sen}\theta(1+\text{sen}\theta)}{2} - \frac{m\omega_1^2\ell}{2} + \frac{I'\Omega\omega_1\cos\theta}{2\ell} + \frac{ma}{2} + m\Omega\omega_1\ell\cos\theta$$

$$C_3 = \frac{mg\text{sen}\theta}{2} - \frac{m\Omega^2\ell\cos\theta(1+\text{sen}\theta)}{2} - \frac{m\omega_1^2\ell}{2} - \frac{I'\Omega\omega_1\cos\theta}{2\ell} - \frac{ma}{2} - m\Omega\omega_1\ell\cos\theta$$

5.- El manipulador de la figura se mueve con **v**=cte., $\dot{x}$=cte. y $\dot{\Psi}$=cte. En su extremo se ha montado un motor que puede girar libremente en torno al eje AB. El disco y el rotor del motor son solidarios y giran con velocidad angular constante p en torno al eje OC. El centro de masas G del motor y el disco está sobre el eje OC a una distancia ℓ del punto O.

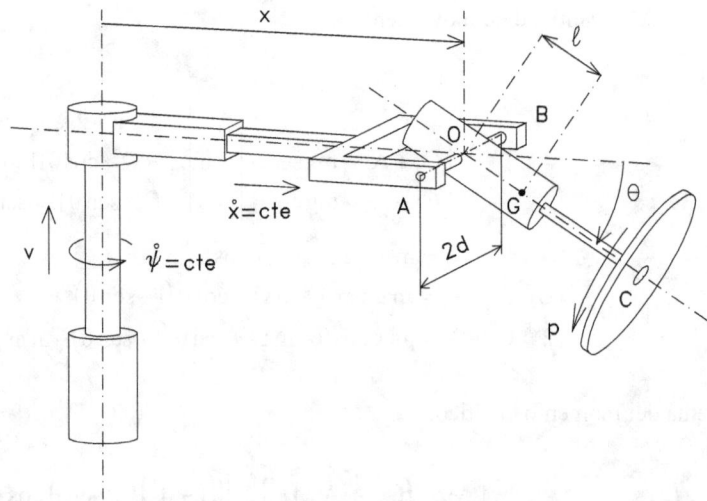

El cojinete en B no puede absorber esfuerzos axiales. Determinar:

a) Velocidad angular de la horquilla.
b) Velocidad angular de la recta OC.

c) Aceleración angular del conjunto disco-rotor.
d) Aceleración del punto A.
e) Aceleración del punto G.
f) Reacciones en el apoyo A.

SOLUCIÓN

a) La horquilla soporte cambia de orientación como consecuencia, únicamente, del giro $\dot{\Psi}$ de la armadura entorno del eje vertical.

b) La recta OC, o lo que es equivalente, el estator del motor, está afectada de un movimiento $\dot{\theta}$ respecto de la horquilla y ésta, a su vez, está animada del movimiento $\dot{\Psi}$ en torno del eje vertical. En consecuencia, la recta OC estará animada de una velocidad angular que será la suma de ambas velocidades angulares $\dot{\theta}$ y $\dot{\Psi}$.

c) La velocidad angular del disco-rotor incluirá, además de las anteriores, la velocidad angular del rotor respecto del estator que es **p** en la dirección de la recta OC de modo que:

$$\vec{\Omega} = \vec{\dot{\Psi}} + \vec{\dot{\theta}} + \vec{p}$$

Para hallar la aceleración angular es necesario encontrar la variación de la velocidad angular con el tiempo. Aunque el enunciado establece que $\dot{\Psi}$ y **p** son constantes, esta característica sólo se refiere a su módulo. Es evidente que, en el caso de la velocidad de rotación **p**, su dirección es variable como consecuencia de la existencia de las rotaciones $\dot{\Psi}$ y $\dot{\theta}$. En el caso de la velocidad $\dot{\theta}$, su módulo puede variar, puesto que no hay razón que se oponga a ello, y en lo concerniente a la dirección, ésta efectivamente varía como consecuencia de la existencia de $\dot{\Psi}$.

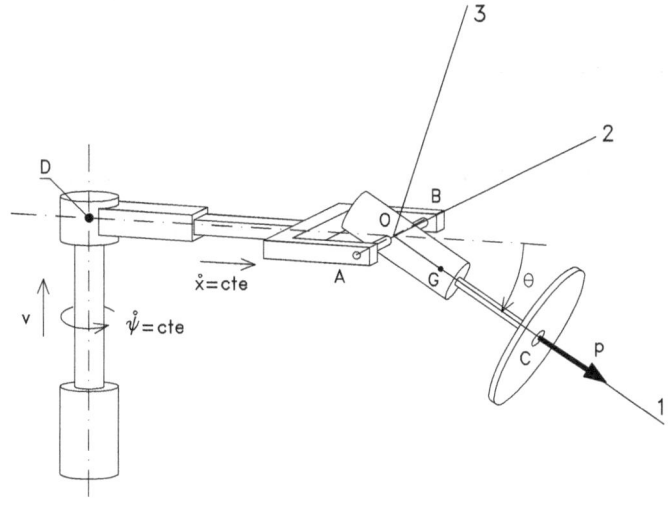

Para poder encontrar la aceleración angular del disco-rotor, se deberá obtener la derivada de la velocidad angular absoluta respecto del tiempo. Para desarrollar el problema es necesario escoger una base de proyección. Dicha base se elegirá de forma que las proyecciones a realizar sean lo más sencillas posible y procurando que su movimiento sea fácilmente identificable. La base escogida, en este caso, será solidaria del estator del motor (línea OC), de manera que el eje 1 tendrá la dirección OC, el eje 2 la dirección OB, mientras que el eje 3 será perpendicular a ambos y en el sentido que defina un triedro directo (dextrógiro) con los otros dos.

Dicho triedro, al ser solidario del estator, estará animado de la velocidad angular de éste:

$$\vec{\Omega}_b = \vec{\psi} + \vec{\theta} = \begin{bmatrix} -\dot{\psi}\text{sen}\theta \\ \dot{\theta} \\ \dot{\psi}\cos\theta \end{bmatrix}$$

El sistema disco-rotor tendrá, por su parte, una velocidad angular que se podrá expresar como:

$$\vec{\Omega} = \vec{\psi} + \vec{\theta} + \vec{p} = \begin{bmatrix} -\dot{\psi}\text{sen}\theta + p \\ \dot{\theta} \\ \dot{\psi}\cos\theta \end{bmatrix}$$

Para determinar la aceleración angular del conjunto disco-rotor se deberá derivar este último vector $\vec{\Omega}$. Al estar expresado en una base móvil obligará a tener en cuenta este hecho y deberá utilizarse el operador derivada en base móvil:

$$\frac{d\vec{\Omega}}{dt} = \frac{d\vec{\Omega}}{dt}\bigg|_b + \vec{\Omega}_b \times \vec{\Omega} = \begin{bmatrix} -\dot{\theta}\dot{\psi}\cos\theta \\ \ddot{\theta} + \dot{\psi}p\cos\theta \\ -\dot{\psi}\dot{\theta}\text{sen}\theta - \dot{\theta}p \end{bmatrix}$$

d) Antes de seguir adelante se calculará la aceleración del punto O que, por hallarse en la intersección de los ejes AB y OC, será útil tanto para la determinación de la aceleración del punto A como para la del punto G.

Dado que el punto O se halla en la horquilla, para encontrar su aceleración se considerará como referencia móvil el armazón giratorio vertical que se mueve con velocidad lineal v y angular $\dot{\Psi}$. En estas condiciones se tratará de un problema de composición de movimientos de modo que:

$$\vec{a}_O = \vec{a}_a + \vec{a}_r + \vec{a}_c$$

La aceleración de arrastre se podrá determinar considerando que el punto O se mueve solidario con el armazón, de manera que

$$\vec{a}_a = \vec{\psi} \times (\vec{\psi} \times \overrightarrow{DO})$$

La aceleración relativa será nula, dado que se ha establecido que $\dot{x}$ = cte. La aceleración de Coriolis será:

$$\vec{a}_c = 2\vec{\psi} \times \dot{\vec{x}}$$

De este modo, la aceleración del punto O, expresada en la base de trabajo que se ha establecido, será:

$$\vec{a}_O = \begin{bmatrix} -\dot{\psi}^2 x \cos\theta \\ 2\dot{\psi}\dot{x} \\ -\dot{\psi}^2 x \text{sen}\theta \end{bmatrix}$$

e) El punto G se halla sobre la recta OC, en consecuencia su aceleración podrá determinarse a partir de la del punto O, teniendo en consideración que ambos puntos pertenecen a una recta que está animada de una velocidad angular y de una aceleración angular conocidas, que son las del estator, y que ya hemos visto que coincidía con los de la base adoptada. Por tanto:.

$$\vec{a}_G = \vec{a}_O + \vec{\Omega}_b \times (\vec{\Omega}_b \times \overrightarrow{OG}) + \dot{\vec{\Omega}}_b \times \overrightarrow{OG}$$

$$\vec{a}_G = \begin{bmatrix} -\dot{\psi}^2 x \cos\theta - \dot{\theta}^2 \ell - \dot{\psi}^2 \ell \cos^2\theta \\ 2\dot{\psi}\dot{x} - 2\dot{\psi}\dot{\theta}\ell\text{sen}\theta \\ -\dot{\psi}^2 x\text{sen}\theta - \dot{\psi}^2 \ell\text{sen}\theta\cos\theta - \ddot{\theta}\ell \end{bmatrix}$$

La expresión de la aceleración angular de la base podrá determinarse derivando la velocidad angular de ésta:

$$\dot{\vec{\Omega}}_b = \frac{d\vec{\Omega}_b}{dt} = \left.\frac{d\vec{\Omega}_b}{dt}\right|_b + \vec{\Omega}_b \times \vec{\Omega}_b = \begin{bmatrix} -\dot{\psi}\dot{\theta}\cos\theta \\ \ddot{\theta} \\ -\dot{\psi}\dot{\theta}\text{sen}\theta \end{bmatrix}$$

f) Para hallar las reacciones en los apoyos será necesario un análisis de los campos de fuerzas y momentos que actúan sobre el sólido en cuestión. El diagrama de sólido libre permite identificar las tres reacciones en el apoyo A; en el apoyo B tan sólo existen dos reacciones, debido a que el cojinete en este apoyo no es capaz de absorber esfuerzos axiales. En el centro de masas se encontrará aplicado el peso del sistema.

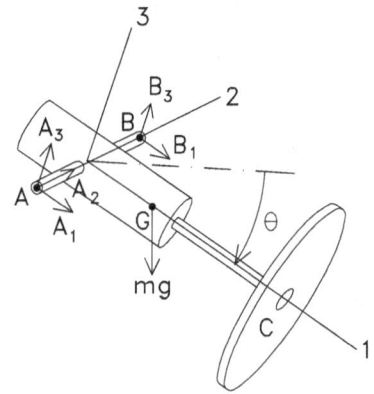

Para determinar estas reacciones en los apoyos, se recurrirá a los teoremas vectoriales de la cantidad de movimiento y del momento cinético. Para aplicar éste último será necesario elegir una base de proyección, un punto de reducción y, en función de éstos, calcular la variación temporal del momento cinético respecto de dicho punto.

En estas condiciones y conocida la aceleración del centro de masas, se podrá escribir:

Teorema de la cantidad de movimiento:

$$\Sigma\vec{F} = m\vec{a}_G$$

(1) $\quad A_1 + B_1 + mg\text{sen}\theta = -m(\dot{\psi}^2 x\cos\theta + \dot{\theta}^2\ell + \dot{\psi}^2\ell\cos^2\theta)$

(2) $\quad A_2 = 2m\dot{\psi}(\dot{x} - \dot{\theta}\ell\text{sen}\theta)$

(3) $\quad A_3 + B_3 - mg\cos\theta = -m(\dot{\psi}^2 x\text{sen}\theta + \dot{\psi}^2\ell\text{sen}\theta\cos\theta + \ddot{\theta}\ell)$

de donde se deduce, directamente, que:
$$A_2 = 2m\dot\psi\left(\dot x - \dot\theta\,\ell\,\mathrm{sen}\theta\right)$$

Para aplicar el teorema del momento cinético, se elegirá, en un primer planteamiento, el punto O, que no es un punto de aceleración nula, ni es el centro de masas ni, evidentemente, está acelerado hacia el centro de masas del motor. En lo concerniente a la base de proyección, la que se ha adoptado es válida, dado que, al ser rotor simétrico respecto del eje OC, el giro alrededor de dicho eje no modificará los momentos y productos de inercia y permitirá la existencia de un grado de libertad entre el sólido y la base. En estas condiciones podrá aplicarse la expresión general del teorema del momento cinético respecto de un punto arbitrario, que permitirá escribir:

$$\Sigma\vec M_O = \frac{d\vec H_O}{dt} + \overrightarrow{OG}\times m\,\vec a_O$$

El momento cinético respecto de O es:

$$\vec H_O = \mathrm{II}_O\vec\Omega = \begin{bmatrix} I'_1(p - \dot\psi\,\mathrm{sen}\theta) \\ I'_2\dot\theta \\ I'_2\dot\psi\cos\theta \end{bmatrix}$$

Dado que el vector $\vec H_O$ se expresa en una base móvil, deberá tenerse en cuenta este hecho y utilizar el operador derivada en base móvil, de modo que

$$\frac{d\vec H_O}{dt} = \left.\frac{d\vec H_O}{dt}\right|_b + \vec\Omega_b\times\vec H_O = \begin{bmatrix} -I'_1\dot\psi\,\dot\theta\cos\theta \\ I'_2(\ddot\theta + \dot\psi^2\,\mathrm{sen}\theta\cos\theta) + I'_1(p - \dot\psi\,\mathrm{sen}\theta)\dot\psi\cos\theta \\ -2I'_2\dot\psi\,\dot\theta\,\mathrm{sen}\theta - I'_1(p - \dot\psi\,\mathrm{sen}\theta)\dot\theta \end{bmatrix}$$

donde la aplicación del teorema de Steiner permite relacionar los momentos centrales de inercia con los empleados en esta ocasión, de modo que:

$$I'_1 = I_1$$
$$I'_2 = I_2 + m\ell^2$$

Teorema del momento cinético:

$$\Sigma\vec M_O = \frac{d\vec H_O}{dt} + \overrightarrow{OG}\times m\,\vec a_O$$

de donde se obtienen las ecuaciones escalares:

(4) $\quad d(B_3 - A_3) = -I'_1\dot\psi\,\dot\theta\cos\theta$

(5) $\quad \ell(mg\cos\theta) = I'_1(p - \dot\psi\,\mathrm{sen}\theta)\dot\psi\cos\theta + I'_2(\ddot\theta + \dot\psi^2\,\mathrm{sen}\theta\cos\theta) + m\dot\psi^2 x\ell\,\mathrm{sen}\theta$

(6) $\quad d(A_1 - B_1) = -I'_1(p - \dot\psi\,\mathrm{sen}\theta)\dot\theta - 2I'_2\dot\psi\,\dot\theta\,\mathrm{sen}\theta + 2m\ell\,\dot\psi\,\dot x$

De la ecuación (5) se halla

$$\ddot{\theta} = \frac{m\ell}{I_2'}\left(g\cos\theta - \dot\psi^2 x\,\text{sen}\theta\right) - \frac{I_1'}{I_2'}\dot\psi\cos\theta(p - \dot\psi\,\text{sen}\theta) - \dot\psi^2\,\text{sen}\theta\cos\theta$$

aceleración angular que es desconocida. Combinando la tercera de las ecuaciones escalares, consecuencia de la aplicación del teorema de la cantidad de movimiento, con la primera de las que se acaban de obtener, se deduce que:

$$A_3 = \frac{I_1'}{2d}\dot\psi\,\dot\theta\cos\theta + \frac{mg}{2}\cos\theta - \frac{m}{2}(\dot\psi^2 x\,\text{sen}\theta + \dot\psi^2 \ell\,\text{sen}\theta\cos\theta + \ddot\theta\ell)$$

donde, si se considera lo dicho respecto de los momentos de inercia, quedará:

$$A_3 = \frac{I_1}{2d}\dot\psi\,\dot\theta\cos\theta + \frac{mg}{2}\cos\theta - \frac{m}{2}(\dot\psi^2 x\,\text{sen}\theta + \dot\psi^2 \ell\,\text{sen}\theta\cos\theta + \ddot\theta\ell)$$

en función de los momentos centrales de inercia. Combinando ahora la primera de las ecuaciones resultado del teorema de la cantidad de movimiento con la tercera de las que se obtienen del teorema del momento cinético, resultará

$$A_1 = \frac{m\ell\dot\psi}{d}\dot x - m\left[\dot\psi^2\cos\theta(x + \ell\cos\theta) + \dot\theta^2\ell + g\,\text{sen}\theta\right] - \frac{I_1'}{2d}(p - \dot\psi\,\text{sen}\theta)\dot\theta - \frac{I_2'}{d}\dot\psi\,\dot\theta\,\text{sen}\theta$$

que, en función de los momentos centrales de inercia, será:

$$A_1 = \frac{m\ell\dot\psi}{d}\left(\dot x - \dot\theta\ell\,\text{sen}\theta\right) - \frac{m}{2}\left[\dot\psi^2\cos\theta(x + \ell\cos\theta) + \dot\theta^2\ell + g\,\text{sen}\theta\right] - \frac{I_1}{2d}(p - \dot\psi\,\text{sen}\theta)\dot\theta - \frac{I_2}{d}\dot\psi\,\dot\theta\,\text{sen}\theta$$

Para contrastar los resultados se volverán a calcular las reacciones en A utilizando otro punto de aplicación del teorema del momento cinético. Se elegirá como punto de reducción el centro de masas G. En lo concerniente a la base de proyección, la que se ha adoptado es válida, dado que, al ser rotor simétrico respecto del eje OC, el giro alrededor de dicho eje no modificará los momentos y productos de inercia y permitirá la existencia de un grado de libertad entre el sólido y la base. En estas condiciones el momento cinético será:

$$\vec{H}_G = \mathbb{I}_G \vec\Omega = \begin{bmatrix} I_1(p - \dot\psi\,\text{sen}\theta) \\ I_2\dot\theta \\ I_2\dot\psi\cos\theta \end{bmatrix}$$

Dado que el vector $\vec{H}_o$ se expresa en una base móvil, deberá tenerse en cuenta este hecho y utilizar el operador derivada en base móvil, de modo que

$$\frac{d\vec{H}_G}{dt} = \frac{d\vec{H}_G}{dt}\bigg|_b + \vec{\Omega}_b \times \vec{H}_G = \begin{bmatrix} -I_1\dot{\psi}\,\dot{\theta}\cos\theta \\ I_1(p-\dot{\psi}\sen\theta)\dot{\psi}\cos\theta + I_2(\ddot{\theta}+\dot{\psi}^2\sen\theta\cos\theta) \\ -I_1\dot{\theta}(p-\dot{\psi}\sen\theta) - 2I_2\dot{\psi}\,\dot{\theta}\sen\theta \end{bmatrix}$$

En estas condiciones y conocidas la aceleración del centro de masas y la variación temporal del momento cinético pueden aplicarse los teoremas vectoriales:

Teorema del momento cinético:

$$\frac{d\vec{H}_G}{dt} = \Sigma\vec{M}_G = \begin{bmatrix} d(B_3 - A_3) \\ \ell(B_3 + A_3) \\ d(A_1 - B_1) - A_2\ell \end{bmatrix}$$

de donde se obtienen las ecuaciones escalares:

(7) $\quad d(A_3 - B_3) = I_1\dot{\psi}\,\dot{\theta}\cos\theta$

(8) $\quad \ell(B_3 + A_3) = I_1(p-\dot{\psi}\sen\theta)\dot{\psi}\cos\theta + I_2(\ddot{\theta}+\dot{\psi}^2\sen\theta\cos\theta)$

(9) $\quad A_2\ell - d(A_1 - B_1) = I_1\dot{\theta}(p-\dot{\psi}\sen\theta) + 2I_2\dot{\psi}\,\dot{\theta}\sen\theta$

De las dos primeras se halla el valor de A_3:

$$A_3 = \frac{I_1}{2d}\dot{\psi}\,\dot{\theta}\cos\theta + \frac{I_1}{2\ell}(p-\dot{\psi}\sen\theta)\dot{\psi}\cos\theta + \frac{I_2}{2\ell}(\ddot{\theta}+\dot{\psi}^2\sen\theta\cos\theta)$$

A continuación se sustituye A_2, determinada en la ecuación (2), en la ecuación (9), y operando esta última con la ecuación (1) se halla de nuevo A_1:

$$A_1 = \frac{m\ell\dot{\psi}}{d}(\dot{x}-\dot{\theta}\ell\sen\theta) - \frac{m}{2}\left[\dot{\psi}^2\cos\theta(x+\ell\cos\theta)+\dot{\theta}^2\ell + g\sen\theta\right] - \frac{I_1}{2d}\dot{\theta}(p-\dot{\psi}\sen\theta) - \frac{I_2}{d}\dot{\psi}\,\dot{\theta}\sen\theta$$

6.- El árbol vertical OA, cuya masa es despreciable, tiene en el instante de la figura velocidad angular Ω conocida. Se aplica un par M conocido sobre dicho árbol, que está articulado en A con la barra 2 de masa **m** y espesor despreciable. El disco también tiene masa **m** y espesor despreciable, de modo que el contacto C puede considerarse puntual. Si en dicho contacto no hay deslizamiento, y además se sabe que la reacción en C en la dirección CO es nula y que el árbol OA gira sin rozamiento en la articulación O, determinar en el instante considerado:

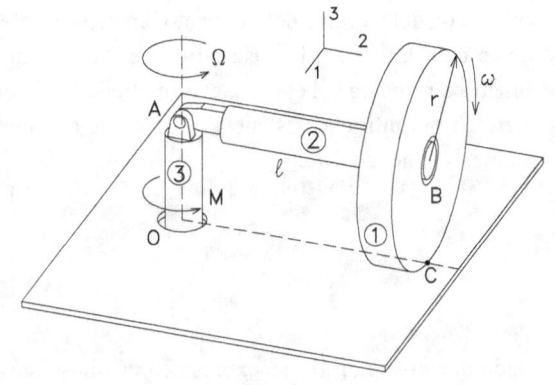

5 Dinámica del espacio **155**

    a) Aceleración angular $\dot{\Omega}$.
    b) Acciones de enlace en B.
    c) Momentos de las acciones de enlace en A.

SOLUCIÓN

a) Para hallar $\dot{\Omega}$ conviene determinar previamente la velocidad angular ω del disco respecto la barra AB, puesto que no es un dato del problema. Los puntos B y C del disco tienen velocidad conocida; la de C es nula por ausencia de deslizamiento, y la de B se ve rápidamente que vale $\Omega \ell$. Usamos ahora la fórmula de velocidades para un sólido, que en nuestro caso es el disco, y será:

$$\vec{v}_C = \vec{v}_B + \vec{\Omega}_1 \times \overrightarrow{BC} \quad \text{donde} \quad \vec{\Omega}_1 = \begin{bmatrix} 0 \\ -\omega \\ \Omega \end{bmatrix} \quad (1)$$

Sustituyendo:

$$0 = \begin{bmatrix} -\Omega \ell \\ 0 \\ 0 \end{bmatrix} + \begin{bmatrix} 0 \\ -\omega \\ \Omega \end{bmatrix} \times \begin{bmatrix} 0 \\ 0 \\ -r \end{bmatrix} = \begin{bmatrix} -\Omega \ell + \omega r \\ 0 \\ 0 \end{bmatrix}$$

de donde se obtiene

$$-\Omega \ell + \omega r = 0 \quad , \quad \omega = \frac{\Omega \ell}{r} \quad (2)$$

La expresión (1) de $\vec{\Omega}_1$ es genérica, es decir, es válida en cualquier instante si suponemos la base 123 del enunciado *solidaria* de la barra AB. En consecuencia, (2) también será genérica y podremos derivarla para obtener

$$\dot{\omega} = \frac{\dot{\Omega} \ell}{r} \quad (3)$$

Acto seguido ya podemos plantearnos el cálculo de $\dot{\Omega}$. Podemos proceder mediante el método vectorial con los teoremas de la cantidad de movimiento y del momento cinético. El cálculo de $\dot{\Omega}$ exigirá, en este problema, el análisis por separado de los *tres* sólidos que integran el mecanismo. Esto es relativamente laborioso, ¿existe una alternativa más simple? Efectivamente, el método energético nos brinda el teorema de la energía cinética que, aplicado al sistema *total,* permite obtener $\dot{\Omega}$, que es lo que por el momento nos interesa. Señalemos (anticipando la parte **b)** del problema) que, desafortunadamente, el cálculo de las acciones de enlace en B, exigirá el análisis dinámico de, por lo menos, *dos* de los tres sólidos del sistema total. Tras estas consideraciones procedamos a calcular el valor de $\dot{\Omega}$ por el método energético.

El teorema de la energía cinética dice

$$\dot{W} = \dot{T} \quad (4)$$

En nuestro caso el sistema será el sistema total. $\dot{W}$ es la potencia, o trabajo por unidad de tiempo, de las fuerzas que actúan sobre el sistema, que en nuestro caso son: acciones de enlace en O, en C, los pesos y el momento M. Afirmamos que la única fuerza que trabaja es el momento M. Veámoslo. El contacto en O es liso, por tanto las acciones de contacto en O sobre el árbol OA dan trabajo o potencia nulos. La figura 1 muestra las fuerzas de enlace en C sobre el disco (en la parte **b)** se consideran en detalle). La potencia de estas fuerzas es

$$\dot{W} = \vec{C} \cdot \vec{v}_C = 0$$

y su valor es nulo como consecuencia de la ausencia de deslizamiento en C. Por último, los pesos tampoco trabajan, ya que se mueven en un plano horizontal.

En virtud de lo antedicho, la potencia de las fuerzas que actúan sobre el sistema es únicamente la del momento M y, por tanto, tendremos

$$\dot{W} = \frac{dW}{dt} = \frac{M d\theta}{dt} = M\Omega \qquad (5)$$

Para encontrar el valor del segundo miembro $\dot{T}$ del teorema de la energía cinética, habrá que determinar previamente la expresión genérica de la energía cinética T del sistema como suma de las de la barra 2 y el disco 1, o sea

$$T = T_2 + T_1$$

Como la barra tiene el punto A fijo, su energía cinética valdrá

$$T_2 = \frac{1}{2} \vec{\Omega} \cdot \vec{H}_{1A} = \frac{1}{2} \vec{\Omega} \cdot \left(\mathbb{I}_{1A} \vec{\Omega} \right)$$

donde $\mathbb{I}_{1A}$ será la matriz de inercia de la barra en el punto A y en la base 123 ya utilizada antes. Esta base se toma *solidaria* de la barra, por consiguiente la matriz de inercia tendrá componentes constantes con el tiempo, tal y como es preceptivo. Adviértase además que la barra es un rotor simétrico en A para la dirección 2, y como el grosor se supone despreciable, el momento de inercia correspondiente a esta dirección será nulo. El valor común a los otros dos momentos principales de inercia se llama I'. Por tanto, el valor de la energía cinética de la barra será

$$T_2 = \frac{1}{2} [0,0,\Omega] \begin{bmatrix} I' & 0 & 0 \\ 0 & 0 & 0 \\ 0 & 0 & I' \end{bmatrix} \begin{bmatrix} 0 \\ 0 \\ \Omega \end{bmatrix} = \frac{1}{2} I' \Omega^2$$

resultado genérico, por otra parte evidente, ya que la barra tiene movimiento plano.

Para hallar la energía cinética T_1 del disco aplicaremos el teorema de König para un sólido, es decir

$$T_1 = \frac{1}{2} m v_B^2 + \frac{1}{2} \vec{\Omega}_2 \cdot \vec{H}_{2B} = \frac{1}{2} m v_B^2 + \frac{1}{2} \vec{\Omega}_2 \cdot \left(\mathbb{I}_{2B} \vec{\Omega}_2 \right)$$

ya que el centro B del disco es su centro de masa, y $\mathbb{I}_{2B}$ es la matriz de inercia del disco para B en la base escogida. ¿Cual será esta base? Exactamente la misma que en el caso anterior. En efecto, el disco es un rotor simétrico para B en la dirección 2. Por tanto, si la base 123 es *solidaria* de la barra AB, la matriz de inercia $\mathbb{I}_{2B}$ del disco tendrá componentes constantes con el tiempo, tal y como debe ser. Obviamente la matriz será diagonal, puesto que las direcciones 123 en A son principales de inercia. Sustituyendo en la expresión anterior, tendremos:

$$T_1 = \frac{1}{2}m\ell^2\Omega^2 + \frac{1}{2}[0,-\omega,\Omega]\begin{bmatrix} I & 0 & 0 \\ 0 & I_2 & 0 \\ 0 & 0 & I \end{bmatrix}\begin{bmatrix} 0 \\ -\omega \\ \Omega \end{bmatrix} = \frac{1}{2}m\ell^2\Omega^2 + \frac{1}{2}(I_2\omega^2 + I\Omega^2) =$$

$$= \frac{1}{2}m\ell^2\Omega^2 + \frac{1}{2}\left(\frac{I_2\ell^2}{r^2} + I\right)\Omega^2$$

donde se ha substituido el valor de ω dado por (2).

Como las expresiones obtenidas para las energías cinéticas son válidas en cualquier instante, podremos derivarlas respecto al tiempo, y quedará

$$\dot{T} = \dot{T}_2 + \dot{T}_1 = \left(I' + m\ell^2 + \frac{I_2\ell^2}{r^2} + I\right)\Omega\dot{\Omega} \quad (6)$$

Sustituyendo en el teorema de la energía cinética (4) las expresiones (5) y (6) se obtiene

$$M\Omega = \left(I' + m\ell^2 + \frac{I_2\ell^2}{r^2} + I\right)\Omega\dot{\Omega}$$

Con lo que el valor pedido de la aceleración angular valdrá

$$\dot{\Omega} = \frac{M}{I' + m\ell^2 + \frac{I_2\ell^2}{r^2} + I} \quad (7)$$

b) Para determinar las acciones de enlace en B sobre el disco, utilizaremos los teoremas vectoriales. Como B es centro de masa del disco, el teorema del momento cinético adopta la forma simplificada

$$\vec{M}_B = \dot{\vec{H}}_B$$

El cálculo del momento cinético $\vec{H_B}$ ya lo hemos realizado en el apartado anterior:

$$\vec{H}_B = \mathbb{I}_{2B}\vec{\Omega}_2 = \begin{bmatrix} I & 0 & 0 \\ 0 & I_2 & 0 \\ 0 & 0 & I \end{bmatrix}\begin{bmatrix} 0 \\ -\omega \\ \Omega \end{bmatrix} = \begin{bmatrix} 0 \\ -I_2\omega \\ I\Omega \end{bmatrix}$$

y derivando respecto al tiempo, teniendo en cuenta que la base es móvil, obtendremos

$$\dot{\vec{H}}_B = \frac{d\vec{H}_B}{dt} = \frac{d\vec{H}_B}{dt}\bigg|_b + \vec{\Omega}_b \times \vec{H}_B = \begin{bmatrix} 0 \\ -I_2\dot{\omega} \\ I\dot{\Omega} \end{bmatrix} + \begin{bmatrix} 0 \\ 0 \\ \Omega \end{bmatrix} \times \begin{bmatrix} 0 \\ -I_2\omega \\ I\Omega \end{bmatrix} = \begin{bmatrix} I_2\Omega\omega \\ -I_2\dot{\omega} \\ I\dot{\Omega} \end{bmatrix} = \begin{bmatrix} I_2\Omega^2\frac{\ell}{r} \\ -I_2\dot{\Omega}\frac{\ell}{r} \\ I\dot{\Omega} \end{bmatrix} \quad (8)$$

en donde se han substituido ω y $\dot{\omega}$ por sus valores.

Con objeto de calcular el momento suma de las fuerzas exteriores, trazaremos previamente el diagrama de sistema libre para el disco. En primer lugar determinaremos las acciones de enlace en B.

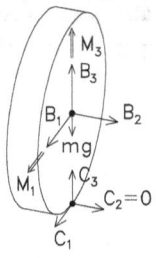

Para hallar estas acciones de enlace, se prescinde de todos los demás enlaces que actúan sobre el disco; en nuestro caso eliminamos el contacto C con el suelo que evita el deslizamiento del disco. Las traslaciones impedidas del disco *respecto a* la barra -en las direcciones 1, 2 o 3- indican la existencia de fuerza de enlace en tales direcciones. En nuestro caso no existe posibilidad de traslación del disco en ninguna dirección, por tanto tendremos las fuerzas B_1, B_2, B_3. Por otra parte, la única rotación posible del disco *respecto a* la barra AB tiene la dirección 2. Dicho de otro modo, las rotaciones impedidas tienen las direcciones 1 y 3; de ahí la existencia de los momentos de enlace M_1 y M_3.

Determinemos ahora las acciones de enlace en C sobre el disco. Procederemos como antes y eliminamos ahora el enlace en B. Si en el contacto en C hay rozamiento suficiente para impedir el deslizamiento *respecto el* suelo -que es lo supuesto en el enunciado del problema al decir que no hay deslizamiento-, nos encontramos con que las traslaciones están todas impedidas y que, en cambio las tres rotaciones son admisibles. Es decir, las acciones de enlace se reducen a las tres fuerzas C_1, C_2, C_3. Sin embargo, el enunciado nos permite suponer $C_2 = 0$. La figura 1 resume gráficamente los resultados obtenidos en forma de diagrama de sistema libre.

Utilizando el diagrama de sistema libre para el disco, es inmediato que la suma de momentos en B vale

$$\vec{M}_B = \begin{bmatrix} 0 \\ 0 \\ -r \end{bmatrix} \times \begin{bmatrix} C_1 \\ 0 \\ C_3 \end{bmatrix} + \begin{bmatrix} M_1 \\ 0 \\ M_3 \end{bmatrix} = \begin{bmatrix} M_1 \\ -rC_1 \\ M_3 \end{bmatrix} \qquad (9)$$

El teorema del momento cinético nos dice que el momento suma (9) es igual a la derivada del momento cinético obtenido en (8). La igualación nos da las tres ecuaciones siguientes:

$$\left. \begin{array}{l} M_1 = I_2 \Omega^2 \dfrac{\ell}{r} \\[4pt] -rC_1 = -I_2 \dot{\Omega} \dfrac{\ell}{r} \\[4pt] M_3 = I \dot{\Omega} \end{array} \right\} \qquad (10)$$

El segundo teorema vectorial que aplicamos es el de la cantidad de movimiento:

$$\vec{F} = m\vec{a}_G$$

En nuestro caso la suma de fuerzas, observando el diagrama de sistema libre dado en la figura 1, será

$$\vec{F} = \begin{bmatrix} B_1 \\ B_2 \\ B_3 \end{bmatrix} + \begin{bmatrix} C_1 \\ 0 \\ C_3 \end{bmatrix} + \begin{bmatrix} 0 \\ 0 \\ -mg \end{bmatrix} = \begin{bmatrix} B_1 + C_1 \\ B_2 \\ B_3 + C_3 - mg \end{bmatrix}$$

y la aceleración del centro de masa B vale

$$\vec{a}_B = \begin{bmatrix} -\dot{\Omega}\ell \\ -\Omega^2 \ell \\ 0 \end{bmatrix}$$

La aplicación del teorema de la cantidad de movimiento nos da otras tres ecuaciones:

$$\left. \begin{aligned} B_1 + C_1 &= -m\dot{\Omega}\ell \\ B_2 &= -m\Omega^2 \ell \\ B_3 + C_3 - mg &= 0 \end{aligned} \right\} \quad (11)$$

Se ha obtenido un sistema de *seis* ecuaciones con *siete* incógnitas (las acciones de enlace en B y en C) que permite determinar estas incógnitas, salvo B_3 y C_3, ya que para su cálculo sólo contamos con la última ecuación del grupo (11). Necesitamos, pues, una *nueva* ecuación que procederá del análisis de la barra AB que vamos a abordar a continuación.

En la figura 2 se ha trazado el diagrama de sistema libre para la barra. Para obtenerlo debe procederse como antes para el disco. Adviértase que ahora las acciones de enlace para la barra en B son las ejercidas por el disco y -en virtud del principio de acción y reacción- serán las mismas que en la figura 1, pero ahora con el sentido contrario.

La ecuación que nos falta se obtendrá aplicando el teorema del momento cinético para la barra. Lo aplicaremos al punto A; en él toma la forma simplificada y además no intervienen las fuerzas de enlace A_1, A_2, A_3 desconocidas. La base utilizada es la misma de antes; con ello el momento cinético vale

$$\vec{H}_A = \mathbb{I}_{1A}\,\vec{\Omega}_1 = \begin{bmatrix} I' & 0 & 0 \\ 0 & 0 & 0 \\ 0 & 0 & I' \end{bmatrix} \begin{bmatrix} 0 \\ 0 \\ \Omega \end{bmatrix} = \begin{bmatrix} 0 \\ 0 \\ I'\Omega \end{bmatrix}$$

y derivando en base móvil

$$\dot{\vec{H}}_A = \frac{d\vec{H}_A}{dt} = \left.\frac{d\vec{H}_A}{dt}\right|_b + \vec{\Omega}_b \times \vec{H}_A = \begin{bmatrix} 0 \\ 0 \\ I'\dot{\Omega} \end{bmatrix} + \begin{bmatrix} 0 \\ 0 \\ \Omega \end{bmatrix} \times \begin{bmatrix} 0 \\ 0 \\ I'\Omega \end{bmatrix} = \begin{bmatrix} 0 \\ 0 \\ I'\dot{\Omega} \end{bmatrix}$$

La suma de momentos en A, con ayuda del diagrama de la figura 2, será

$$\vec{M}_A = \begin{bmatrix} -M_1 \\ 0 \\ -M_3 \end{bmatrix} + \begin{bmatrix} 0 \\ M'_2 \\ M'_3 \end{bmatrix} + \begin{bmatrix} 0 \\ \ell \\ 0 \end{bmatrix} \times \begin{bmatrix} -B_1 \\ -B_2 \\ -B_3 \end{bmatrix} + \begin{bmatrix} 0 \\ \frac{\ell}{2} \\ 0 \end{bmatrix} \times \begin{bmatrix} 0 \\ 0 \\ -mg \end{bmatrix} = \begin{bmatrix} -M_1 - B_3\ell - \frac{\ell}{2}mg \\ M'_2 \\ -M_3 + M'_3 + B_1\ell \end{bmatrix}$$

Igualando el momento suma con la derivada del momento cinético se obtiene:

$$-M_1 - B_3\ell - \tfrac{\ell}{2}mg = 0 \qquad (12)$$
$$M_2' = 0 \qquad (13)$$
$$-M_3 + M_3' + B_1\ell = I'\dot\Omega \qquad (14)$$

Las acciones de enlace en B ahora ya pueden determinarse completamente mediante los sistemas (10), (11) y la nueva ecuación (12). Es inmediato obtener los siguientes resultados:

$$M_1 = I_2\Omega^2\frac{\ell}{r} \qquad M_3 = I\dot\Omega \qquad B_1 = -\left(m+\frac{I_2}{r^2}\right)\dot\Omega\ell$$

$$B_2 = -m\Omega^2\ell \qquad B_3 = \frac{-I_2\Omega^2}{r} - \frac{mg}{2}$$

donde $\dot\Omega$ es el valor obtenido en (7).

c) Los momentos de las acciones de enlace en A que se piden en este apartado pueden encontrarse con las ecuaciones (13) y (14) que se acaban de obtener. Sustituyendo en la (14) los valores obtenidos en la parte anterior **b)** del problema para las incógnitas M_3, B_1 y $\dot\Omega$, tendremos:

$$M_3' = M_3 - B_1\ell + I'\dot\Omega = I\dot\Omega + \left(m+\frac{I_2}{r^2}\right)\dot\Omega\ell^2 + I'\dot\Omega = \left(I'+I+m\ell^2+\frac{I_2\ell^2}{r^2}\right)\dot\Omega = M$$

O sea, los momentos pedidos de las acciones de enlace en A valen
$$M_2' = 0$$
$$M_3' = M$$

Es interesante preguntarse por qué se cumple la igualdad entre M'_3 y el momento motor M aplicado al árbol. La razón es clara intuitivamente, ya que la masa del árbol es despreciable. Para justificar la igualdad formalmente basta analizar este sólido 3. En efecto, el examen del enlace entre 3 y el plano horizontal nos lleva inmediatamente al diagrama de sistema libre de la figura.

El árbol 3 tiene movimiento de rotación alrededor del eje fijo e-e', con lo que el teorema del momento cinético se reduce a su forma elemental

$$M_e = I_e\dot\Omega = 0$$

con I_e nulo ya que la masa del cuerpo es despreciable. Por otra parte, de la figura se deduce

$$M_e = M - M_3'$$

Estas dos últimas igualdades dan

$$M_3' = M$$

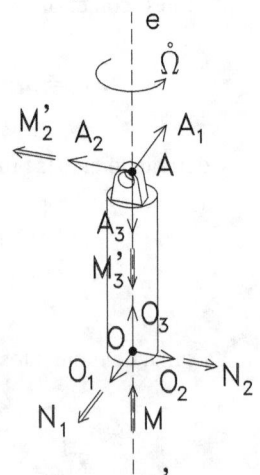

tal como se quería demostrar. Adviértase el interés y la sencillez del estudio del árbol como consecuencia de la nulidad de su masa.

Para concluir, una observación final referente a la hipótesis $C_2 = 0$. Esta suposición se hizo con el único objetivo de simplificar los cálculos. En efecto, supongamos por un momento que C_2 no es nula. En este supuesto, se analizará el sistema aplicando los teoremas vectoriales a *cada uno* de los *tres* sólidos del dispositivo y se obtendrán

3x6 = 18 ecuaciones. Pero es inmediato cerciorarse de que el número de incógnitas es diecinueve. Es decir, se obtiene un sistema de ecuaciones simplemente indeterminado, lo que significa que no se pueden determinar los valores de todas las incógnitas (si nos mantenemos en el ámbito de la mecánica del cuerpo rígido). Esta indeterminación desaparecerá si, por ejemplo, se conoce el valor de C_2, tal y como supone el enunciado.

7.- El dispositivo de la figura está constituido por un motor que hace girar un disco. La barra CD, soldada al estator del motor, actúa como contrapeso y hace que el centro de masas del conjunto disco-motor-barra se halle en el punto G. El disco, acoplado al rotor del motor, gira con velocidad angular constante $\dot\varphi$ en torno de su eje. El estator y la barra CD tienen la misma masa m que el conjunto disco-rotor. El eje AB fijo en el estator se apoya en la horquilla, de masa despreciable, mediante sendos cojinetes en A y B; el cojinete en B no soporta esfuerzos axiales. La horquilla gira con velocidad angular constante $\dot\Psi$ en torno del eje vertical. La inclinación, θ, del eje del rotor se mantiene constante por medio de un cable que une el contrapeso con el punto E del eje vertical.

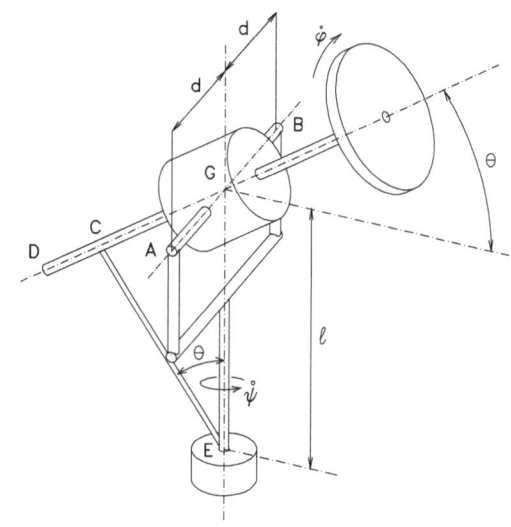

Dicho cable tiene la longitud necesaria para que sea perpendicular al contrapeso CD. Determinar, en el instante que se analiza:

a) Reacciones en A y en B.

b) Tensión en el cable CE.

c) Valor de θ para el que la tensión del cable sea nula.

SOLUCIÓN

a) De la observación del dispositivo se deduce, en primer lugar, que el centro de masas, G, del dispositivo disco-motor-contrapeso es un punto fijo del espacio, ello es consecuencia de que el citado punto G se encuentra en la intersección de los ejes físicos de rotación del sistema, el eje vertical y el eje del motor. Este hecho permite establecer que el centro de masas del sistema tiene aceleración nula.

La otra consideración necesaria se refiere a la aplicación de las condiciones de simetría. Dada la morfología del sistema, la aplicación del teorema del momento cinético respecto de G aconseja la elección de una referencia centrada en el punto G y cuya base esté constituida por un eje (1) en la dirección y sentido del segmento GA; el segundo eje (2) tendrá la dirección del eje del motor y

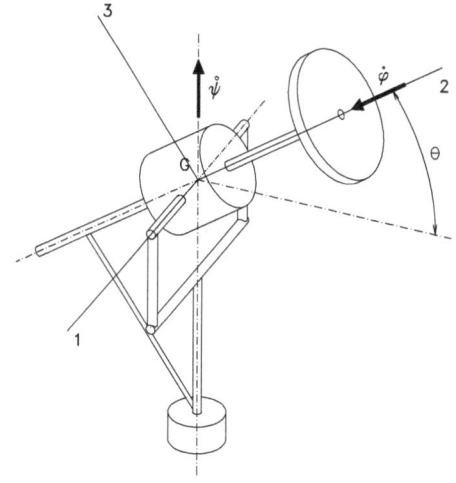

sentido de G hacia el disco; el tercer eje será perpendicular a los anteriores y su sentido será tal que defina, junto con éstos, un triedro directo.

Una base de estas características, solidaria de la horquilla, permitirá simplificar los cálculos, ya que, como consecuencia de la simetría del sistema, los momentos de inercia serán independientes de la rotación $\dot\varphi$ y, por el hecho de ser solidaria de la horquilla, y por lo tanto del estator, también serán independientes de la velocidad angular $\dot\Psi$.

Así pues, resumiendo, se adoptará una referencia (G,1,2,3) solidaria de la horquilla y animada, por tanto, de la velocidad $\dot\Psi$, que es la misma con la que giran el contrapeso y el estator del motor. El rotor y el disco solidario, por su parte, girarán además con la velocidad de rotación $\dot\varphi$, de modo que su velocidad angular será:

$$\vec\Omega = \vec\psi + \vec\varphi = \begin{bmatrix} 0 \\ \dot\psi\,\text{sen}\,\theta - \dot\varphi \\ \dot\psi\cos\theta \end{bmatrix}$$

mientras que la velocidad angular de la base será:

$$\vec\Omega_b = \vec\psi = \begin{bmatrix} 0 \\ \dot\psi\,\text{sen}\,\theta \\ \dot\psi\cos\theta \end{bmatrix}$$

Para poder aplicar los teoremas vectoriales, será necesario determinar la aceleración del centro de masas del sistema que, tal como se ha visto, será nula por hallarse en la intersección de los ejes físicos de rotación. En lo concerniente al momento cinético respecto del punto G, será necesario considerar que el sistema está constituido por dos partes distintas cuyos movimientos son diferentes. Por una parte la masa m constituida por el estator, y el contrapeso cuya velocidad es $\dot\Psi$ y cuyo momento cinético respecto del punto G es:

$$\vec{H}_G^e = \begin{bmatrix} I_1^e & 0 & 0 \\ 0 & I_2^e & 0 \\ 0 & 0 & I_1^e \end{bmatrix} \begin{bmatrix} 0 \\ \dot\psi\,\text{sen}\,\theta \\ \dot\psi\cos\theta \end{bmatrix} = \begin{bmatrix} 0 \\ I_2^e\,\dot\psi\,\text{sen}\,\theta \\ I_1^e\,\dot\psi\cos\theta \end{bmatrix}$$

donde $I_1^e = I_3^e$ por consideraciones de simetría, dado que el sistema estator-contrapeso es un rotor simétrico respecto del eje 2.

El conjunto disco-rotor, que gira con velocidad angular $\dot\varphi$, da lugar a otra componente adicional del momento cinético respecto de G, que valdrá:

$$\vec{H}_G^r = \begin{bmatrix} I_1^r & 0 & 0 \\ 0 & I_2^r & 0 \\ 0 & 0 & I_1^r \end{bmatrix} \begin{bmatrix} 0 \\ \dot\psi\,\text{sen}\,\theta - \dot\varphi \\ \dot\psi\cos\theta \end{bmatrix} = \begin{bmatrix} 0 \\ I_2^r(\dot\psi\,\text{sen}\,\theta - \dot\varphi) \\ I_1^r(\dot\psi\cos\theta) \end{bmatrix}$$

de modo que, el momento cinético del sistema completo, respecto del punto G, será:

$$\vec{H}_G = \vec{H}_G^e + \vec{H}_G^r = \begin{bmatrix} 0 \\ I_2\,\dot\psi\,\mathrm{sen}\theta - I_2^r\,\dot\varphi \\ I_1\,\dot\psi\,\cos\theta \end{bmatrix}$$

donde $I_2 = I_2^r + I_2^e$ y $I_1 = I_1^r + I_1^e$.

La variación temporal del momento cinético se deberá determinar a través del operador derivada en base móvil, ya que el momento cinético se ha expresado en la base (1,2,3), que ya se ha visto que estaba animada de una velocidad angular. Es decir:

$$\frac{d\vec{H}_G}{dt} = \left.\frac{d\vec{H}_G}{dt}\right|_b + \vec\Omega_b \times \vec{H}_G = \begin{bmatrix} (I_1 - I_2)\dot\psi^2\cos\theta\,\mathrm{sen}\theta + I_2^r\,\dot\varphi\,\dot\psi\cos\theta \\ 0 \\ 0 \end{bmatrix}$$

Para aplicar los teoremas vectoriales será necesario estudiar, mediante el diagrama de sistema libre, las acciones que se ejercen sobre el sistema mecánico en estudio. Dado que el cojinete en B no resiste esfuerzos axiales, en dicho punto B actuará una fuerza de módulo desconocido y contenida en el plano ortogonal al eje AB; en consecuencia, dicha fuerza tendrá únicamente componentes en las direcciones 2 y 3. En el punto A actuará una fuerza de módulo y dirección desconocidos que dará lugar a tres componentes de fuerza, en las direcciones de los tres ejes. En el punto G actuará el peso total 2mg, en dirección vertical y sentido descendente. En la barra CD actuará una fuerza de tracción (se trata de un cable) en dirección CE y sentido hacia E y perpendicular al contrapeso CD.

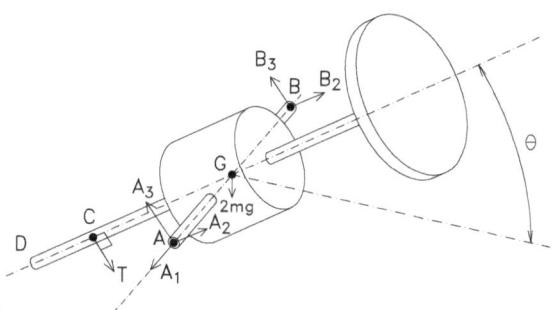

A la vista de los sistemas de fuerzas y sus puntos de aplicación, los teoremas vectoriales permiten establecer las siguientes ecuaciones:

Teorema de la cantidad de movimiento:

$$\Sigma\vec{F} = m\,\vec{a}_G = 0 \;\Rightarrow\; \begin{bmatrix} A_1 \\ A_2 \\ A_3 \end{bmatrix} + \begin{bmatrix} 0 \\ B_2 \\ B_3 \end{bmatrix} + \begin{bmatrix} 0 \\ -2mg\,\mathrm{sen}\theta \\ -2mg\cos\theta \end{bmatrix} + \begin{bmatrix} 0 \\ 0 \\ -T \end{bmatrix} = 0$$

de donde:

(1) $\quad A_1 = 0$
(2) $\quad A_2 + B_2 = 2mg\,\mathrm{sen}\theta$
(3) $A_3 + B_3 - T = 2mg\cos\theta$

Teorema del momento cinético:

$$\Sigma \vec{M}_G = \frac{d\vec{H}_G}{dt} \Rightarrow \begin{bmatrix} T\ell \operatorname{sen}\theta \\ d(B_3 - A_3) \\ d(A_2 - B_2) \end{bmatrix} = \begin{bmatrix} (I_1 - I_2)\dot{\psi}^2 \operatorname{sen}\theta \cos\theta + I_2^r \dot{\varphi}\dot{\psi}\cos\theta \\ 0 \\ 0 \end{bmatrix}$$

que lleva a las ecuaciones:

(4) $T\ell \operatorname{sen}\theta = (I_1 - I_2)\dot{\psi}^2 \operatorname{sen}\theta \cos\theta + I_2^r \dot{\varphi}\dot{\psi}\cos\theta$

(5) $B_3 - A_3 = 0$

(6) $A_2 - B_2 = 0$

De (2) y (6) resulta:

$$A_2 = B_2 = mg\operatorname{sen}\theta$$

b) De la ecuación (4) se deduce:

$$T = \frac{(I_1 - I_2)\dot{\psi}^2 \cos\theta + I_2^r \dot{\varphi}\dot{\psi} \cotg\theta}{\ell}$$

El anterior resultado, junto con las ecuaciones (3) y (5), permite escribir:

$$A_3 = B_3 = mg\cos\theta + \frac{(I_1 - I_2)\dot{\psi}^2 \cos\theta + I_2^r \dot{\varphi}\dot{\psi} \cotg\theta}{2\ell}$$

c) Para determinar el valor del ángulo θ que anularía la tensión en el cable, bastará sustituir T = 0 en la ecuación (4), de modo que:

$$(I_1 - I_2)\dot{\psi}^2 \cos\theta - I_2^r \dot{\varphi}\dot{\psi} \frac{\cos\theta}{\operatorname{sen}\theta} = 0$$

Despejando y prescindiendo del resultado θ = π/2 quedará

$$\operatorname{sen}\theta = \frac{I_2^r \dot{\varphi}}{(I_1 - I_2)\dot{\psi}}$$

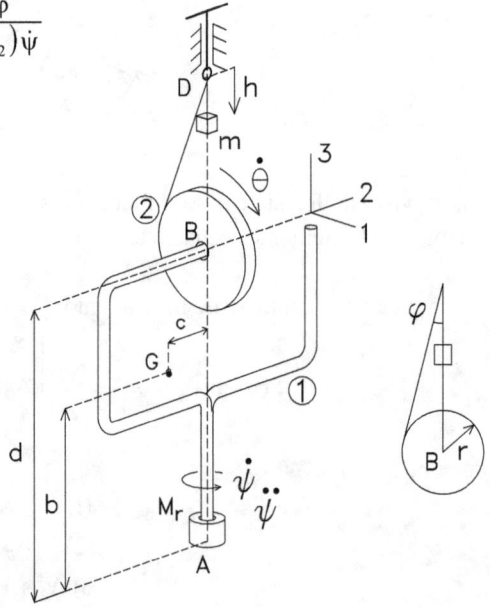

8.- El marco 1, de masa **m** y centro de gravedad G, gira por acción del motor de par M_r con velocidad y aceleración $\dot{\Psi}$ y $\ddot{\Psi}$ conocidas. El disco de masa **m** y radio **r** está montado sobre el marco y gira accionado por el bloque de masa **m** suspendido de un cable que pasa por la anilla D. En el instante inicial, se conoce que θ = 0 y **h** = 0. Determinar, en el instante en que se muestra la figura:

a) Valores de θ y $\dot{\theta}$ cuando el bloque ha recorrido la distancia vertical h.

b) Valor de las acciones de enlace en B sobre el disco.

c) Acciones de enlace en A sobre el marco 1,

siendo la matriz de inercia del mismo en el punto A y para la base indicada:

$$\text{II}_A = \begin{bmatrix} I_{11} & 0 & 0 \\ 0 & I_{22} & I_{23} \\ 0 & I_{32} & I_{33} \end{bmatrix}$$

SOLUCIÓN

a) y **b)** En este caso, la respuesta a las dos primeras preguntas se halla con el mismo planteamiento, que requiere la aplicación de los teoremas de la cantidad de movimiento y del momento cinético para el sólido disco. El punto más adecuado para la aplicación del momento cinético es el centro del disco B, con lo cual el teorema se reduce a la expresión

$$\vec{M}_B = \frac{d\vec{H}_B}{dt}$$

donde $\vec{H}_B$ es el producto de la matriz de inercia del disco respecto al punto B por la velocidad angular absoluta del disco. Para la base de proyección dada, el disco es un rotor simétrico respecto al punto B, con lo que el momento cinético resulta

$$\vec{H}_B = \text{II}_B \vec{\Omega} = \begin{bmatrix} I & 0 & 0 \\ 0 & I_2 & 0 \\ 0 & 0 & I \end{bmatrix} \begin{bmatrix} 0 \\ \dot{\theta} \\ \dot{\psi} \end{bmatrix} = \begin{bmatrix} 0 \\ I_2 \dot{\theta} \\ I \dot{\psi} \end{bmatrix} \quad (1)$$

Para derivar el momento cinético, se debe utilizar el operador derivada en base móvil, donde la velocidad angular de la base es $\dot{\vec{\Psi}}$, ya que el movimiento del disco $\dot{\theta}$ respecto a la base no modifica la matriz de inercia:

$$\frac{d\vec{H}_B}{dt} = \frac{d\vec{H}_B}{dt}\bigg|_b + \vec{\Omega}_b \times \vec{H}_B = \begin{bmatrix} 0 \\ I_2 \ddot{\theta} \\ I \ddot{\psi} \end{bmatrix} + \begin{bmatrix} 0 \\ 0 \\ \dot{\psi} \end{bmatrix} \times \begin{bmatrix} 0 \\ I_2 \dot{\theta} \\ I \dot{\psi} \end{bmatrix} = \begin{bmatrix} -I_2 \dot{\theta} \dot{\psi} \\ I_2 \ddot{\theta} \\ I \ddot{\psi} \end{bmatrix} \quad (2)$$

Para el cálculo del momento de las fuerzas respecto al punto B, es conveniente representar el diagrama del sistema libre, en este caso, el disco:

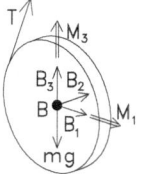
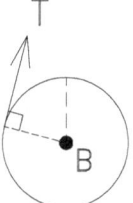

Siendo entonces:

$$\vec{M}_B = \begin{bmatrix} M_1 \\ T \cdot r \\ M_3 \end{bmatrix}$$

que, al igualarlo con (2), da tres ecuaciones escalares

$$M_1 = -I_2 \dot{\theta} \dot{\psi} \quad (3)$$
$$T r = I_2 \ddot{\theta} \quad (4)$$
$$M_3 = I \ddot{\psi} \quad (5)$$

en las que se hallan 5 incógnitas: M_1, M_3, T, $\dot{\theta}$ y $\ddot{\theta}$. Esto requiere la aplicación del teorema de la cantidad de movimiento:

$$\vec{F} = m\vec{a}_G$$

En este caso, el centro de masas resulta ser un punto fijo, por lo que su aceleración es nula, mientras que con el diagrama del sistema libre se hallan las fuerzas, de lo que resultan las tres ecuaciones siguientes:

$$B_1 + T \operatorname{sen}\varphi = 0 \quad (6)$$
$$B_2 = 0 \quad (7)$$
$$B_3 - mg + T\cos\varphi = 0 \quad (8)$$

en las que aparecen nuevas incógnitas: B_1, B_2 y B_3. Hasta el momento, pues, se contabilizan 8 incógnitas por seis ecuaciones. Sin embargo, hay que tener en cuenta que la aceleración angular $\ddot{\theta}$ es la derivada temporal de la velocidad angular $\dot{\theta}$, con lo que esta relación aumenta el número de ecuaciones a siete. La octava ecuación se halla del estudio del cuerpo colgante de masa **m**. El movimiento de este cuerpo es rectilíneo en la dirección del eje 3, por lo que

$$\vec{F} = m\vec{a} \quad (9)$$

y su diagrama de sistema libre es

de manera que (9) se transforma en

$$T - mg = -m\ddot{\theta} r \quad (10)$$

Al final se forma el sistema completo de ocho ecuaciones con ocho incógnitas. De las ecuaciones (7) y (1) se halla:

$$\ddot{\theta} = \frac{mgr}{I_2 + mr^2} \quad (11)$$

Ahora, integrando, se podría hallar $\dot{\theta}$, pero dado que $\ddot{\theta}$ no depende del tiempo, se puede utilizar la expresión

$$\dot{\theta}_f^2 - \dot{\theta}_i^2 = 2\ddot{\theta}\theta$$

donde

$$\dot{\theta}_i = 0$$

y θ es el ángulo girado por el disco al desplazar la masa una altura h:

$$\theta = \frac{h}{r}$$

siendo el resultado :

$$\dot{\theta} = \sqrt{2\ddot{\theta}\frac{h}{r}}$$

Conociendo estos valores, se puede hallar la tensión del cable T

$$T = \frac{I_2 \ddot{\theta}}{r}$$

y también de las acciones de enlace, que son la fuerza $\vec{B}$ y momento $\vec{M}$

$$\vec{B} = \begin{bmatrix} -T\,\text{sen}\,\varphi \\ 0 \\ mg - T\cos\varphi \end{bmatrix} \qquad \vec{M} = \begin{bmatrix} -I_2\dot{\theta}\dot{\psi} \\ 0 \\ I\dot{\psi} \end{bmatrix}$$

Otro modo de calcular la velocidad angular $\dot{\theta}$ y la aceleración angular $\ddot{\theta}$ consiste en plantear el teorema de la energía cinética para el sistema formado por el cuerpo de masa **m** y el disco 2, estudiado desde una referencia solidaria al sólido 1 y, en consecuencia, considerando sólo el movimiento plano relativo a la referencia. En este caso, se puede plantear:

$$W = \Delta T + \Delta U \quad (12)$$

donde la variación de energía cinética es

$$\Delta T = T_f - T_i = \frac{1}{2}mv^2 + \frac{1}{2}I_2\omega^2$$

$$\Delta T = \frac{1}{2}m(\dot{\theta}r)^2 + \frac{1}{2}\frac{1}{2}mr^2\dot{\theta}^2 = \frac{3}{4}mr^2\dot{\theta}^2$$

y la variación de energía potencial

$$\Delta U = U_f - U_i = -mgh$$

Finalmente, el trabajo del resto de fuerzas interiores y exteriores es nulo. Sustituyendo estos resultados en (12), se halla

$$\dot\theta^2 = \frac{4}{3}\frac{gh}{r^2}$$

Como este resultado es genérico, se puede derivar para hallar $\ddot\theta$. Las magnitudes variables con el tiempo son la propia $\dot\theta$ y h, cuya derivada temporal $\dot h$ es igual a $\dot\theta r$. Por tanto:

$$2\dot\theta\ddot\theta = \frac{4}{3}\frac{g}{r^2}\dot\theta r \qquad \ddot\theta = \frac{2}{3}\frac{g}{r}$$

Si se sustituye en la ecuación (11) el valor de I_2 por $1/2mr^2$, se comprueba que el resultado es el mismo.

c) Para hallar las ecuaciones de enlace en el marco 2, es necesario plantear los mismos teoremas que antes, pero sobre el sólido 2. En este caso resulta conveniente aplicar el teorema del momento cinético en el punto A (punto fijo), y eliminar así las componentes de la fuerza A de las ecuaciones resultantes. De este modo:

$$\vec M_A = \frac{d\vec H_A}{dt}$$

y el momento cinético será:

$$\vec H_A = II_A \vec\psi = \begin{bmatrix} I_{11} & 0 & 0 \\ 0 & I_{22} & I_{23} \\ 0 & I_{23} & I_{33} \end{bmatrix}\begin{bmatrix} 0 \\ 0 \\ \psi \end{bmatrix} = \begin{bmatrix} 0 \\ I_{23}\dot\psi \\ I_{33}\dot\psi \end{bmatrix}$$

Para derivar correctamente $\vec H_A$, se debe utilizar el operador derivada en base móvil, siendo en este caso la velocidad angular de la base $\vec\Psi$, al ser el marco un rotor genérico.

$$\frac{d\vec H_A}{dt} = \frac{d\vec H_A}{dt}\bigg|_b + \vec\Omega_b \times \vec H_A = \begin{bmatrix} 0 \\ I_{23}\ddot\psi \\ I_{33}\ddot\psi \end{bmatrix} + \begin{bmatrix} 0 \\ 0 \\ \dot\psi \end{bmatrix}\begin{bmatrix} 0 \\ I_{23}\dot\psi \\ I_{33}\dot\psi \end{bmatrix} = \begin{bmatrix} -I_{23}\dot\psi^2 \\ I_{23}\ddot\psi \\ I_{33}\ddot\psi \end{bmatrix}$$

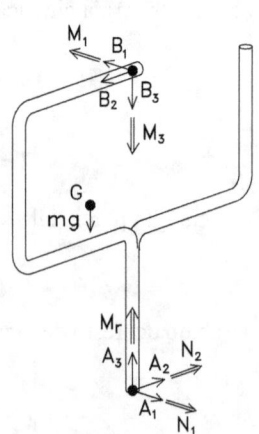

Para hallar el momento de las fuerzas aplicadas respecto al punto A es necesario estudiar el diagrama del sólido libre para el soporte 1. Es fácil advertir que el momento resultante en el punto A es:

$$\vec M_A = \vec{AB}\times\vec B + \vec{BG}\times m\vec g + \vec M_1 + \vec M_3 + \vec N_1 + \vec N_2 + \vec M_r$$

con lo que se podrán determinar las tres primeras ecuaciones escalares para este sistema, que serán:

$$N_1 - mgc + B_2 d - M_1 = -I_{23}\dot\psi^2$$
$$N_2 - B_1 d = I_{23}\ddot\psi$$
$$M_r - M_3 = I_{33}\ddot\psi$$

en las que aparecen las componentes B_1, B_2, M_1 y M_3 halladas en el anterior apartado. Las incógnitas son, pues, N_1, N_2 y el par motor M_r, con lo que se forma un sistema de tres ecuaciones con tres incógnitas.

Para hallar las componentes de la fuerza $\vec{A}$, se debe aplicar el teorema de la cantidad de movimiento:

$$\vec{F} = m\,\vec{a}_G$$

La aceleración del centro de masas del marco es fácil de hallar, al describir éste un movimiento circular alrededor del eje de rotación del sólido 2, de modo que:

$$A_1 - B_1 = m\,\ddot\psi c$$
$$A_2 - B_2 = m\,\dot\psi^2 c$$
$$A_3 - B_3 - mg = 0$$

que constituye un nuevo sistema de tres ecuaciones con tres incógnitas, que permite encontrar las componentes A_1, A_2 y A_3. El resultado es entonces:

$$\vec{A} = \begin{bmatrix} m\,\ddot\psi c - T\,\mathrm{sen}\varphi \\ m\,\dot\psi^2 c \\ 2mg - T\cos\varphi \end{bmatrix} \qquad \vec{N} = \begin{bmatrix} -I_{23}\dot\psi^2 + mgc - I_2\dot\theta\dot\psi \\ I_{23}\ddot\psi - T\,d\,\mathrm{sen}\varphi \\ 0 \end{bmatrix}$$

9.- La figura muestra un manipulador cuya base 1 gira alrededor del eje vertical con velocidad angular $\dot\psi$ constante. El brazo 2 gira con velocidad angular ω constante respecto a la plataforma, y el brazo 4 está formado por un rotor 5 y la propia carcasa 4. La carcasa gira con velocidad angular ω constante respecto al brazo 2, mientras que el rotor 5 gira alrededor de su eje longitudinal con velocidad angular $\dot\varphi$ respecto a la carcasa 4. Los cuerpos 3 y 4 tienen masa despreciable, pero la masa de 5 es **m**, y su centro de gravedad es G. En A y O hay pasadores, y en B y C hay rótulas. Determinar:

a) Aceleración del punto G.
b) Ecuaciones que permiten determinar las acciones de enlace en A.
c) Energía cinética del rotor 5.

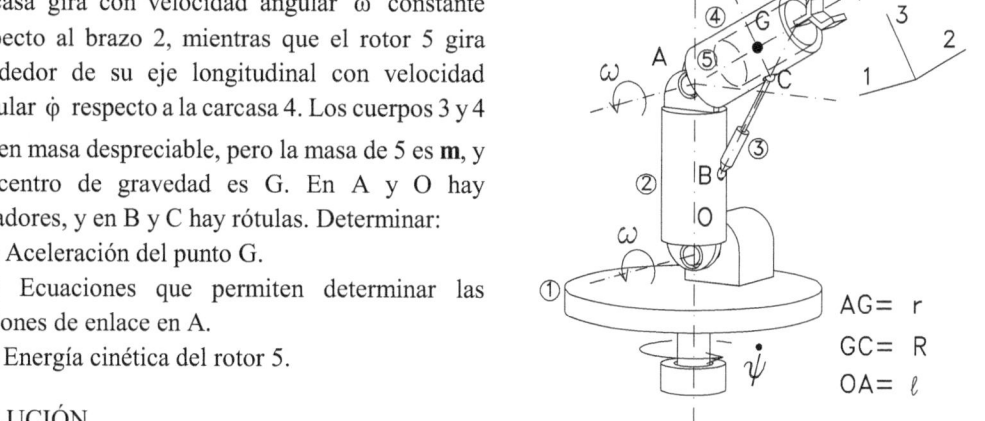

AG= r
GC= R
OA= ℓ

SOLUCIÓN

a) La aceleración del punto G del sólido 5 puede hallarse de diferentes maneras. Una de ellas es mediante una composición de movimientos, considerando como referencia fija el suelo y como referencia móvil la plataforma 1. Así, la aceleración de G es

$$\vec{a}_G = \vec{a}_a + \vec{a}_r + \vec{a}_c$$

El movimiento relativo que describe el punto G respecto a la plataforma se corresponde con un movimiento plano según el siguiente esquema:

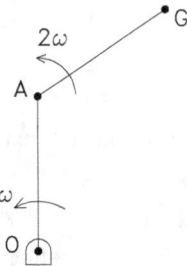

donde la velocidad angular del sólido 4 es 2ω conocida y constante. La aceleración relativa se halla relacionando el punto G con el punto A según

$$\vec{a}_G^r = \vec{a}_A^r + \vec{a}_{GA}^r$$

según se muestra en el siguiente diagrama.

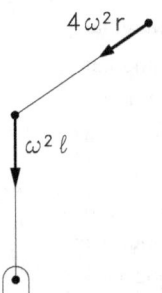

Y proyectada esta aceleración relativa en la base del enunciado:

$$\vec{a}_r = \begin{bmatrix} 0 \\ -\omega^2(\ell \,\mathrm{sen}\,\theta + 4r) \\ -\omega^2 \ell \cos\theta \end{bmatrix}$$

La aceleración de arrastre se puede hallar fácilmente al considerar el sistema de barras solidario de la plataforma:

5 Dinámica del espacio

$$\vec{a}_a = \begin{bmatrix} 0 \\ -\dot\psi^2 r\cos^2\theta \\ \dot\psi^2 r\cos\theta\,\mathrm{sen}\,\theta \end{bmatrix}$$

Para el cálculo de la aceleración de Coriolis es necesario conocer la velocidad relativa:

$$\vec{v}_G^r = \vec{v}_A^r + \vec{v}_{GA}^r = \begin{bmatrix} 0 \\ -\omega\ell\cos\theta \\ \omega(2r+\ell\,\mathrm{sen}\,\theta) \end{bmatrix} \quad (1)$$

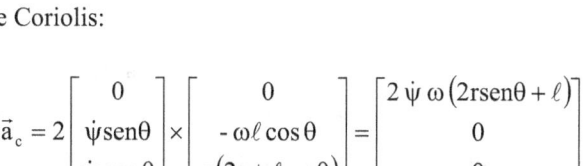

siendo la aceleración de Coriolis:

$$\vec{a}_c = 2\begin{bmatrix} 0 \\ \dot\psi\,\mathrm{sen}\,\theta \\ \dot\psi\cos\theta \end{bmatrix} \times \begin{bmatrix} 0 \\ -\omega\ell\cos\theta \\ \omega(2r+\ell\,\mathrm{sen}\,\theta) \end{bmatrix} = \begin{bmatrix} 2\dot\psi\,\omega(2r\,\mathrm{sen}\,\theta+\ell) \\ 0 \\ 0 \end{bmatrix}$$

La suma de los términos hallados da la aceleración absoluta del punto G

$$\vec{a}_G = \begin{bmatrix} 2\dot\psi\,\omega(2r\,\mathrm{sen}\,\theta+\ell) \\ -\dot\psi^2 r\cos^2\theta - \omega^2(\ell\,\mathrm{sen}\,\theta+4r) \\ \dot\psi^2 r\cos\theta\,\mathrm{sen}\,\theta - \omega^2\ell\cos\theta \end{bmatrix}$$

b) Para hallar las acciones de enlace en el punto A con un mínimo de ecuaciones, se hace necesario trabajar con el sólido 4 o con el sistema formado por el sólido 4 y el rotor 5. Sin embargo, no se conocen las condiciones de enlace entre estos dos sólidos, por lo que sólo se puede considerar el estudio del sistema formado por ambos. Como la carcasa 4 presenta una masa considerada despreciable frente a la masa del rotor, el centro de masas del sistema es el punto G, que es el punto más adecuado en este caso para aplicar el teorema del momento cinético, ya que permite el uso de la expresión simplificada de dicho teorema:

$$\vec{M}_G = \frac{d\vec{H}_G}{dt}$$

Dado que la masa del cuerpo 4 es despreciable, el momento cinético resultante es el correspondiente al del sólido 5. Éste es el producto de la matriz de inercia por la velocidad angular absoluta de dicho sólido, que es

$$\vec\Omega_5 = \vec{\dot\psi} + \vec\omega + \vec\omega + \vec{\dot\varphi}$$

La matriz de inercia es la correspondiente a un rotor simétrico respecto a G, puesto que la masa de la pinza es también despreciable. Así, el momento cinético es

$$\vec{H}_G = \mathbb{I}_G \vec{\Omega}_5 = \begin{bmatrix} I & 0 & 0 \\ 0 & I_2 & 0 \\ 0 & 0 & I \end{bmatrix} \begin{bmatrix} 2\omega \\ \dot{\psi}\text{sen}\theta + \dot{\varphi} \\ \dot{\psi}\cos\theta \end{bmatrix} = \begin{bmatrix} 2I\omega \\ I_2(\dot{\psi}\text{sen}\theta + \dot{\varphi}) \\ I\dot{\psi}\cos\theta \end{bmatrix} \quad (2)$$

La derivada del momento cinético se realiza mediante el operador derivada en base móvil, siendo la velocidad angular de la base

$$\vec{\Omega}_b = \vec{\dot{\psi}} + \vec{\omega} + \vec{\omega}$$

ya que una rotación del sólido debida a la velocidad angular $\dot{\varphi}$ no afecta a la matriz de inercia, al ser el sólido 5 un rotor simétrico respecto al eje de rotación de $\dot{\varphi}$. Hay que tener en cuenta que el ángulo θ que aparece en $\vec{H}_G$ no es constante y que su derivada temporal es 2ω, ya que la inclinación del eje del rotor 5 respecto de la horizontal varía tanto con la velocidad angular ω del sólido 2 como con la velocidad angular ω de la carcasa 4 (respecto del sólido 2). Por tanto:

$$\frac{d\vec{H}_G}{dt} = \frac{d\vec{H}_G}{dt}\bigg|_b + \vec{\Omega}_b \times \vec{H}_G = \begin{bmatrix} 0 \\ 2I_2\dot{\psi}\omega\cos\theta \\ -2I\dot{\psi}\omega\text{sen}\theta \end{bmatrix} + \begin{bmatrix} 2\omega \\ \dot{\psi}\text{sen}\theta \\ \dot{\psi}\cos\theta \end{bmatrix} \times \begin{bmatrix} 2I\omega \\ I_2(\dot{\psi}\text{sen}\theta + \dot{\varphi}) \\ I\dot{\psi}\cos\theta \end{bmatrix} = \begin{bmatrix} \dot{\psi}^2\text{sen}\theta\cos\theta(I-I_2) - I_2\dot{\psi}\dot{\varphi}\cos\theta \\ 2I_2\dot{\psi}\omega\cos\theta \\ \dot{\psi}\omega\text{sen}\theta(2I_2 - 4I) + 2I_2\omega\dot{\varphi} \end{bmatrix}$$

Para hallar el momento resultante de las acciones exteriores respecto el punto G, se dibuja el diagrama del sólido libre siguiente:

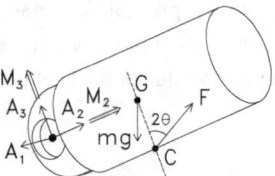

La fuerza del cilindro hidráulico 3 sobre la carcasa 4 tiene la dirección de la barra 3, al tener ésta masa despreciable. Las acciones en el punto A son del tipo visto en problemas anteriores. De este modo, el momento respecto a G de las acciones descritas en el diagrama es

$$\vec{M}_G = \vec{M}_2 + \vec{M}_3 + \overrightarrow{GA} \times \vec{A} + \overrightarrow{GC} \times \vec{F}$$

con lo que resultan tres ecuaciones escalares:

$$-A_3 r + FR\,\text{sen}\,2\theta = \dot\psi^2 \text{sen}\,\theta \cos\theta (I - I_2) - I_2 \dot\psi\,\dot\varphi \cos\theta \qquad (3)$$
$$M_2 = 2 I_2 \dot\psi\,\omega \cos\theta \qquad (4)$$
$$M_3 + A_1 r = \dot\psi\,\omega\,\text{sen}\,\theta (2 I_2 - 4 I) + 2 I_2 \omega\,\dot\varphi \qquad (5)$$

en las que aparecen un total de 5 incógnitas: F, A_1, A_3, M_2 y M_3. Se hace necesario plantear el teorema de la cantidad de movimiento:

$$\vec F = m\,\vec a_G$$

donde la aceleración del centro de masas G se ha calculado en el apartado a). Así:

$$A_1 = m\,a_{G_x} \qquad (6)$$
$$A_2 - mg\,\text{sen}\,\theta + F\,\text{sen}\,2\theta = m\,a_{G_y} \qquad (7)$$
$$A_3 - mg\cos\theta + F\cos 2\theta = m\,a_{G_z} \qquad (8)$$

siendo las ecuaciones (3), (4), (5), (6), (7) y (8) las seis que determinan la solución al problema.

c) Como no se halla un punto de velocidad cero para el rotor 5, se debe utilizar la expresión general de la energía cinética:

$$T = \frac{1}{2} m\,v_G^2 + \frac{1}{2}\vec\Omega \cdot \vec H_G$$

en la que se debe conocer la velocidad absoluta del centro de masas. Si se considera la composición de movimientos descrita en a), la velocidad $\vec V_G$ se determina según:

$$\vec v_G = \vec v_G^{\,a} + \vec v_G^{\,r}$$

siendo la velocidad de arrastre la velocidad del punto G moviéndose solidariamente con la plataforma:

$$\vec v_G^{\,a} = \begin{bmatrix} -\dot\psi\,r\cos\theta \\ 0 \\ 0 \end{bmatrix}$$

y la velocidad relativa se ha hallado en la expresión (1). La velocidad absoluta será la suma de ambos vectores:

$$\vec v_G = \begin{bmatrix} -\dot\psi\,r\cos\theta \\ -\omega\,\ell\cos\theta \\ \omega(2r + \ell\,\text{sen}\,\theta) \end{bmatrix}$$

Por otra parte, hay que recordar que $\vec H_G$ se ha calculado en (2), por lo que

$$\frac{1}{2}\vec{\Omega}\vec{H}_G = \frac{1}{2}[2\omega, \dot\psi\sin\theta+\dot\varphi, \dot\psi\cos\theta]\begin{bmatrix} 2I\omega \\ I_2(\dot\psi\sin\theta+\dot\varphi) \\ I\dot\psi\cos\theta \end{bmatrix}$$

y el resultado final es:

$$T = \frac{1}{2}m\left[(\dot\psi\, r\cos\theta)^2 + (\omega\ell\cos\theta)^2 + [\omega(2r+\ell\sin\theta)]^2\right] + \frac{1}{2}\left[4I\omega^2 + I_2(\dot\psi\sin\theta+\dot\varphi)^2 + I\dot\psi^2\cos^2\theta\right]$$

10.- El dispositivo de la figura está formado por el brazo 1, que gira accionado por un motor alrededor del eje vertical con velocidad angular constante y conocida, Ω, y por el brazo 2, que gira respecto a 1 con velocidad angular constante y conocida, ω, accionado por otro motor no visto y situado en A. La masa de ambos cuerpos es **m**, y se pueden considerar rotores simétricos respecto a su eje longitudinal. Concretamente, se tiene como dato la matriz de inercia del sólido 2 para el centro de masas según la base 123, así como la matriz de inercia del sólido 1 respecto de O en la base **xyz**. Determinar:

a) Las acciones de enlace en el punto O, estudiando el sistema descompuesto de los dos sólidos.

b) Las acciones de enlace en el punto O, pero estudiando el sistema de los dos sólidos conjuntamente.

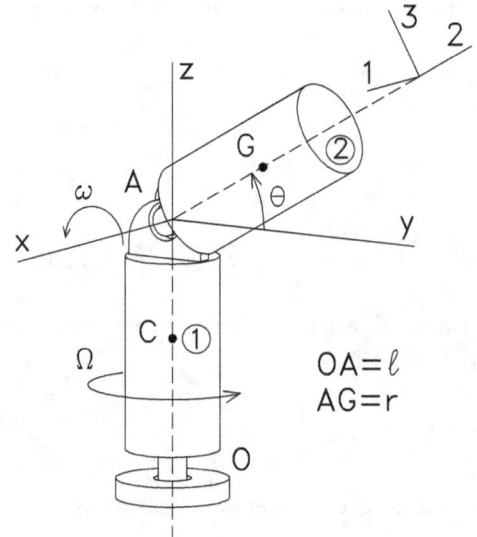

$OA = \ell$
$AG = r$

SOLUCIÓN

a) El primer paso consiste en estudiar el sistema formado por el sólido 2 para hallar las acciones de enlace en A y encontrar después las acciones de enlace en O estudiando el brazo 1. Los teoremas a plantear son los conocidos del momento cinético y de la cantidad de movimiento, utilizando la base 123 para el sólido 2 con el fin de tener una matriz de inercia diagonal.

Los puntos que ofrecen más ventajas para aplicar el momento cinético son G y A, puesto que en los dos se puede emplear la forma reducida del teorema del momento cinético. Si se aplica en A, la fuerza de enlace A no realiza momento respecto de este punto, por lo que se reducirá el número de incógnitas en esta ecuación. De este modo:

$$\vec{M}_A = \frac{d\vec{H}_A}{dt}$$

donde $\vec{H}_A$ es

$$\vec{H}_A = \mathrm{II}_A\vec{\Omega}$$

pero hay que tener en cuenta que se conoce la matriz de inercia respecto de G, por lo que hay que calcular

5 Dinámica del espacio

la matriz de inercia respecto de A aplicando Steiner:

$$II_A = II_G + II_A^* = \begin{bmatrix} I & 0 & 0 \\ 0 & I_2 & 0 \\ 0 & 0 & I \end{bmatrix} + \begin{bmatrix} mr^2 & 0 & 0 \\ 0 & 0 & 0 \\ 0 & 0 & mr^2 \end{bmatrix} = \begin{bmatrix} I+mr^2 & 0 & 0 \\ 0 & I_2 & 0 \\ 0 & 0 & I+mr^2 \end{bmatrix}$$

De este modo, resulta:

$$\vec{H}_A = \begin{bmatrix} I+mr^2 & 0 & 0 \\ 0 & I_2 & 0 \\ 0 & 0 & I+mr^2 \end{bmatrix} \begin{bmatrix} \omega \\ \Omega\mathrm{sen}\theta \\ \Omega\cos\theta \end{bmatrix} = \begin{bmatrix} I\omega+mr^2\omega \\ I_2\Omega\mathrm{sen}\theta \\ I\Omega\cos\theta+mr^2\Omega\cos\theta \end{bmatrix}$$

Para derivar $\vec{H}_A$ hay que utilizar el operador derivada en base móvil:

$$\frac{d\vec{H}_A}{dt} = \left.\frac{d\vec{H}_A}{dt}\right|_b + \vec{\Omega}_b \times \vec{H}_A$$

en la que $\vec{\Omega}_B$ es en este caso la velocidad angular absoluta del sólido, pues, aunque éste es un rotor simétrico, no lo es respecto del eje de rotación de ω. Hay que tener en cuenta que el ángulo θ no es constante y que su derivada temporal es ω:

$$\frac{d\vec{H}_A}{dt} = \begin{bmatrix} 0 \\ I_2\Omega\omega\cos\theta \\ -I\Omega\omega\mathrm{sen}\theta - mr^2\Omega\omega\mathrm{sen}\theta \end{bmatrix} + \begin{bmatrix} \omega \\ \Omega\mathrm{sen}\theta \\ \Omega\cos\theta \end{bmatrix} \times \begin{bmatrix} I\omega+mr^2\omega \\ I_2\Omega\mathrm{sen}\theta \\ I\Omega\cos\theta+mr^2\Omega\cos\theta \end{bmatrix} =$$

$$= \begin{bmatrix} (I-I_2)\Omega^2\mathrm{sen}\theta\cos\theta + mr^2\Omega^2\mathrm{sen}\theta\cos\theta \\ I_2\Omega\omega\cos\theta \\ (I_2-2I)\Omega\omega\mathrm{sen}\theta - 2mr^2\omega\Omega\mathrm{sen}\theta \end{bmatrix} \quad (1)$$

Para calcular la suma de momentos respecto de A, si se analiza el diagrama del sólido libre mostrado en la figura, se puede deducir que:

$$\vec{M}_A = \begin{bmatrix} M_1 - mgr\cos\theta \\ M_2 \\ M_3 \end{bmatrix}$$

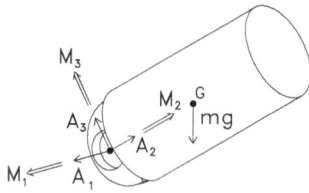

que al igualar a (1), da tres ecuaciones escalares:

$$M_1 - mgr\cos\theta = (I-I_2)\Omega^2\mathrm{sen}\theta\cos\theta + mr^2\Omega^2\mathrm{sen}\theta\cos\theta \quad (2)$$
$$M_2 = I_2\Omega\omega\cos\theta \quad (3)$$
$$M_3 = (I_2-2I)\Omega\omega\mathrm{sen}\theta - 2mr^2\omega\Omega\mathrm{sen}\theta \quad (4)$$

en las que aparecen tres incógnitas: M_1, M_2 y M_3.

Para plantear el teorema de la cantidad de movimiento, es necesario calcular la aceleración del centro de masas. Ésta se puede hallar mediante una composición de movimientos, siendo la referencia fija el suelo y la referencia móvil el brazo 1. Sin más detalle, el teorema resulta en tres ecuaciones escalares, en las que aparecen las nuevas incógnitas A_1, A_2 y A_3:

$$A_1 = 2\,m\,\Omega\,\omega\,r\,\text{sen}\theta \qquad (5)$$
$$A_2 - m\,g\,\text{sen}\theta = m(-\omega^2 r - \Omega^2 r \cos^2\theta) \qquad (6)$$
$$A_3 - m\,g\cos\theta = m\,\Omega^2 r\,\text{sen}\theta\cos\theta \qquad (7)$$

Como se ve, se tiene un sistema de seis ecuaciones y seis incógnitas, cada una de las cuales se puede hallar directamente de su ecuación. Esto no hubiese resultado así de haber aplicado el teorema del momento cinético en el punto G.

Conocidas, pues, las acciones de enlace en A, se procede a estudiar el brazo 1. En este caso es más apropiada la utilización de la base **xyz** por la misma causa que antes. También aquí la mejor opción es aplicar el teorema del momento cinético en el punto O, para eliminar incógnitas de las ecuaciones que se formen. Así pues:

$$\vec{M}_O = \frac{d\vec{H}_O}{dt}$$

y el momento cinético, dados los datos de que se dispone:

$$\vec{H}_O = \mathrm{II}_O\,\vec{\Omega} = \begin{bmatrix} I' & 0 & 0 \\ 0 & I' & 0 \\ 0 & 0 & I'_3 \end{bmatrix}\begin{bmatrix} 0 \\ 0 \\ \Omega \end{bmatrix} = \begin{bmatrix} 0 \\ 0 \\ I'_3\Omega \end{bmatrix}$$

que se deriva en base móvil:

$$\frac{d\vec{H}_O}{dt} = \left.\frac{d\vec{H}_O}{dt}\right|_b + \vec{\Omega}_b \times \vec{H}_O = \begin{bmatrix} 0 \\ 0 \\ \Omega \end{bmatrix} \times \begin{bmatrix} 0 \\ 0 \\ I'_3\Omega \end{bmatrix} = 0$$

En el diagrama del sólido libre del soporte vertical debe tenerse en cuenta el principio de acción y reacción:

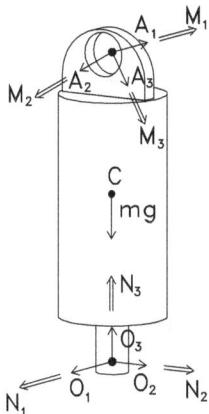

y las ecuaciones resultantes del teorema del momento cinético son:

$$N_1 - M_1 - A_3 \ell \sen\theta + A_2 \ell \cos\theta = 0 \quad (8)$$
$$N_2 + M_3 \sen\theta - M_2 \cos\theta - A_2 \ell = 0 \quad (9)$$
$$N_3 - M_3 \cos\theta - M_2 \sen\theta = 0 \quad (10)$$

y las del teorema de la cantidad de movimiento:

$$O_1 - A_1 = 0$$
$$O_2 + A_3 \sen\theta - A_2 \cos\theta = 0$$
$$O_3 - A_3 \cos\theta - A_2 \sen\theta - mg = 0$$

Halladas M_1, M_2, M_3, A_1, A_2 y A_3 de las ecuaciones (2), (3), (4), (5), (6) y (7), se hallan las incógnitas O_1, O_2, O_3, N_1, N_2 y N_3. Los valores obtenidos son los siguientes:

$$N_1 = (I - I_2)\Omega^2 \sen\theta\cos\theta + m\,r\,\ell\cos\theta\,(\omega^2 + \Omega^2) + m\,\Omega^2 r^2 \sen\theta\cos\theta + m\,g\,r\cos\theta$$
$$N_2 = I_2\Omega\,\omega\,(\cos^2\theta - \sen^2\theta) + 2\,I\,\Omega\,\omega\sen^2\theta + 2\,m\,\omega\,r\,\ell\sen\theta + 2m\,r^2\omega\,\Omega\sen\theta$$
$$N_3 = 2(I_2 - I)\Omega\,\omega\sen\theta\cos\theta - 2\,m\,\omega\,\Omega\,r^2\sen\theta\cos\theta$$
$$O_1 = 2\,m\,\Omega\,\omega\,r\sen\theta$$
$$O_2 = m\left(-\omega^2 r\sen\theta - \Omega^2 r\cos\theta\right)$$
$$O_3 = 2\,m\,g - m\,\omega^2 r\cos\theta$$

b) En este caso se halla el mismo resultado que en el apartado **a)**, pero estudiando el sistema formado por los dos sólidos. Los teoremas a plantear son los mismos que antes, pero al aplicarlos hay que tener en cuenta que los dos sólidos tienen masa.

El teorema del momento cinético se aplica en el punto O, que al ser un punto fijo simplifica la expresión del teorema del momento cinético al tiempo que elimina el momento resultante de la fuerza O.

$$\vec{M}_O = \frac{d\vec{H}_O}{dt}$$

Sin embargo, hay que tener en cuenta que $\vec{H}_O$ comprende el momento cinético de los dos cuerpos respecto de O, o sea

$$\vec{H}_O = \vec{H}_{O_1} + \vec{H}_{O_2}$$

y que luego habrá que derivar. Para mantener constante la matriz de inercia, cada momento cinético debe derivarse con el operador derivada en base móvil, siendo diferente la velocidad angular de la base para cada sólido; además, cada uno de ellos debe estudiarse con una base diferente. En estas circunstancias, el momento cinético de cada cuerpo debe calcularse por separado y también derivarse individualmente. Por ejemplo, para el sólido 1 el cálculo de $\vec{H}_{O_1}$ resulta igual que en el apartado **a)**, por lo que su derivada temporal es nula:

$$\frac{d\vec{H}_{O_1}}{dt} = 0$$

Para el sólido 2 la cuestión no resulta tan sencilla, y debe calcularse $\vec{H}_{O_2}$ mediante el teorema de Koenig, utilizando la base 123 (ya que el cálculo directo no se puede realizar en este caso porque el punto O no pertenece al sólido 2):

$$\vec{H}_{O_2} = \vec{H}_G + \overrightarrow{OG} \times m\,\vec{v}_G$$

$\vec{H}_G$ ahora se puede hallar directamente de los datos del enunciado:

$$\vec{H}_G = \mathbb{I}_G \vec{\Omega} = \begin{bmatrix} I\,\omega \\ I_2 \Omega \operatorname{sen}\theta \\ I\,\Omega \cos\theta \end{bmatrix}$$

y la velocidad de G se halla según la composición de movimientos descrita en a). Sustituyendo:

$$\vec{v}_G = \begin{bmatrix} -\Omega\,r\cos\theta \\ 0 \\ \omega\,r \end{bmatrix}$$

se llega al resultado:

$$\vec{H}_{O_2} = \begin{bmatrix} I\,\omega + m\,\omega\,r\,(\ell\operatorname{sen}\theta + r) \\ I_2 \Omega \operatorname{sen}\theta - m\,\Omega\,\ell\,r\cos^2\theta \\ I\,\Omega\cos\theta + m\,\Omega\,r\cos\theta\,(\ell\operatorname{sen}\theta + r) \end{bmatrix}$$

La derivada de $\vec{H}_{O_2}$ debe hacerse utilizando el operador derivada en base móvil, siendo la velocidad angular de la base la misma que en (1). En este caso hay que estar atento, puesto que no se deriva sólo éste término, sino todos los términos que aparecen en el teorema de Koenig. Así pues, $\overrightarrow{OG} \times m\vec{v}_G$ debe estar también en una proyección genérica, lo que se cumple con el movimiento indicado de la base. Hay que recordar que la derivada temporal del ángulo θ es ω:

$$\frac{d\vec{H}_{O_2}}{dt} = \begin{bmatrix} m\omega^2 r \ell \cos\theta \\ 2m\Omega\omega r \ell \cos\theta \sen\theta + I_2\Omega\omega\cos\theta \\ m\omega\Omega r \left[\ell\left(\cos^2\theta - \sen^2\theta\right) - r\sen\theta\right] - I\Omega\omega\sen\theta \end{bmatrix} + \begin{bmatrix} \omega \\ \Omega\sen\theta \\ \Omega\cos\theta \end{bmatrix} \times \begin{bmatrix} I\omega + m\omega r(\ell\sen\theta + r) \\ I_2\Omega\sen\theta - m\Omega\ell r\cos^2\theta \\ I\Omega\cos\theta + m\Omega r\cos\theta(\ell\sen\theta + r) \end{bmatrix}$$

siendo el resultado:

$$\left.\frac{d\vec{H}_O}{dt}\right|_{123} = \begin{bmatrix} (I - I_2)\Omega^2\sen\theta\cos\theta + m r \ell \cos\theta\left(\omega^2 + \Omega^2\right) + m\Omega^2 r^2 \sen\theta\cos\theta \\ 2 m \Omega \omega r \ell \sen\theta\cos\theta + I_2\Omega\omega\cos\theta \\ (I_2 - I)\Omega\omega\sen\theta - 2 m \omega \Omega r^2 \sen\theta - 2 m \Omega \omega \ell r \sen^2\theta - I\Omega\omega\sen\theta \end{bmatrix} = \begin{bmatrix} H_1 \\ H_2 \\ H_3 \end{bmatrix}$$

El diagrama de sólido libre del conjunto es ahora:

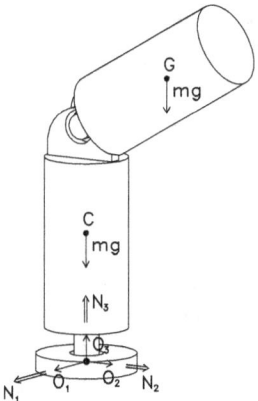

en el que, lógicamente, no deben aparecer las acciones de enlace en A por ser éstas interiores al sistema. Si ahora se quiere expresar el teorema en la base **xyz**, es necesario reproyectar el resultado de la derivada del momento cinético para el sólido 2 en esta base, de modo que resultará:

$$\left.\frac{d\vec{H}_{O_2}}{dt}\right|_{xyz} = \begin{bmatrix} H_1 \\ H_2\cos\theta - H_3\sen\theta \\ H_2\sen\theta - H_3\cos\theta \end{bmatrix}$$

Así pues, se forman las tres ecuaciones siguientes:

$$N_1 - m\,g\,r\cos\theta = H_1$$
$$N_2 = H_2\cos\theta - H_3\mathrm{sen}\theta$$
$$N_3 = H_2\mathrm{sen}\theta + H_3\cos\theta$$

Al aplicar el teorema de la cantidad de movimiento, hay que tener en cuenta que la aceleración presente es la aceleración del centro de masas del sistema, que se puede hallar según la igualdad:

$$m_1\vec{a}_{G1} + m_2\vec{a}_{G2} = (m_1 + m_2)\vec{a}_{GT}$$

En el apartado a) se ha calculado las aceleraciones de los centros de masa de cada uno de los sólidos, con lo que la aceleración del centro de masas del sistema total es:

$$\vec{a}_{GT} = \begin{bmatrix} \Omega\,\omega\,\mathrm{sen}\theta \\ \tfrac{1}{2}\left(-\omega^2 r\,\mathrm{sen}\theta - \Omega^2 r\cos\theta\right) \\ -\tfrac{1}{2}\omega^2 r\,\mathrm{sen}\theta \end{bmatrix}$$

y el teorema resulta en las tres ecuaciones siguientes:

$$O_1 = 2\,m\,\Omega\,\omega\,\mathrm{sen}\,\theta$$
$$O_2 = 2\,m\,\tfrac{1}{2}\left(-\omega^2 r\,\mathrm{sen}\,\theta - \Omega^2 r\cos\theta\right)$$
$$O_3 - 2\,m\,g = 2\,m\left(-\tfrac{1}{2}\omega^2 r\,\mathrm{sen}\,\theta\right)$$

Como se puede ver, seis ecuaciones con seis incógnitas, en las que, si se hallan correctamente, se comprobará que el resultado de este apartado **b)** coincide con el de **a)**.

Como conclusión, puede decirse en favor de este último método que sólo es necesario calcular seis incógnitas, frente a las doce necesarias si se opta por estudiar los cuerpos uno a uno. Sin embargo, el cálculo de la derivada del momento cinético resulta harto complicado por el hecho de tener que aplicar Koenig, utilizar bases de proyección diferentes para cada sólido y considerar un movimiento de la base diferente también. La complejidad y carga conceptual de esta parte aconseja, en este caso, el estudio por separado de los dos cuerpos, pues aunque se plantean más ecuaciones, el sistema resultante no es difícil de resolver, al determinarse cada incógnita por separado. Sólo en sistemas ciertamente particulares resulta útil considerar un sistema formado por dos cuerpos, como se ha visto en problemas anteriores.

5.2. Problemas propuestos

11.- La plataforma horizontal gira con velocidad angular ω y aceleración angular α. Sobre ella está montada un soporte que sostiene un rodillo de masa **m** que gira con velocidad angular **p**. En el extremo A del rodillo se ha montado un motor de par M. El apoyo B no puede absorber esfuerzos axiales. Determinar:

a) Velocidad y aceleración angulares del rodillo.

b) Par M necesario para que el rodillo gire con **p** constante.

c) Reacciones en los apoyos A y B.

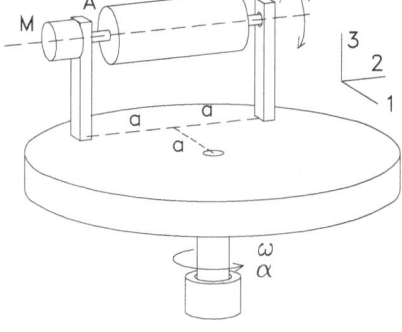

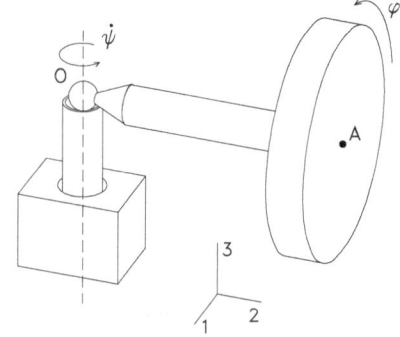

12.- El disco de masa **m** y radio **r** es solidario del árbol OA de longitud ℓ cuya masa es despreciable y tiene una rótula en O. El disco se considera de pequeño espesor y está girando con $\dot{\varphi}$ constante y conocida. Si el eje OA se mueve horizontalmente, determinar la velocidad $\dot{\Psi}$ de OA alrededor de la vertical.

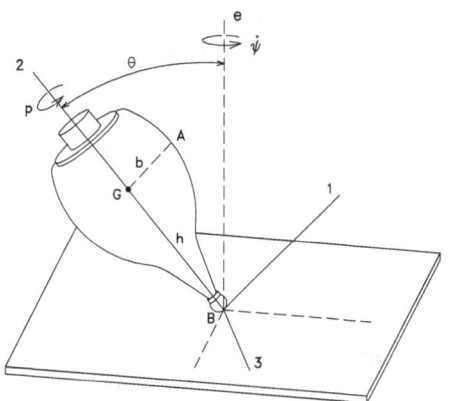

13.- La peonza de masa **m** de la figura se mueve con el punto B fijo sobre un plano vertical, y gira con velocidad angular **p** constante respecto al plano vertical B12. El eje 2 de la peonza gira en torno a la vertical Be con velocidad angular $\dot{\Psi}$ constante. El ángulo θ también es constante. El centro de masa es G. Se considera conocida la matriz de inercia de la peonza en B. Empleando la base de proyección 123, hallar:

a) Aceleración del punto A de la peonza.

b) Reacción del suelo en B.

c) Relación entre las velocidades angulares p y $\dot{\Psi}$.

14.- En el dispositivo de la figura, la semiesfera maciza homogénea de masa **m** gira con velocidad angular constante $\dot\varphi$ conocida respecto a la horquilla ACB bajo la acción del motor M_1. El motor M_2 de eje horizontal comunica a la horquilla una velocidad angular $\dot\theta$ y aceleración $\ddot\theta$ conocidas. El cojinete en A no determina fuerza axial. La masa del árbol AB es despreciable. Utilizando la base de proyección 123 de la figura, determinar:

a) Reacción en A.
b) Valor de M_1.

Datos: OG = c, OA = OB = l

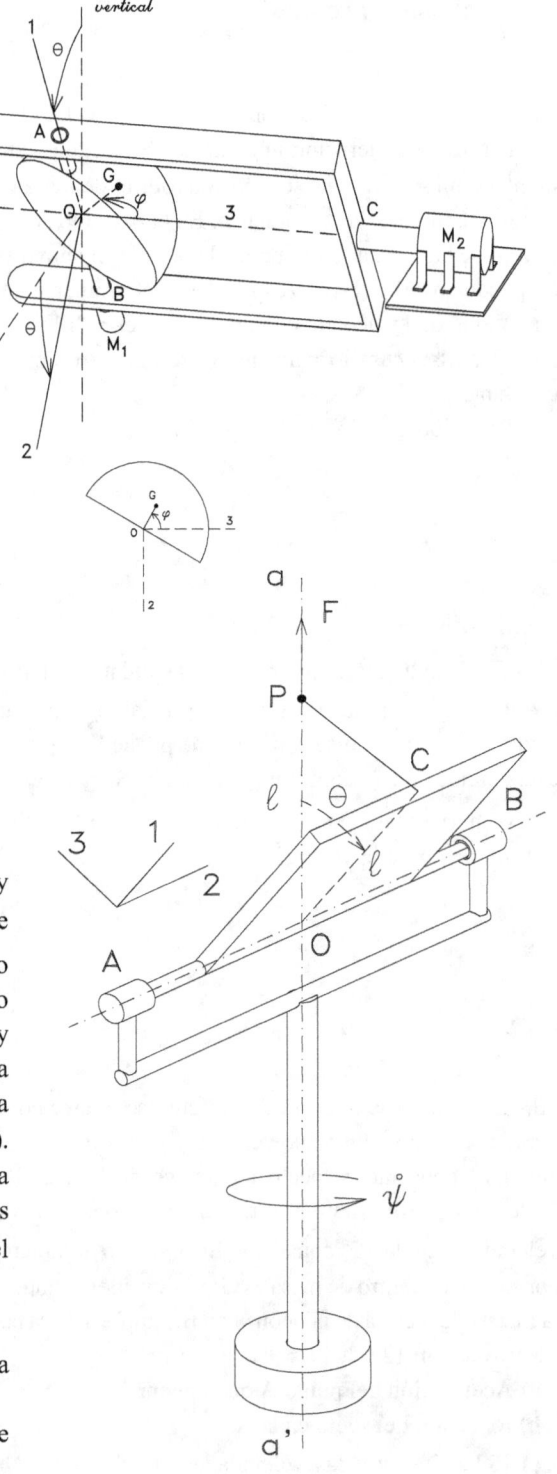

15.- La placa cuadrada homogénea de masa m y lado ℓ está montada sobre la horquilla AB que gira con velocidad angular $\dot\Psi$ constante en torno al eje vertical fijo. Por medio de un cable, sujeto en el punto medio C del lado superior de la placa y que pasa por un pequeño anillo fijo P que se halla en la vertical del eje, se realiza sobre la placa una fuerza F cuyo valor viene dado por $F = F_0 \sin(2\theta)$.

La placa parte del reposo relativo a la horquilla en posición horizontal y la distancia AB es aproximadamente igual a ℓ. Determinar para el instante genérico que se indica:

a) Velocidad angular $\dot\theta$
b) Valor de la reacción perpendicular a la placa en el apoyo A.

Datos: OP = OC = l, y se conoce la matriz de inercia de la placa para O.

16.- En el instante considerado en la figura, la plataforma gira alrededor del eje vertical BB' con velocidad angular ω y aceleración α conocidas. Sobre dicha plataforma se ha montado un motor cuyo rotor es solidario del disco que se muestra y que gira con velocidad angular $\dot\theta$, constante y conocida, respecto a la plataforma. En el punto B hay un pasador, y la inclinación φ del árbol BG se mantiene constante gracias al cable AC horizontal. La única masa apreciable es la del sistema rotor-disco cuyo valor es **m**, con centro de masa en G. Determinar:

  a) Momentos de las acciones de enlace en B.

  b) Componentes de la fuerza de enlace en B en la base **xyz**.

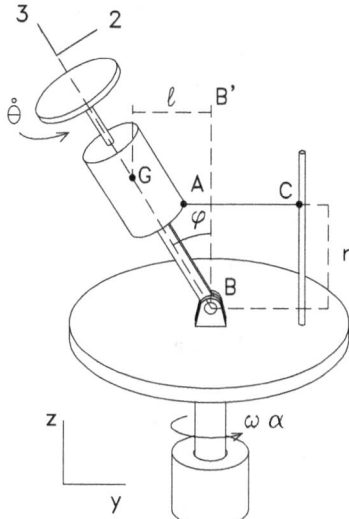

17.- El brazo de la figura gira con velocidad angular $\dot\Psi$ y aceleración angular $\ddot\Psi$ conocidas. El motor M_2, de momento conocido, obliga a girar en torno al eje AB al tambor de masa M, cuya velocidad, en el instante considerado, es ω conocida. El cable indicado en la figura se enrolla sobre el tambor y obliga a ascender al bloque de masa **m** con aceleración de módulo desconocido. Se considera despreciable el ángulo que forma el cable con la vertical. Si las únicas masas apreciables son las ya indicadas, y el cojinete en A no ejerce fuerza axial, determinar:

  a) Tensión del cable.

  b) Reacciones en los cojinetes A y B.

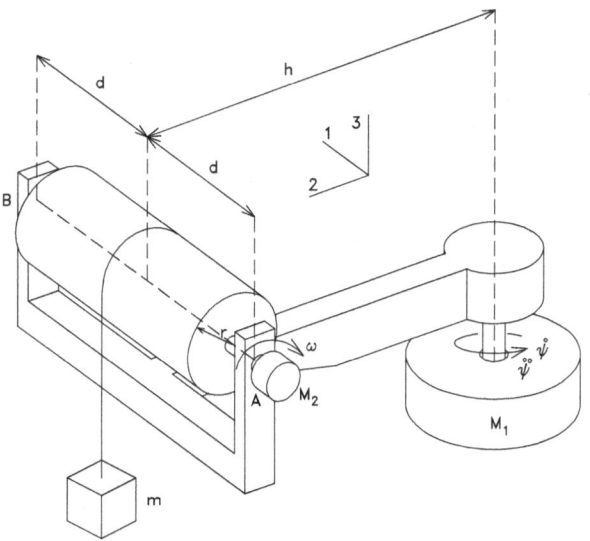

18.- La figura muestra un péndulo giroscópico formado por un soporte fijo que sostiene la barra en forma de T, cuya masa se considera despreciable, y que puede girar alrededor del eje AB. En el extremo G de la barra se ha montado un disco de masa **m** y radio R que gira respecto a la barra considerada con velocidad constante ω conocida. Si el sistema se abandona con el disco en rotación en la posición $\theta = 90°$ con $\dot{\theta} = 0$, hallar:

a) Reacciones en A y en B para una posición genérica en función del ángulo θ.

b) Valor que debe tener la velocidad angular ω para que se anule la reacción A_1 cuando el disco pasa por la posición más baja.

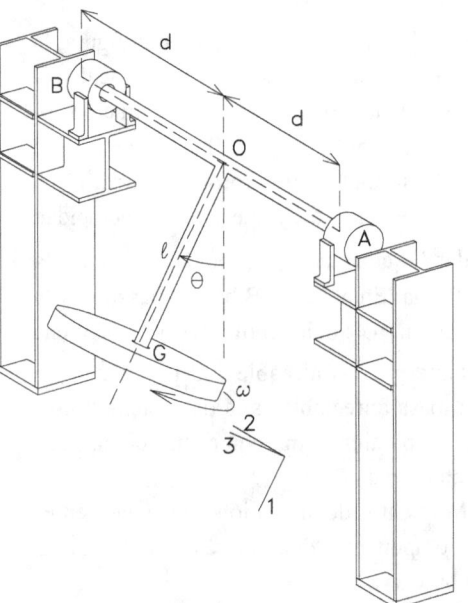

19.- La figura adjunta muestra el mecanismo del problema nº 8 modificado de tal forma que la anilla D está colgada de una prolongación del marco. Considerando que su matriz de inercia tiene la misma forma que antes y que su centro de gravedad no ve cambiada su posición, ¿cómo se modificarán las soluciones del problema nº 8 ?

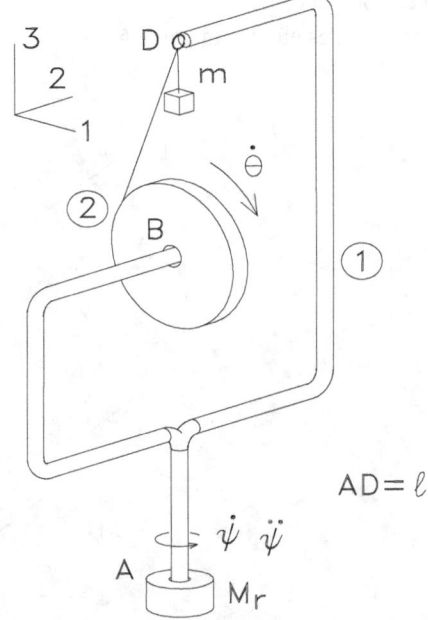

20.- Una pulidora está montada sobre la plataforma de la figura que gira con $\dot{\psi}$ constante. El disco pulidor junto con el rotor del motor constituyen un rotor simétrico en torno al eje EF, giran con $\dot{\theta}$ constante, y el conjunto tiene masa **m** con centro de masa en G. La carcasa del motor tiene masa despreciable. El cilindro hidráulico BD acciona la barra CE de manera que φ es constante. En C y E hay pasadores, y las restantes articulaciones son rótulas. La masa del cilindro hidráulico es despreciable así como la de las restantes barras de conexión. Determinar, usando la base de proyección de la figura:

   a) Aceleración del centro de masa G.
   b) Acciones de enlace en E.
   c) Fuerza D ejercida por el cilindro hidráulico en D.

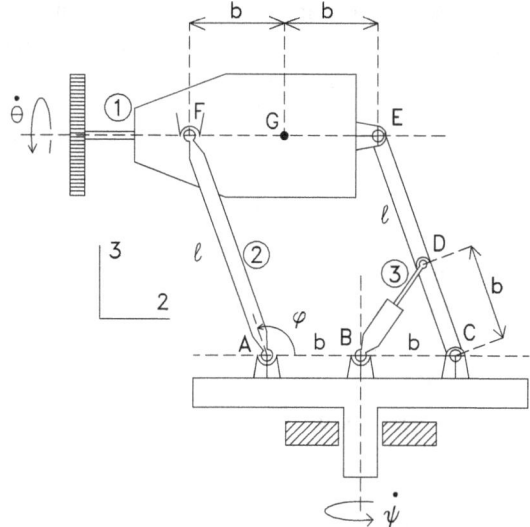

21.- En el dispositivo de la figura, el árbol vertical 4 gira con ω constante conocida. La barra AC gira con $\dot{\theta}$ constante conocida, respecto a 4, por la acción del cilindro hidráulico 3. El disco 1 tiene masa m y gira con Ω constante conocida respecto a la barra 2. En A y C hay pasadores mientras que en E y B hay rótulas. Las masas de la barra AC y del cilindro hidráulico se consideran despreciables. En el instante de la figura las líneas CD y BE son paralelas. Utilícese la base mostrada en la cual la dirección 3 es normal al plano ACD. Se pide para el instante considerado:

   a) Aceleración absoluta del punto A mediante composición de movimientos.
   b) Obtener el sistema de ecuaciones que permite determinar las acciones de enlace en C y la fuerza F del cilindro hidráulico en B.
   c) Energía cinética del disco.

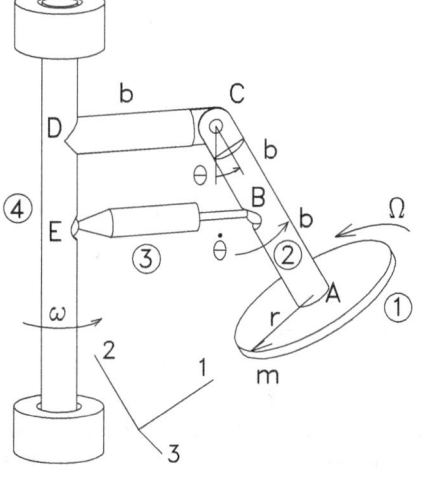

22.- La figura muestra un sistema formado por dos sólidos rígidos, el disco de masa m y la barra de longitud ℓ y cuya masa es despreciable. La barra se mueve alrededor del punto O fijo, gracias a la rótula en O, con $\dot\theta$ (alrededor de y) y ω_z conocidas pero no constantes. El disco se gira con ω constante y conocida respecto a la barra. Se puede considerar que el punto C está situado en el eje de la barra. En el transcurso del movimiento, el plano vertical que contiene la barra OC es invariable. Determinar:
a) Las ecuaciones escalares de los teoremas del momento cinético y cantidad de movimiento para el disco en el punto C.
b) Los valores de $\ddot\theta$ y $\dot\omega_z$ (máximo 3 ecuaciones escalares más).

Evaluación final 18/1/2000

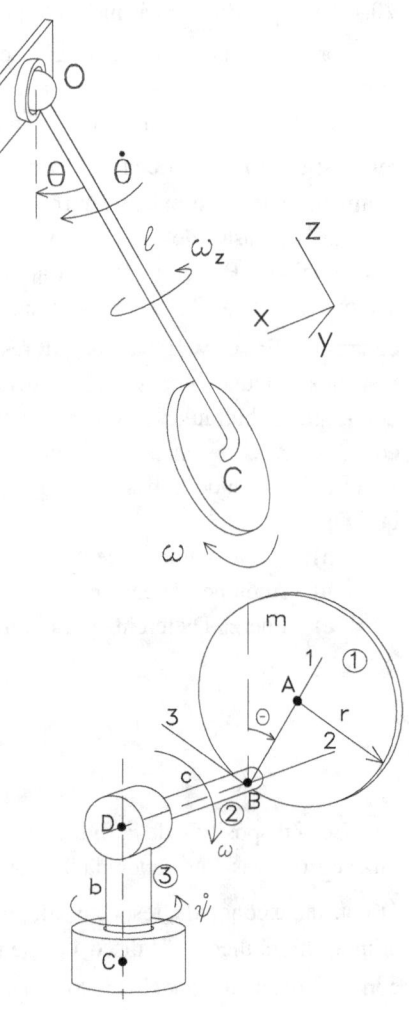

23.- Un disco 1 de radio **r** y masa **m** está soldado a la barra horizontal 2 en B. Ambos giran con velocidad angular ω conocida respecto al árbol vertical 3. El motor representado en la parte inferior obliga al conjunto a girar con velocidad angular $\dot\psi$ conocida. Los sólidos 2 y 3 tienen masas despreciables. Las distancias son: CD= b, DB= c, AB= r. Determinar:
a) El momento cinético H_C del sistema respecto del punto C, cuando $\theta = 0$. Expresar el resultado en la base (1,2,3) que se indica.
b) La energía cinética del sistema en el mismo instante. ($\theta = 0$)

24.- El árbol gira entorno del eje vertical con velocidad angular $\dot\psi$ constante y conocida. La barra 2, articulada al árbol 3 mediante una rótula en B, tiene velocidad angular $\dot\varphi$ y aceleración angular $\ddot\varphi$ conocidas respecto al árbol 3. Esta barra 2 se acciona por medio de un cilindro neumático, articulado por pasadores en C y D, el cual realiza una fuerza F de módulo desconocido. Finalmente, el disco 1 gira con velocidad ω constante y conocida respecte la barra 2. El disco es homogéneo, de masa **m**, radio **r** y espesor despreciable. Las masas de todos los demás sólidos son despreciables frente a la del disco. El dispositivo se mueve de manera que la reacción en B no tiene componente en la dirección perpendicular al plano definido por las rectas CB y BA (dirección **x** de la base indicada $B_x = 0$,).

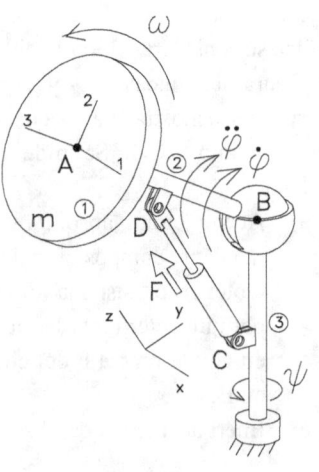

Para simplificar el problema, se considerara que las distancias del punto C al árbol vertical y del punto D a la barra 2 son nulas. Utilizando la base xyz que se ilustra, determinar, para el instante de la figura,
   a) La aceleración a_A del punto A del disco.
   b) La reacción D_y del cilindro sobre la barra 2 en la dirección y.
   c) La matriz de inercia del disco para al punto B en la base xyz.
   d) Las ecuaciones que permiten encontrar las reacciones en B y D.
   e) La fuerza F producida por el cilindro.

(Recomendación: aplicar el teorema del momento cinético en el punto B).

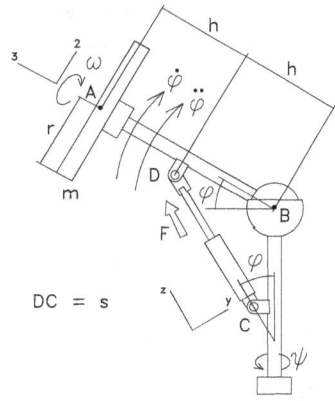

25.- En el dispositivo que se ilustra, el sólido 3 es un ángulo, constituido por dos perfiles en U soldados en C a 90°, que gira entorno del eje vertical con velocidad y aceleración angulares ω y α. El sólido tiene una masa **m** y un radio de giro **k** con respecto del eje vertical **z**. El rotor 2 consta de la esfera de centre O, de masa **m** y radio **r** y del arbol AB de extremos esféricos y masa despreciable. Este sólido gira, entorno de su eje AB, con velocidad y aceleración angulares ($\vec{\Omega}, \dot{\vec{\Omega}}$). Para conseguir que el movimiento de caida de la esfera se realice con $\dot{\varphi}$ constante se aplica la fuerza F indicada en el punto A. El sólido 1 es un soporte que incorpora un cojinete vertical para sostener el dispositivo, y permitir el giro vertical indicado, pero no incorpora ningún motor.

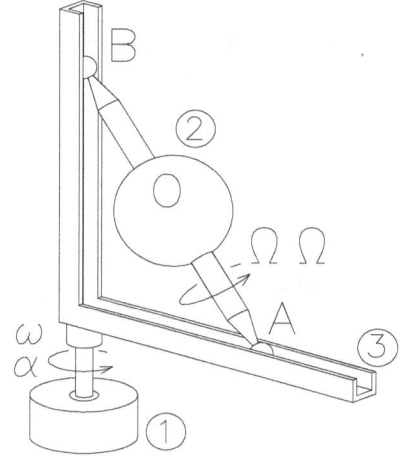

En el instante considerado se supondrán conocidos los valores de las velocidades angulares: ω, Ω y $\dot{\varphi}$. Todos los contactos son lisos. Determinar:
   a) La aceleración del centro O de la esfera, por composición de movimientos.
   b) La aceleración angular α_2 del rotor 2.
   c) El sistema de ecuaciones que permite determinar las reacciones en A y B, la fuerza F y las aceleraciones angulares α y $\dot{\Omega}$.

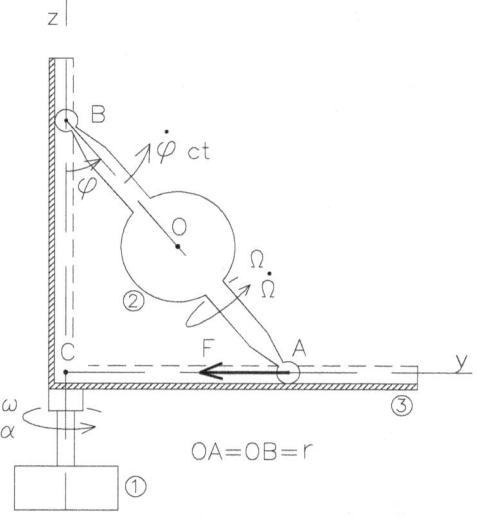

Evaluación final 27/6/2000

26.- El dispositivo de la figura consta de una guía circular horizontal que gira con velocidad angular ω constante y conocida alrededor del eje vertical OO' que pasa por el centro de la guía. En el instante que se ilustra se deposita sobre la guía una esfera de radio **r**, masa **m** y centro C, que puede rodar sin deslizar por la guía (Esto implica que, en este instante, la velocidad absoluta de su centro C es nula). Admitiendo que la reacción B_y es nula. Determinar:

   a) La velocidad angular de la esfera.
   b) La aceleración del punto C, en función de α_r (aceleración angular de la esfera respecto la guía).
   c) Sistema de ecuaciones que permite determinar el valor de las reacciones en A y B y el valor de α_r.

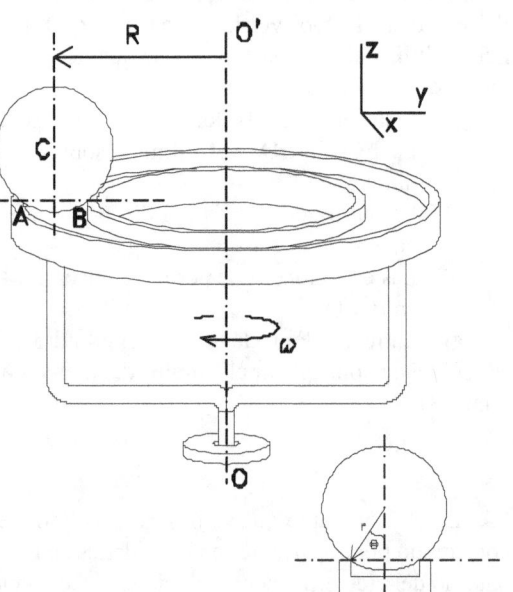

Evaluación final 9/1/2001

27.- En el ventilador de la figura se pueden distinguir tres sólidos: el brazo 1 (OC) de longitud 2ℓ y masa m; el estator 2, de masa **m** y soldado al brazo 1 en C; el conjunto rotor alabes, de masa **m** y que puede girar en el interior del estator alrededor del eje G_2G_3. Éste último gira con velocidad angular $\dot{\varphi}$ respecto del estator 2, mientras que éste y la barra 1 giran con velocidad angular ω, constante, como consecuencia de la acción de un par M (no representado) que se aplica sobre la barra en el punto O. Sabiendo que $OG_1 = G_1C = CG_2 = G_2G_3 = \ell$. Determinar:

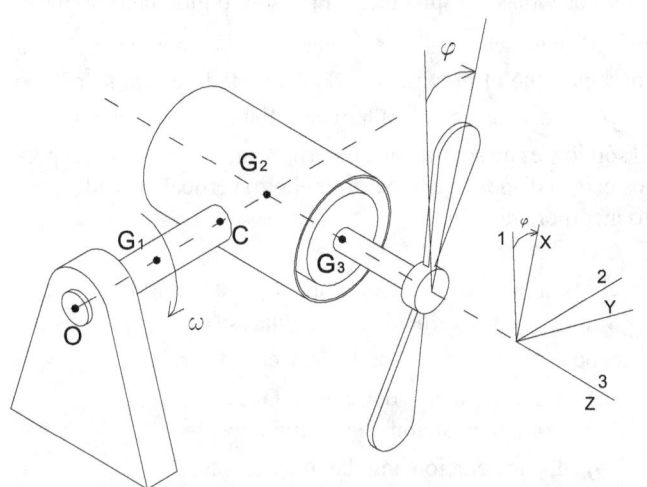

   a) La expresión de la derivada, respecto del tiempo, del momento cinético, respecto al punto G_2, del conjunto constituido por los sólidos 2 y 3
   b) El sistema de ecuaciones que permiten determinar las acciones de enlace en C

Expresar los resultado en la base 1,2,3

Evaluación final 15/1/2002

28.- En la figura se representa un sistema de accionamiento de un panel solar. El árbol vertical y la horquilla solidaria de éste giran con velocidad angular $\dot{\Psi}$ constante. Al propio tiempo un motor M, situado en el punto A de la horquilla, obliga al panel a girar, alrededor del eje AB, con velocidad angular **p** relativa a la horquilla.

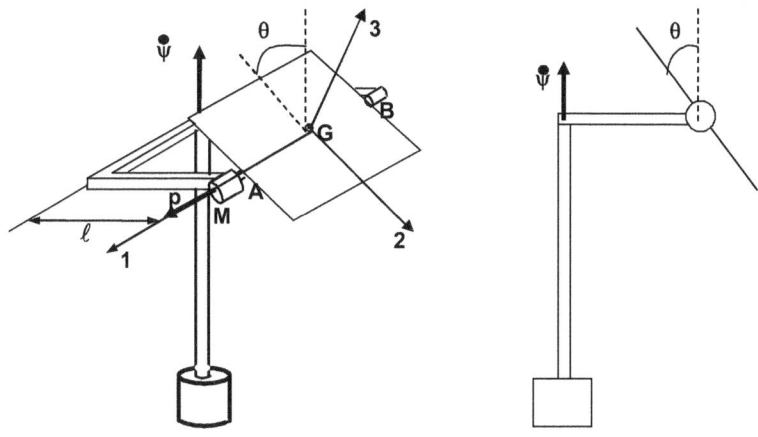

El cojinete en el apoyo B no puede absorber esfuerzos axiales. El panel se esquematiza mediante un sólido rígido de forma cuadrada, de arista 2**a** y espesor despreciable. $I_1 = 1/12 m (2a)^2 = 1/3 ma^2$. Determinar:

   a) La velocidad y la aceleración angulares del panel cuando éste forma un ángulo θ con la vertical.
   b) Aceleración del vértice superior derecho del panel.
   c) Reacciones en A y B y el par M que ha de suministrar el motor para que la rotación **p** sea constante.

Evaluación final 20/6/2003

29.- En el dispositivo de la figura el árbol 3 gira alrededor del eje fijo vertical AB con **p** constante y conocida. A su vez, la barra CD gira, respecto del árbol 3, con ω constante y conocida. En C y D existen articulaciones de pasador. El extremo E de la barra DE está obligado a moverse, por el interior de la ranura, a lo largo del eje AB. La barra DE tiene una masa **m** y una longitud 2ℓ. Sabiendo que el espesor de la barra 1 se puede considerar despreciable y que la reacción en E es horizontal y está contenida en el plano CDE, determinar:

   a) Aceleración a_E del punto E de la barra 1. Utilizar la base (xyz).
   b) Aceleración angular absoluta de la barra DE. Utilizar la base (xyz).
   c) Aceleración absoluta a_G del centro de masas de la barra 1. Utilizar la base (123).
   d) El sistema de ecuaciones que permite determinar las acciones de enlace en D y la reacción en E. Utilizar la base (123).

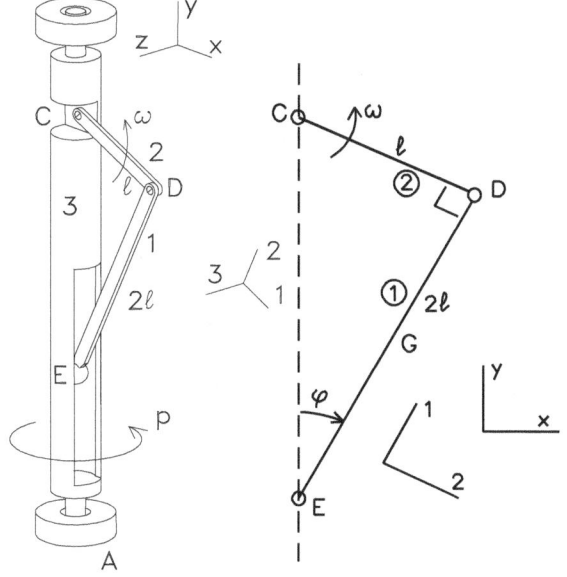

6. PROBLEMAS DE DINÁMICA PLANA

6.1. Problemas resueltos

1.- La rueda y las barras del dispositivo que se ilustran son homogéneas y se mueven en un plano vertical. La barra 1 tiene una masa **2m**; la barra 2 tiene masa **m**; la rueda, también de masa **m**, gira con velocidad angular ω y aceleración angular α conocidas, bajo la acción de un par de valor M dado. En el instante de la figura, el ángulo en B es recto y la línea GD pasa por A. Hallar, para este instante:

a) Velocidad angular ω_1 y aceleración angular α_1 de la barra 1.

b) Componentes de la reacción en A (utilícese el mínimo número de ecuaciones).

(Datos: AB = BG = GC = GD = ℓ).

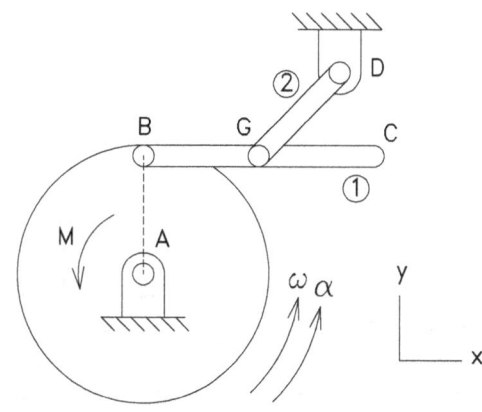

SOLUCIÓN

a) Para determinar la velocidad angular ω_1 determinaremos el CIR de la barra 1. Es inmediato ver que este CIR está en el punto A en el instante considerado. Por tanto, tendremos

$$\omega_1 = \frac{v_B}{\overline{BI_1}} = \frac{\omega \ell}{\ell} = \omega$$

$$\omega_2 = \frac{v_G}{\overline{GD}} = \frac{\omega_1 \cdot \overline{GI_1}}{\overline{GD}} = \frac{\omega \ell \sqrt{2}}{\ell} = \omega\sqrt{2}$$

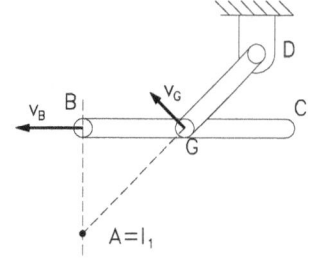

Para determinar la aceleración angular α_1 utilizaremos el punto B, ya que es un punto de enlace (o sea común a la rueda y a la barra 1) y expresaremos su aceleración sucesivamente como punto de la rueda y como punto de la barra, es decir:

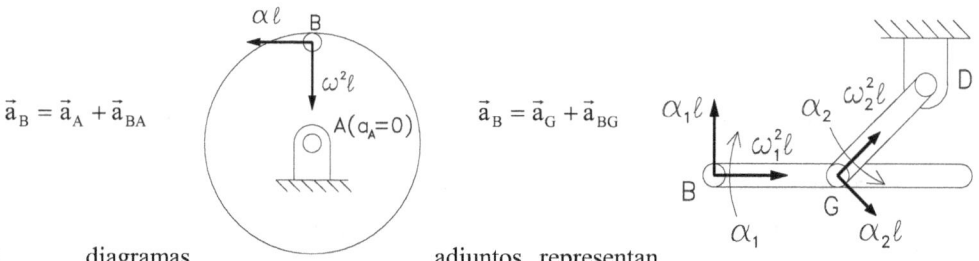

Los diagramas adjuntos representan gráficamente las fórmulas que acabamos de escribir. Nótese la importancia de atribuir sentidos positivos a las aceleraciones angulares, con objeto de poder trazar las aceleraciones tangenciales con el sentido correcto. Utilizando la base indicada en el enunciado e igualando las componentes de las dos expresiones de la aceleración de B, quedará

$$-\alpha\,\ell = \omega_1^2 \ell + \frac{\omega_2^2 \ell}{\sqrt{2}} + \frac{\alpha_2 \ell}{\sqrt{2}}$$

$$-\omega^2 \ell = \alpha_1 \ell + \frac{\omega_2^2 \ell}{\sqrt{2}} - \frac{\alpha_2 \ell}{\sqrt{2}}$$

Resolviendo este sistema y substituyendo los valores de ω_1 y ω_2 hallados antes se obtiene

$$\alpha_1 = -\alpha - 2\omega^2\left(1+\sqrt{2}\right) \quad\quad\quad \alpha_2 = -\omega^2\left(2+\sqrt{2}\right) - \alpha\sqrt{2}$$

b) Ahora ya estamos en condiciones de efectuar el análisis dinámico. Trazamos el diagrama de sistema libre para el disco, como se muestra en la figura adjunta. Adviértase que A_x puede determinarse *directamente* -o sea, con una única ecuación- aplicando el teorema del momento cinético en el *punto B*, ya que al tomar momentos en B no aparecerán las fuerzas incógnitas que pasan por este punto. Pero el teorema debe utilizarse en su forma general, *no la simplificada,* puesto que para el punto B no se cumple ninguna condición simplificadora. Tomando el sentido positivo que se indica a continuación para los momentos, nos quedará

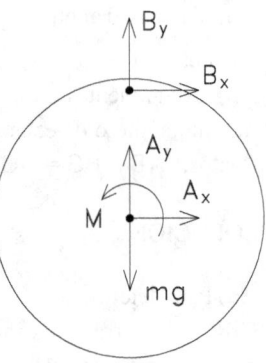

$$\left(M_B = I_G \alpha \pm m a_G d\right) \quad\quad A_x \ell + M = I_A \alpha$$

Por tanto, la fuerza A_x valdrá

$$A_x = \frac{I_A \alpha}{\ell} - \frac{M}{\ell}$$

donde $I_A = \frac{1}{2} m\ell^2$

Aplicando la segunda ley de Newton:

$$\left(F_y = m a_A^y = 0\right) \quad\quad A_y + B_y - mg = 0 \quad\quad (1)$$

Esta ecuación muestra que el mero análisis del disco no permite hallar A_y, que depende del valor desconocido B_y. Para determinar este último estudiaremos la barra 1, cuyo diagrama de sistema libre se acompaña. El teorema del momento cinético en G, con el sentido positivo que se señala, nos da

$$\left(M_G = I_G \alpha\right) \quad\quad B_y \ell = -I_G \alpha_1$$

El signo menos de α_1 obedece a que el sentido positivo elegido para los momentos -o sea para la rotación- es el antihorario y, en el apartado anterior, se ha elegido para α_1 el sentido horario, que es el contrario del actual. Con ello resulta

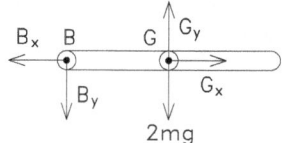

$$B_y = -\frac{I_G \alpha_1}{\ell}$$

Y sustituyendo en (1) tendremos

$$A_y = mg + \frac{I_G \alpha_1}{\ell}$$

en donde deben substituirse I_G y α_1 por sus valores. Es obvio que $I_G = \frac{1}{12} 2m(2\ell)^2 = \frac{2}{3}m\ell^2$

2.- La placa plana, homogénea y rectangular de la figura, cuyo centro de masa es el punto G, está articulada en B a la barra AB y se apoya en C en la barra CD. Dichas barras, de igual longitud ℓ, se mantienen paralelas entre sí mediante una barra vertical articulada con ambas. El peso de las barras es despreciable frente al de la placa. Suponiendo que ésta parte del reposo en la posición en que $\theta=0°$, determinar:

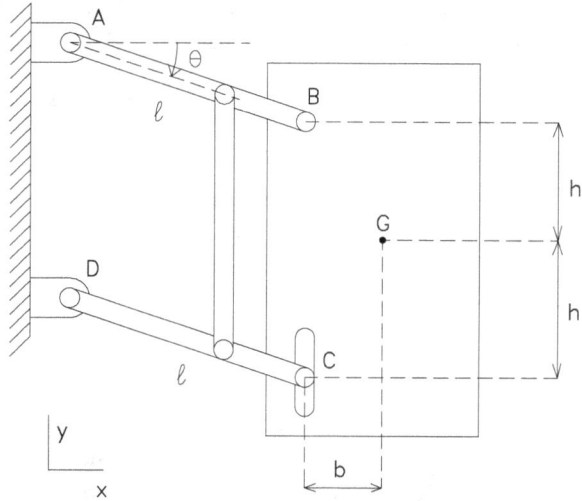

a) Velocidad lineal del bloque cuando $\theta=30°$.

b) Aceleración angular de la barra AB para $\theta=30°$.

c) Reacciones sobre el bloque en B y C en el mismo instante.

SOLUCIÓN

a) El sólido en cuestión describe un movimiento de traslación curvilínea consecuencia del movimiento paralelo de las dos barras que lo sostienen. El hecho de que se trate de un movimiento de traslación permanente implica que la velocidad angular y la aceleración angular del bloque serán nulas en todo instante y que, por tanto, la velocidad y aceleración de todos sus puntos será la misma.

Por otra parte, el hecho de que no existan fuerzas disipativas permite aplicar el teorema de conservación de la energía entre la posición inicial y una posición genérica cualquiera, de manera que las disminución de energía potencial implica un incremento igual de la energía cinética (la cual es nula en la posición inicial por partir del reposo), es decir:

$$-\Delta U = \Delta T$$

La disminución de la energía potencial puede calcularse fácilmente a partir del descenso del centro de masas:

$$-\Delta U = mg\ell \operatorname{sen}\theta$$

El incremento de energía cinética es su valor final por partir del reposo, en consecuencia:

$$\Delta T = \frac{1}{2} m v_G^2$$

e igualando ambas expresiones se deduce que:

$$v_G = \sqrt{2g\ell \operatorname{sen}\theta}$$

El hecho de tratarse de un movimiento de traslación implica, como ya se ha dicho, que todos los puntos de la placa tienen la misma velocidad. Concretamente, el punto B tiene la misma velocidad que G y, por tanto, la velocidad angular de la barra AB es:

$$\omega = \frac{v_B}{\ell} = \sqrt{\frac{2g\operatorname{sen}\theta}{\ell}}$$

Al haber encontrado una expresión genérica para la velocidad angular, ésta puede derivarse para hallar la aceleración angular, que resultará:

$$\dot{\omega} = \frac{d\omega}{dt} = \frac{d\omega}{d\theta}\dot{\theta} = \omega \frac{d\omega}{d\theta} = \frac{g}{\ell}\cos\theta$$

Para hallar las reacciones en los apoyos, será necesario analizar las fuerzas que actúan sobre la placa. Por tratarse de un sólido en movimiento plano, no se producirán fuerzas en la dirección ortogonal al plano del movimiento. En B aparecerá una reacción de módulo y dirección desconocida que dará lugar, por tanto, a dos componentes. En el apoyo C, por tratarse de un apoyo sobre una ranura lisa, se producirá una reacción de módulo desconocido y de dirección perpendicular a la ranura. En el centro de masas actuará el peso de la placa.

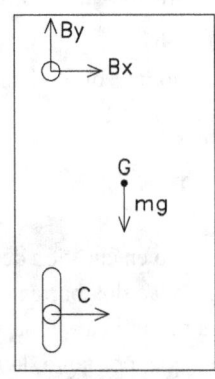

Una vez identificadas las acciones que se ejercen sobre el sólido, para aplicar los teoremas vectoriales será necesario calcular la aceleración lineal de centro de masa y la aceleración angular de la placa. Por tratarse de un movimiento de traslación permanente, ésta última será nula; en consecuencia:

$$\alpha = 0$$

El hecho de que el movimiento sea de traslación permanente permite, asimismo, afirmar que la aceleración de todos los puntos de la placa es la misma, por tanto:

$$\vec{a}_G = \vec{a}_B$$

Como el punto B pertenece simultáneamente a la placa y a la barra AB, se podrá escribir:

$$\vec{a}_G = \vec{a}_B = \omega^2 \overrightarrow{BA} + \dot{\vec{\omega}} \times \overrightarrow{AB} = \begin{bmatrix} -3g\text{sen}\theta\cos\theta \\ g(2-3\cos^2\theta) \end{bmatrix}$$

Conocidos los valores de las aceleraciones, lineal de G y angular de la placa, se podrán aplicar los teoremas vectoriales para el caso actual de movimiento plano.

Teorema de la cantidad de movimiento:

$$\Sigma\vec{F} = m\vec{a}_G$$

Da lugar a las ecuaciones:

$$B_x + C = -3mg\text{sen}\theta\cos\theta \quad (1)$$
$$B_y - mg = mg(2-3\cos^2\theta) \quad (2)$$

Teorema del momento cinético:

$$\Sigma M_G = I_G \alpha = 0$$

que proporciona la ecuación escalar

$$bB_y + h(B_x - C) = 0 \qquad (3)$$

De la ecuación (2) se obtiene directamente:

$$B_y = 3mg\text{sen}^2\theta$$

y resolviendo el sistema constituido por las ecuaciones (1) y (3) se llega a:

$$B_x = -\frac{3}{2}mg\text{sen}\theta\left(\cos\theta + \frac{b}{h}\text{sen}\theta\right)$$

$$C = -\frac{3}{2}mg\text{sen}\theta\left(\cos\theta - \frac{b}{h}\text{sen}\theta\right)$$

3.- Dos barras homogéneas, de masa **m** cada una, están situadas en un plano vertical y articuladas tal como se indica. La figura representa el instante inicial, en el cual la barra OA está en posición vertical mientras que la AB está horizontal. El sistema se pone en movimiento en esta posición con $\omega_1 = 0$ y ω_2 conocida. Determinar, en el instante considerado:

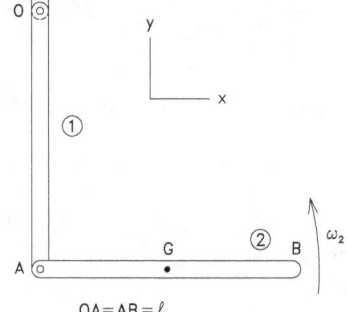

OA = AB = ℓ

a) Aceleración angular de la barra 2.
b) Reacción horizontal A_x sobre la barra 2

SOLUCIÓN

a) En el diagrama adjunto se señalan los sentidos positivos para las aceleraciones angulares. Es evidente que utilizando la base indicada podemos escribir

$$\vec{a}_A = \vec{a}_O + \vec{a}_{AO} = 0 + \alpha_1 \ell \, \vec{i} = \alpha_1 \ell \, \vec{i}$$

Analicemos la barra 2 cuyo diagrama de sistema libre se acompaña. Para hallar α_2 aplicaremos el teorema del momento cinético en A. Como $\vec{a}_A$ pasa por el centro de masa G de 2, el teorema adoptará la forma simplificada. Tomando para los momentos el sentido positivo que se señala, tendremos

$$\curvearrowright_+ \quad (M_A = I_A \alpha) \qquad -mg\frac{\ell}{2} = \frac{1}{3}m\ell^2 \alpha_2$$

y por tanto

$$\alpha_2 = -\frac{3g}{2\ell} \;\curvearrowright$$

b) Antes de aplicar el teorema de la cantidad de movimiento para 2 calcularemos $\vec{a}_G$, que vale:

$$\vec{a}_G = \vec{a}_A + \vec{a}_{GA}$$

y por tanto su componente x será:

$$a_G^x = \alpha_1 \ell - \omega_2^2 \frac{\ell}{2}$$

Por tanto, la suma de fuerzas para la barra 2, teniendo en cuenta el diagrama de sistema libre que se acompaña, valdrá:

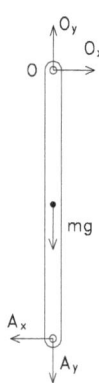

$$\left(F_x = ma_G^x\right) \qquad A_x = m\left(\alpha_1 \ell - \omega_2^2 \frac{\ell}{2}\right) \qquad (1)$$

La presencia de dos incógnitas indica que es menester una nueva ecuación para hallar A_x. La suministrará el análisis de la barra 1, cuyo diagrama de cuerpo libre se da. Adviértase que, por el principio de acción y reacción, la fuerza en A tiene las mismas componentes que en el diagrama para la barra 2, pero en *sentido contrario*. Tomando para los momentos el sentido positivo que se señala, tendremos

$$\left(M_O = I_O \alpha\right) \qquad -A_x \ell = \frac{1}{3} m \ell^2 \alpha_1 \qquad (2)$$

Ahora es inmediato resolver el sistema formado por las ecuaciones (1) y (2), y resultará

$$A_x = -\frac{1}{8} m \omega_2^2 \ell$$

De paso, es inmediato calcular, aunque no se pide en el enunciado, que el valor para α_1 es

$$\alpha_1 = \frac{3}{8} \omega_2^2$$

4.- Un bloque homogéneo, de masa **m**, está soportado del modo que se indica, mediante unos soportes y rodillos cuya masa es despreciable. En un instante determinado, el soporte B cede repentinamente. Encontrar en este momento los valores de la reacción en A y de la aceleración del punto A. (Se supone conocido I_G).

SOLUCIÓN

El cuerpo está inicialmente en reposo, pero en el momento en que el soporte B cede, el cuerpo adquiere una aceleración angular desconocida y que no se puede calcular por métodos cinemáticos. Se requiere, pues, en este caso, el uso de las relaciones dinámicas. En este instante, las

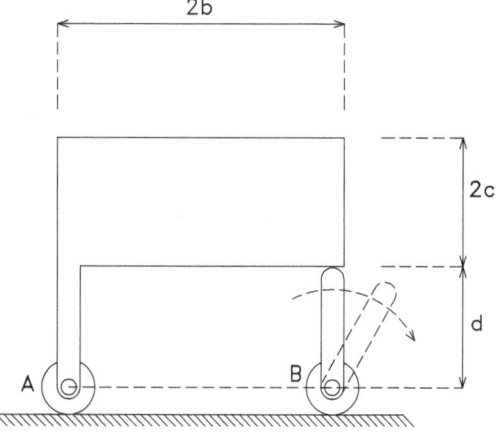

acciones que tienen lugar sobre el cuerpo son el peso y la fuerza de contacto de A con el suelo, que, siendo la masa de los rodillos despreciable, tiene dirección vertical. Así, el diagrama del sólido libre para el cuerpo es el que se ilustra en la figura siguiente.

Como se ve, la única incógnita presente es precisamente la reacción en A.

Las ecuaciones necesarias se deducen de los habituales teoremas de la cantidad de movimiento y del momento cinético, este último, aplicado en el centro de masas G, para trabajar con su expresión simplificada. Se tiene así:

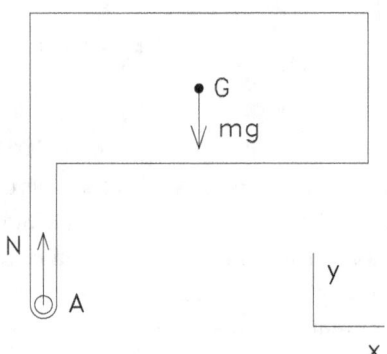

$$\vec{F} = m\vec{a}_G$$
$$M_G = I_G \alpha$$

De un primer análisis, se podría extraer que tenemos un sistema de tres ecuaciones con cuatro incógnitas: la reacción en A, α y las dos componentes de la aceleración del centro de masas. Sin embargo, esto no es así, puesto que el número de coordenadas independientes del sólido es dos: la posición del punto A (sólo se puede desplazar horizontalmente) y la rotación del cuerpo. De este modo, el número real de incógnitas cinemáticas es dos.

Por tanto, realmente tenemos un sistema determinado de tres ecuaciones con tres incógnitas: A, α, a_G. Observando ahora que la resultante de las fuerzas que actúan sobre el cuerpo tiene dirección vertical, se concluye que la aceleración de G deberá ser vertical también, con lo cual el polo de aceleraciones J (por ser un instante en el que $\omega = 0$ y $\alpha \neq 0$) se obtiene trazando perpendiculares a las direcciones de las aceleraciones de A y de G. De ahí que:

$$a_G = \alpha b$$
$$a = \alpha(d+c)$$

y por tanto

$$a = \frac{a_G(d+c)}{b} \qquad (1)$$

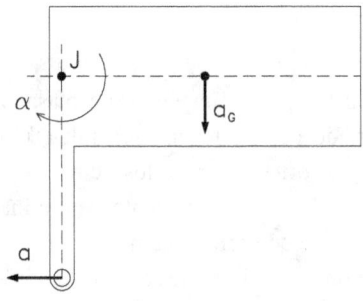

Con lo cual el número de incógnitas se reduce a la reacción N y a una incógnita cinemática: se escoge $\mathbf{a}_G$. En estas condiciones, es suficiente plantear el teorema de la cantidad de movimiento en la dirección del eje **y**:

$$N - mg = -ma_G \qquad (2)$$

y el teorema del momento cinético en G:

$$Nb = I_G \frac{a_G}{b} \qquad (3)$$

formándose un sistema de dos ecuaciones con dos incógnitas. Resolviéndolo, se obtiene:

$$a_G = \frac{mgb^2}{mb^2 + I_G}$$

y ahora, aplicando (1):

$$a = \frac{mgb(d+c)}{mb^2 + I_G}$$

Sustituyendo ahora a_G en (2), se halla N:

$$N = \frac{mgI_G}{mb^2 + I_G}$$

Donde es fácil deducir que el valor de I_G es $I_G = \frac{1}{3}m(b^2+c^2)$:

5.- El sistema de la figura se mueve en un plano vertical y el disco rueda sin deslizar. La masa de la barra OA es despreciable, la barra AB y el disco son homogéneos y de masa **m** cada uno de ellos. El resorte, de longitud natural nula, tiene una rigidez conocida **k**. Las barras tienen longitud ℓ.

Si el sistema parte del reposo en $\theta=0$, determinar el valor de ω cuando la barra OA pase por la posición $\theta=60°$.

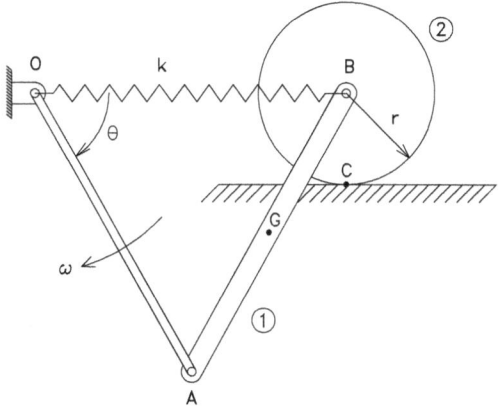

SOLUCIÓN

Como la magnitud pedida es una velocidad, aplicaremos el método energético. La figura muestra el diagrama de fuerzas para el sistema *total*. Consideremos previamente dos cuestiones: ¿cuáles son las fuerzas del diagrama que no trabajan?; para las demás ¿cuáles tienen energía potencial con expresión conocida?

Evidentemente la reacción en O no trabaja por ser O fijo. Tampoco trabaja la reacción en C pese a tener una componente horizontal debida al rozamiento. En efecto, el trabajo elemental de la reacción en C es

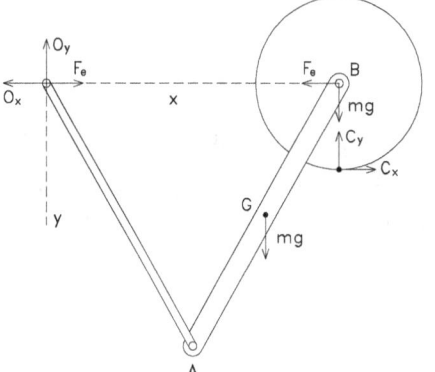

$$dW = \vec{C} \cdot \vec{dr} = \vec{C} \cdot \vec{v}_C \, dt = 0$$

ya que el punto de contacto C tiene velocidad $v_C = 0$ al no deslizar.

Las demás fuerzas son conservativas -pesos y fuerzas F_e elásticas-, con expresiones bien conocidas para su energía potencial. O sea, todas las fuerzas que actúan sobre el sistema y trabajan tienen también energía potencial conocida. Podemos, pues, aplicar el teorema de conservación de la energía mecánica:

$$T + U = \text{cte}$$

lo que significa que la suma de energía cinética y potencial para el sistema en la posición inicial es igual a la suma de ambas energías en la posición final. Con ello, el problema se reduce a calcular las expresiones de ambas energías. Señalemos que el sistema tiene una única coordenada independiente: mediante el ángulo θ de la figura queda definida la posición del sistema en un instante cualquiera. Así, usando la referencia Oxy, las coordenadas de los puntos B y G serán:

$$x_B = 2\ell \cos\theta, \qquad \left.\begin{array}{l} x_G = \dfrac{3\ell}{2}\cos\theta \\[2mm] y_G = \dfrac{\ell}{2}\operatorname{sen}\theta \end{array}\right\}$$

expresiones genéricas que, derivadas respecto el tiempo, dan

$$v_B = -2\ell\omega\operatorname{sen}\theta, \qquad \left.\begin{array}{l} \dot{x}_G = -\dfrac{3\ell\omega}{2}\operatorname{sen}\theta \\[2mm] \dot{y}_G = \dfrac{\ell\omega}{2}\cos\theta \end{array}\right\}$$

donde se ha utilizado $\dot{\theta} = \omega$. Con ello, la velocidad de G vale

$$v_G^2 = \dot{x}_G^2 + \dot{y}_G^2 = \frac{\ell^2\omega^2}{4}\left(\cos^2\theta + 9\operatorname{sen}^2\theta\right)$$

y la velocidad angular ω_2 del disco será

$$\omega_2 = -\frac{v_B}{r} = \frac{2\ell\omega}{r}\operatorname{sen}\theta$$

donde el signo negativo obedece a que el sentido positivo para ω_2 tomado en la figura adjunta es contrario al inducido por la rotación en torno a C por v_B (cuyo sentido positivo es el de x_B).

La energía cinética T_1 de la barra 1 puede calcularse aplicando el teorema de König

$$T_1 = \frac{1}{2}mv_G^2 + \frac{1}{2}I_G\omega^2$$

donde se ha tenido en cuenta que $\omega_1 = \omega$, además v_G deberá substituirse por el valor hallado antes e I_G viene dado por $I_G = \dfrac{1}{12}m\ell^2$

Señalemos que, como la barra 1 tiene movimiento plano, su movimiento instantáneo es una rotación en torno a su CIR I_1. Con ello se podría escribir

$$T_1 = \frac{1}{2}I_{I_1}\omega^2$$

pero el cálculo del momento de inercia en torno a I_1 exigiría la aplicación del teorema de Steiner.

La energía cinética T_2 del disco es de cálculo inmediato, teniendo en cuenta que realiza una rotación en torno a C. Es decir

$$T_2 = \frac{1}{2}I_C\omega_2^2 \quad \text{con} \quad I_C = \frac{3}{2}mr^2$$

Como consecuencia de los resultados obtenidos, la expresión de la energía cinética T del sistema, para una posición genérica y en función de ω, es la siguiente:

$$T = T_1 + T_2 = \frac{1}{8}m\ell^2\omega^2(\cos^2\theta + 9\text{sen}^2\theta) + \frac{1}{24}m\ell^2\omega^2 + 3m\ell^2\omega^2\text{sen}^2\theta \quad (1)$$

donde aún no se han reducido términos semejantes.

Pasemos al cálculo de las energías potenciales. La energía potencial gravitatoria del sistema, *si el nivel cero se toma en la horizontal por O,* vale

$$U_g = -\frac{mg\ell}{2}\text{sen}\theta$$

La energía elástica será

$$U_e = \frac{1}{2}k\delta^2 = \frac{1}{2}k(2\ell\cos\theta)^2 = 2k\ell^2\cos^2\theta$$

con lo que la energía potencial total será

$$U = U_g + U_e = -\frac{mg\ell}{2}\text{sen}\theta + 2k\ell^2\cos^2\theta \quad (2)$$

La conservación de la energía mecánica exige, como se señaló anteriormente, la siguiente igualdad entre energías iniciales y finales:
$$T_i + U_i = T_f + U_f$$

Teniendo en cuenta las expresiones (1) y (2) para las energías, y recordando que $\theta = 0°$, $\omega = 0$ en el instante inicial y que $\theta = 60°$ para el final, la conservación de la energía que acabamos de considerar nos dará:

$$2k\ell^2 = T(60°) + \frac{k\ell^2}{2} - \frac{mg\ell}{2}\text{sen}60°$$

donde $T(60°)$ es la energía cinética (1) para $\theta = 60°$. Esta última expresión es una ecuación con la única incógnita ω, que es inmediato despejar.

6.- El dispositivo de la figura está situado en un plano vertical. El disco de masa **m**, que gira en torno del punto fijo C, arrastra el bloque de masa **m** mediante el cable inextensible que se indica. El sistema se propulsa mediante la fuerza F, desconocida, que actúa en el extremo A de la barra. La corredera A está restringida a moverse siguiendo la guía vertical. La barra 1 tiene masa **m** y todos los contactos son lisos. En el instante que se ilustra, el sistema parte del reposo y el disco tiene únicamente una aceleración angular α conocida. Determinar en este instante:

a) Valores de α_1 y a_G.

b) Valor de la fuerza F.

c) Reacción de la guía en el contacto con el extremo A. (Utilícese una única ecuación.)

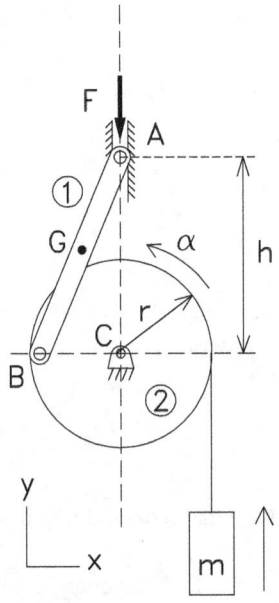

SOLUCIÓN

a) Dado que el sistema parte del reposo en este instante, ninguna barra tiene velocidad angular y ningún punto está animado de velocidad lineal.

Establecida la premisa anterior se puede iniciar el estudio de la barra 1. Por las condiciones de ligadura, el punto A sólo puede tener aceleración en la dirección de la guía vertical. El punto B, por su parte, pertenece a los sólidos 1 y 2, pero su aceleración es, evidentemente, única. Dado que el disco 2 está animado de una aceleración angular α, la aceleración lineal del punto B será también vertical.

El hecho de que las aceleraciones de dos puntos de la barra 1 tengan la misma dirección, junto con la circunstancia de que en este instante el sólido no tenga velocidad angular, permite afirmar que la barra 1 no tiene aceleración angular: $\alpha_1 = 0$. En efecto, la relación entre las aceleraciones de A y B, que pertenecen al mismo sólido, puede expresarse mediante:

$$\vec{a}_A = \vec{a}_B + \vec{\alpha}_1 \times \overrightarrow{BA}$$

Caso de existir α_1, el producto de esta aceleración angular por el vector $\overrightarrow{BA}$ sería perpendicular a este último y, en consecuencia, las aceleraciones de A y B no podrían ser paralelas.

Una vez deducido que $\alpha_1 = 0$ es fácil establecer que, dado que además, en este momento, el sólido 1 está realizando un movimiento de traslación instantánea;, todos sus puntos tienen, en este instante, la misma velocidad y también la misma aceleración, es decir:

$$\vec{a}_G = \vec{a}_A = \vec{a}_B = -\alpha r \, \vec{j}$$

b) Para encontrar el valor de la fuerza F, será necesario realizar un análisis de las fuerzas que actúan sobre cada uno de los sólidos que constituyen el sistema.

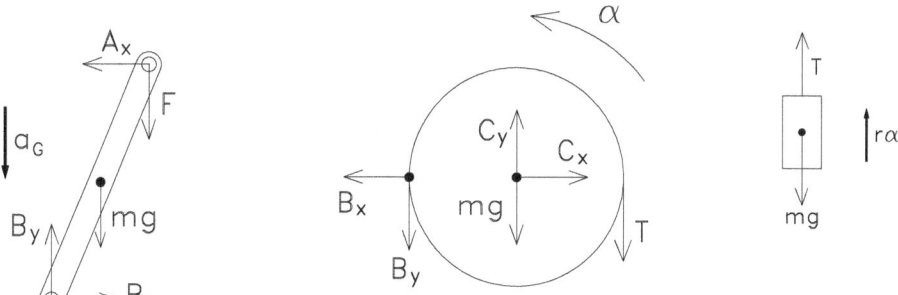

En el diagrama de sólido libre de la barra 1 puede verse que en el extremo B actúan dos componentes derivadas de que existe una articulación. En el extremo A actúa por una parte la fuerza F vertical y por otra la reacción del apoyo que, al ser liso, es perpendicular a la guía. En el centro de masa existirá la acción del peso de la barra.

El diagrama de sólido libre del disco incluye las reacciones en la articulación B, opuestas a las que se han considerado en el diagrama anterior. En el centro existirán las reacciones derivadas del enlace de articulación con la bancada y el peso propio del disco. En el punto diametralmente opuesto a B se encontrará aplicada una tensión T producida por la existencia del cable, que siempre trabaja a tracción.

Finalmente el tercer diagrama, correspondiente al bloque suspendido. Sobre éste actúan solamente el peso propio y la tensión producida por el cable; esta última debe ser opuesta a la que se ha considerado en el disco.

En el diagrama correspondiente a la barra 1 existen cuatro fuerzas desconocidas, por lo que será necesario recurrir a ecuaciones adicionales. En cualquier caso, la aplicación de la segunda ley de Newton en su componente vertical permite escribir:

$$\Sigma F_y = ma_{G_y}$$
$$F + mg - B_y = mr\alpha$$

de donde se deduce que

$$F = B_y + mr\alpha - mg$$

Para encontrar B_y bastará aplicar el teorema del momento cinético al disco. Tomando el sentido antihorario como positivo, se podrá escribir:

$$\Sigma M_C = I_C \alpha$$
$$B_y r - Tr = I_C \alpha, \text{ con } I_C = \frac{1}{2}mr^2$$

y por tanto

$$B_y = T + \frac{1}{2}mr\alpha$$

El valor de la tensión se podrá deducir del diagrama de sólido libre del bloque. Téngase en cuenta que éste se mueve con una aceleración lineal que es la aceleración periférica tangencial del disco; en consecuencia:

$$\Sigma \vec{F} = m\vec{a}$$
$$T - mg = mr\alpha$$

por lo que la tensión en el cable es

$$T = mg + mr\alpha$$

Sustituyendo sucesivamente los resultados obtenidos se llega a

$$F = \frac{5}{2} mr\alpha$$

c) Para determinar la reacción horizontal de la guía en el punto A se recurrirá a plantear, en el diagrama de la barra 1, la ecuación del momento cinético respecto del punto B:

$$\Sigma M_B = I_G \alpha \pm m a_G d$$

de donde resultará, tomando el sentido antihorario como positivo:

$$Fr - A_x h + mg \frac{r}{2} = m\alpha r \frac{r}{2}$$

$$\frac{5}{2} mr^2 \alpha - \frac{1}{2} m\alpha r^2 + mg \frac{r}{2} = A_x h$$

Finalmente se obtendrá:

$$A_x = \frac{mr}{2h}(4\alpha r + g)$$

7.- La barra AE que se muestra en la figura, de masa **m** y longitud **4r**, se mueve en un plano vertical. Como consecuencia de la acción del resorte FC, de longitud natural despreciable, la barra gira alrededor de A. En los puntos C y E de la barra se han montado sendas ruedas de masa **m** y radio **r**, que no deslizan en los contactos B y D. Suponiendo que la barra AE tiene una velocidad angular ω conocida en la posición vertical, determinar:

  a) Velocidades angulares de las dos ruedas, ω_1 y ω_2, en función de ω.

  b) Cuál debe ser la rigidez k del resorte para que la barra AE llegue a la posición horizontal, $\theta=0$, con velocidad angular nula.

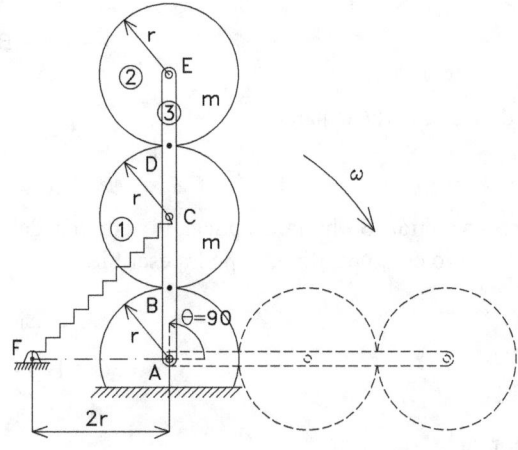

SOLUCIÓN

a) Para determinar las correspondientes velocidades angulares se recurrirá al hecho de que los puntos C y E pertenecen, simultáneamente, a dos cuerpos rígidos. También se utilizará la condición de ligadura que implica el hecho de que en los puntos B y D no exista deslizamiento.

En efecto, dado que el punto C pertenece a la barra AE, que gira alrededor de A, su velocidad instantánea es:

$$v_C = 2\omega r$$

Al propio tiempo el punto C pertenece al disco 1, cuyo punto B, por el hecho de no deslizar, tiene la misma velocidad que el correspondiente punto de la bancada; en consecuencia, tiene velocidad nula. Por tanto, el punto B es el CIR del disco 1 y la velocidad de su centro C puede expresarse como:

$$v_C = \omega_1 r$$

Igualando ambas expresiones se obtiene:

$$\omega_1 = 2\omega$$

Para hallar la velocidad angular del disco 2 se utilizará un procedimiento análogo. La velocidad del punto E, por pertenecer a la barra AE, es

$$v_E = 4\omega r$$

El punto E también es el centro del disco 2. Dado que en D se produce un contacto sin deslizamiento, el punto material D_2, del disco 2, tiene la misma velocidad que el punto material D_1, que pertenece al disco 1. Por lo tanto se podrá escribir:

$$v_{D_2} = v_{D_1} = 2\omega_1 r$$

La velocidad del punto E podrá calcularse, en función de ω_2, mediante la expresión que relaciona las velocidades lineales de dos puntos que pertenecen al mismo sólido, de modo que:

$$v_E = v_{D_2} - \omega_2 r$$

Igualando las expresiones de v_E se obtiene:

$$\omega_2 = 0$$

b) Las fuerzas de rozamiento, que garantizan el contacto sin deslizamiento en B y D, no trabajan por el hecho de que los contactos en B y D tienen lugar sin deslizar; por lo tanto, en el movimiento del sistema mecánico no se produce disipación de energía. En consecuencia, se podrá utilizar el teorema de conservación de la energía:

$$E_f = E_o$$

La energía mecánica, en cada posición, será la suma de la energía potencial gravitatoria, la energía cinética y la energía potencial elástica de todos los elementos que constituyen el sistema.

$$E = U_g + U_e + T$$

Posición inicial (barra AE vertical):

La energía potencial gravitatoria se determinará tomando como nivel de referencia la recta horizontal que pasa por el punto A. En tales condiciones, se sumarán las energías potenciales de la barra AE y de las dos ruedas situadas a diferentes alturas, de modo que:

$$U_g = mg2r + mg2r + mg4r$$

La energía cinética será la suma de las energías cinéticas de cada uno de los sólidos componentes. La de la barra AE se determinará considerando que se trata de un sólido que gira, con velocidad ω, en torno del punto fijo A. La energía cinética del disco 1 se podrá encontrar por aplicación del teorema de Köenig, sumando la energía cinética de traslación con el centro de masas y la energía cinética de rotación respecto de una referencia traslacional con éste. En el caso del disco 2, como sólo tiene movimiento de traslación, sólo habrá que considerar esta energía cinética.

$$T_{AE} = \frac{1}{2} I_A \omega^2 \qquad T_1 = \frac{1}{2} m v_C^2 + \frac{1}{2} I_C \omega_1^2$$

$$T_2 = \frac{1}{2} m v_E^2 \qquad T = \frac{41}{3} m r^2 \omega^2$$

La energía potencial elástica se determinará a partir de la longitud del resorte; en este caso el hecho de que la longitud natural sea despreciable simplifica mucho los cálculos. Será:

$$U_{eo} = \frac{1}{2} k \left(2r\sqrt{2} - 0\right)^2 = 4kr^2$$

Posición final (barra AE horizontal):

En esta posición, la energía potencial gravitatoria será nula por pasar el sistema por el que se ha establecido como nivel cero de energía. La energía cinética será igualmente nula, dado que se impone la condición de que $\omega=0$. Quedará, por lo tanto, únicamente la energía potencial elástica.

$$U_{ef} = \frac{1}{2} k (4r - 0)^2 = 8kr^2$$

Considerando que, por tratarse de un sistema conservativo, la energía mecánica ha de permanecer constante, se podrán igualar las expresiones de la energía mecánica inicial y final:

$$8mgr + 4kr^2 + \frac{41}{3} m r^2 \omega^2 = 8kr^2$$

Despejando el valor de la constante de recuperación k necesaria, tendremos:

$$k = \frac{24mg + 41mr\omega^2}{12r}$$

8.- La manivela AB, de masa m, gira con ω y α conocidas bajo la acción de un par M igualmente conocido. La corredera 1, también de masa **m**, tiene un momento de inercia I_B conocido. La barra 2 de masa *desconocida* se mueve sin que se produzcan rozamientos en los contactos C y D. Determinar, en el instante de la figura:

a) Valores de ω_2 y α_2.

b) Valores de las reacciones en los contactos C y D.

c) Valor de la masa m_2 de la barra EH.

SOLUCIÓN

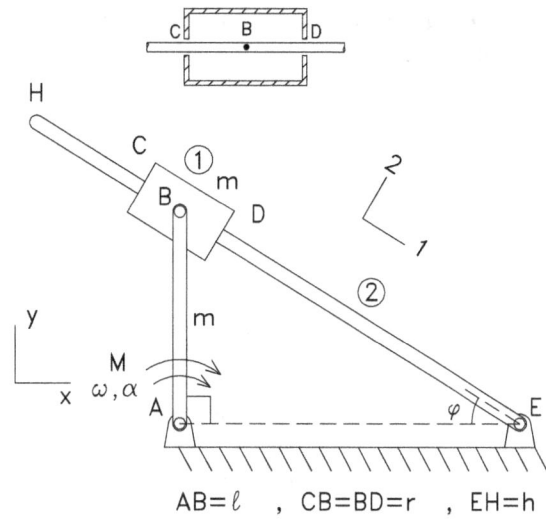

$AB = \ell$, $CB = BD = r$, $EH = h$

a) Como utilizaremos la longitud BE, pondremos **b** = BE. Es obvio que

$$b = \frac{\ell}{\operatorname{sen}\varphi}$$

Para hallar ω_2 utilizaremos el método de composición de movimientos para el pasador B o, más precisamente, el punto B_1. La referencia fija será el laboratorio y la referencia móvil la barra 2. Tendremos para la velocidad:

$$\vec{v}_{B_1} = \vec{v}_r + \vec{v}_a \quad (1)$$

La velocidad absoluta de B_1 es conocida. Proyectémosla sobre la base 1,2 propuesta en el enunciado, cuyos vectores unitarios respectivos tienen la dirección BE y la dirección perpendicular. Ayudándonos del diagrama adjunto, quedará

$$\vec{v}_{B_1} = \omega\ell(\cos\varphi\,\vec{e}_1 + \operatorname{sen}\varphi\,\vec{e}_2)$$

La velocidad de B_1 relativa a 2 tiene la dirección de la barra 2, pero su módulo es desconocido. Así pues

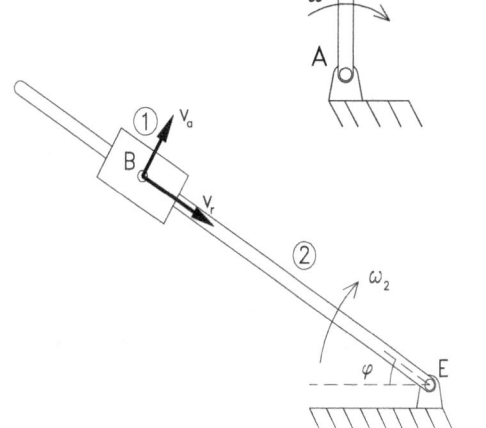

$$\vec{v}_r = v_r\,\vec{e}_1$$

La velocidad de arrastre es, por definición, la velocidad absoluta de B_1 suponiendo que es solidario de la referencia móvil, que en nuestro caso es la barra 2. Si a la velocidad angular ω_2 de la barra 2 se le atribuye el sentido positivo indicado en la figura adjunta, la velocidad de arrastre tiene dirección también conocida (perpendicular a EB), y tendremos

$$\vec{v}_a = v_a \, \vec{e}_2 = \omega_2 b \, \vec{e}_2$$

Sustituyendo ahora en (1) las expresiones obtenidas para las velocidades relativa y de arrastre, se obtiene:

$$\omega \ell (\cos\varphi \, \vec{e}_1 + \sen\varphi \, \vec{e}_2) = v_r \, \vec{e}_1 + \omega_2 b \, \vec{e}_2$$

La igualación de componentes dará

$$v_r = \omega \ell \cos\varphi, \qquad \omega_2 = \frac{\omega \ell \sen\varphi}{b} = \omega \sen^2\varphi$$

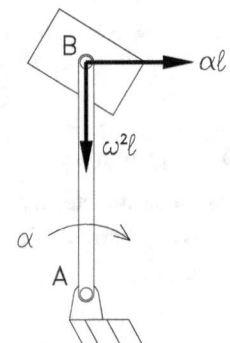

Obsérvese que los resultados obtenidos también se pueden hallar geométricamente de forma muy breve; basta con proyectar la velocidad absoluta $\vec{V}_{B_1}$ en las direcciones 1 y 2 (ya que éstas son las de la velocidad relativa y de arrastre). Esto se muestra en la figura.

Para la determinación de α_2 se seguirá un método análogo. Esto es, se hará composición de movimientos para B_1 con las referencias fija y móvil anteriores. El teorema de composición de aceleraciones nos dice

$$\vec{a}_{B_1} = \vec{a}_r + \vec{a}_a + \vec{a}_c \qquad (2)$$

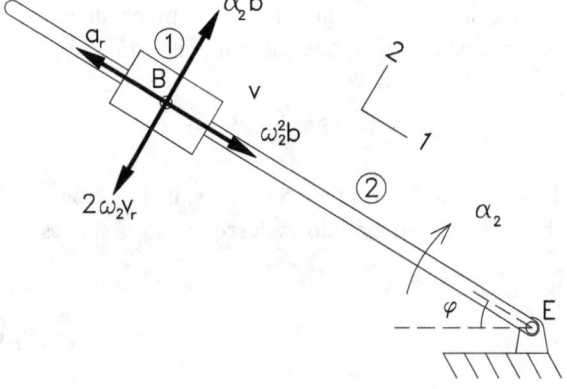

Las dos figuras contiguas muestran geométricamente el primer y segundo miembro de (2). Igualando componentes en (2) según la dirección 2, y ayudándonos de los dos diagramas indicados, será:

$$\alpha \ell \sen\varphi - \omega^2 \ell \cos\varphi = \alpha_2 b - 2\omega_2 v_r$$

De donde se obtiene

$$\alpha_2 = \frac{1}{b}\left(\alpha\ell\,\text{sen}\varphi - \omega^2\ell\cos\varphi + 2\omega_2 v_r\right)$$

con los valores de ω_2 y $\mathbf{v_r}$ obtenidos anteriormente.

b) Para determinar las reacciones en C y en D, empezaremos aplicando el teorema del momento cinético en el punto A para la barra AB. Utilizando el diagrama de cuerpo libre que se acompaña, y tomando el sentido positivo para los momentos que se indica a continuación, tendremos:

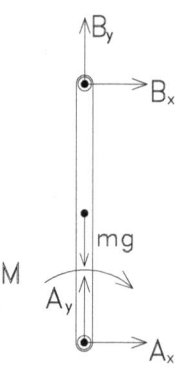

$$M_A = I_A \alpha \quad \Rightarrow \quad -B_x \ell - M = -I_A \alpha$$

y por tanto

$$B_x = \frac{I_A \alpha - M}{\ell}$$

con $I_A = \dfrac{1}{3}m\ell^2$

Analicemos ahora la corredera 1. Trazamos su diagrama de cuerpo libre, en el cual las fuerzas C y D, por ser de contacto sin rozamiento, son normales a los puntos de contacto, o sea, a la barra 2. Obsérvese que las componentes de la fuerza $\vec{B}$, en virtud del principio de acción y reacción, tienen sentidos contrarios a los dibujados en el diagrama correspondiente a la barra AB.

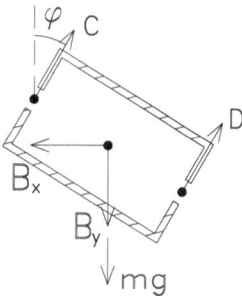

El teorema del momento cinético en el punto B toma la forma simplificada, por ser B el centro de masa de la corredera. Se tendrá:

$$M_B = I_B \alpha \quad \Rightarrow \quad (D - C)r = -I_B \alpha_2$$

es decir

$$D - C = \frac{-I_B \alpha_2}{r} \qquad (3)$$

Aplicando ahora el teorema de la cantidad de movimiento en la dirección x horizontal, se obtiene

$$F_x = ma_G^x \quad \Rightarrow \quad -B_x + (D+C)\text{sen}\varphi = m\alpha\ell$$

o sea

$$D + C = \frac{m\alpha\ell + B_x}{\text{sen}\varphi} \qquad (4)$$

Las expresiones (3) y (4) constituyen un sistema de dos ecuaciones con dos incógnitas, que es inmediato resolver:

$$C = \frac{m\alpha\ell + B_x}{2\operatorname{sen}\varphi} + \frac{I_B \alpha_2}{2r}$$

$$D = \frac{m\alpha\ell + B_x}{2\operatorname{sen}\varphi} - \frac{I_B \alpha_2}{2r}$$

donde α_2 y $\mathbf{B_x}$ tienen los valores anteriormente determinados y cuya dirección y sentido son los indicados en el esquema.

c) Para determinar la masa $\mathbf{m_2}$ de la barra 2, bastará con trazar el diagrama de sistema libre para la barra 2 en la forma que se adjunta. Aplicando ahora el teorema del momento cinético en el punto fijo E, con el sentido positivo que se indica a continuación, se obtiene:

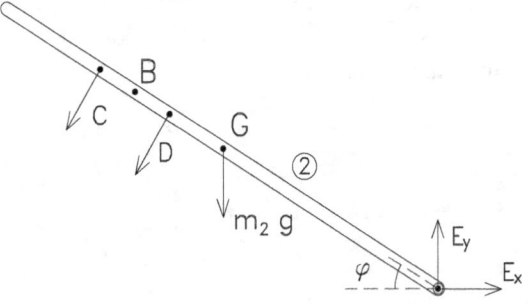

$$M_E = I_E \alpha \Rightarrow m_2 g \frac{h}{2}\cos\varphi + C(b+r) + D(b-r) = -I_E \alpha_2$$

con $I_E = \frac{1}{3}mh^2$

Obsérvese el signo negativo que precede a α_2. Es debido a que el sentido tomado positivo para α_2 en el apartado a) es contrario al actual. Ahora es inmediato despejar la incógnita $\mathbf{m_2}$ de la última ecuación, y se obtiene

$$m_2 = -\frac{C\left(\dfrac{\ell}{\operatorname{sen}\varphi}+r\right) + D\left(\dfrac{\ell}{\operatorname{sen}\varphi}-r\right)}{g\dfrac{h}{2}\cos\varphi + \dfrac{1}{3}h^2\alpha_2}$$

donde α_2, C y D tienen los valores determinados anteriormente.

9.- El sistema que se representa, se ha diseñado para arrastrar el cursor H de masa **m** por la pared lisa vertical. La barra 1, de masa **2m**, gira con velocidad angular ω y aceleración angular α ambas conocidas. Esta barra está en posición horizontal en el instante considerado y es accionada por un motor, que no se representa y que le aplica un par M de valor desconocido. El sólido 2 está formado por una barra BD, de masa 2m,

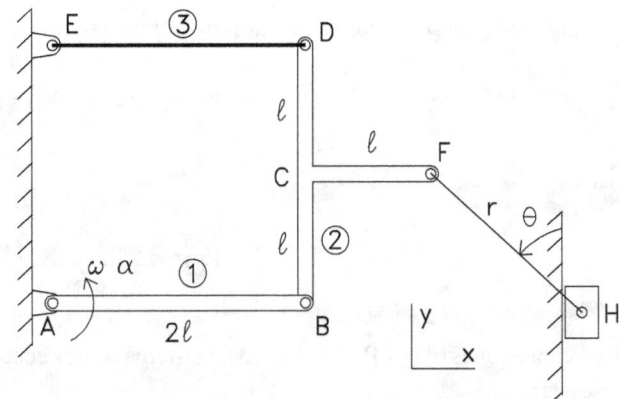

que tiene soldada perpendicularmente, en C, otra barra CF de masa **m**. La masa de la barra 3 se considera despreciable. En el instante en cuestión el sólido BD es perpendicular a la barra 1. Determinar:
a) Tensión T del cable FH.
b) Momento flector en el punto C de la barra 2 en función de la tensión T.
c) Par motor M suministrado por el motor a la barra 1 en función de la tensión T.

SOLUCIÓN

a) El mecanismo ABDE constituye un cuadrilátero articulado; en consecuencia, el movimiento de la barra BD es de traslación curvilínea. Por tratarse de un movimiento de traslación permanente, todos los puntos tienen la misma aceleración. Dado que el punto B pertenece, simultáneamente, a los sólidos 1 y 2, y dado que el movimiento del sólido 1 está totalmente definido, se podrá escribir:

$$\vec{a}_B = -2\omega^2 \ell \vec{i} + 2\alpha \ell \vec{j}$$

Como el sólido 2 está en traslación permanente, esta aceleración lineal será la de todos los puntos de dicho sólido. Simultáneamente carece de velocidad y aceleración angulares.

Para determinar la tensión del cable FH, se deberá recurrir al diagrama de sólido rígido del bloque H. En él se advierte la existencia de tres fuerzas: el peso propio, la tensión del cable y la reacción de contacto, de dirección perpendicular a la pared por ser ésta lisa.

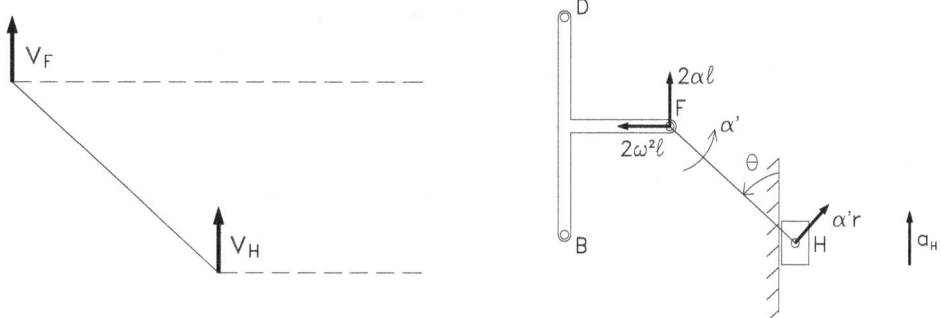

La aceleración del bloque H está dirigida hacia arriba y es paralela a la pared, pero su módulo es desconocido. Para hallar la aceleración de H será necesario analizar la cinemática del cable FH.

La velocidad del punto F es vertical dirigida hacia arriba como consecuencia del movimiento de la barra 2 a la que pertenece. La velocidad del punto H es también vertical y dirigida hacia arriba como consecuencia de la restricción que impone la existencia de la pared vertical. En estas condiciones puede afirmarse que el CIR del cable se halla, en este instante, en el infinito y que el cable se halla en traslación instantánea. El cable no tiene velocidad angular, pero sí está animado de aceleración angular, ya que el movimiento de traslación es instantáneo. Del análisis del cinema de aceleraciones del punto H se deduce que, puesto que la aceleración resultante ha de ser vertical, las componentes horizontales deben cancelarse y, en consecuencia

$$\alpha'r\cos\theta = 2\omega^2\ell \Rightarrow \alpha' = \frac{2\omega^2\ell}{r\cos\theta}$$

Una vez determinado el valor de la aceleración angular puede encontrarse el módulo de la aceleración del punto H, que resultará ser de

$$a_H = 2\alpha\ell + 2\omega^2\ell\operatorname{tg}\theta$$

Para hallar el valor de la tensión bastará aplicar la segunda ley de Newton al bloque H, de modo que:

$$\Sigma F_y = ma_{H_y}$$
$$T\cos\theta - mg = 2m\ell(\alpha + \omega^2\operatorname{tg}\theta)$$

de donde resultará

$$T = \frac{m}{\cos\theta}\left[g + 2\ell(\alpha + \omega^2\operatorname{tg}\theta)\right]$$

b) Para determinar el momento flector en el punto C de la barra CF será necesario establecer, previamente, el diagrama de sólido libre correspondiente. En el extremo C actuarán las dos componentes T y V de la fuerza de enlace y el momento flector M_F, todos ellos de módulo desconocido. En el centro de masa actuará el peso y en el extremo F estará aplicada la tensión del cable.

El momento flector podrá encontrarse aplicando el teorema del momento cinético respecto del punto C. Se elige este punto con objeto de eliminar las dos fuerzas que actúan en él y cuyo módulo es desconocido. La aplicación del teorema del momento cinético, en el caso plano, lleva a:

$$\Sigma M_C = I_G\alpha \pm ma_G d$$

Considerando que el sólido en cuestión es parte de otro, que se encuentra en movimiento de traslación permanente, su aceleración angular será nula y, por tanto, tomando el sentido antihorario como positivo quedará

$$M_F - mg\frac{\ell}{2} - T\cos\theta\,\ell = m2\alpha\ell\frac{\ell}{2}$$

de manera que el momento flector en cuestión será:

$$M_F = m\frac{g\ell}{2} + m\alpha\ell^2 + T\ell\cos\theta$$

c) Un paso previo para determinar el valor del parmotor aplicado sobre la barra AB será analizar las fuerzas que actúan sobre el sólido 1. En el diagrama se puede ver que en la articulación A se representan dos componentes de módulo desconocido. En el centro de masas actuará el peso propio. En el extremo B estarán aplicadas las dos componentes que se derivan de la interacción con el sólido 2 mediante una articulación. Sobre la barra actúa también el par M aplicado por el motor externo.

Si se aplica el teorema del momento cinético con respecto del punto A, se eliminarán las dos acciones que se ejercen en dicho punto y se elimina también el efecto de B_x que, al ser horizontal, pasa por dicho punto. En consecuencia:

$$\Sigma M_A = I_G \alpha \pm m a_G d$$

$$M - B_y 2\ell - 2mg\ell = \frac{1}{12} 2m(2\ell)^2 \alpha + 2m\alpha\ell^2$$

donde se ha tomado el sentido antihorario como positivo. De la última ecuación se deduce:

$$M = 2B_y \ell + 2mg\ell + \frac{8}{3} m\ell^2 \alpha$$

donde es desconocido el valor de B_y. Para encontrarlo se recurrirá al estudio del sólido 2. En este caso las fuerzas aplicadas en B son idénticas a las que se han considerado anteriormente, pero con sentidos opuestos. En el extremo F se ejerce la tensión del cable. En el punto D actúa la reacción derivada de la articulación que allí existe con el sólido 3. Al ser la barra 3 un sólido de masa despreciable sobre el que actúan sólo dos fuerzas, éstas han de ser opuestas y colineales. En consecuencia, las fuerzas que se aplican en sus extremos tienen la dirección de la propia barra.

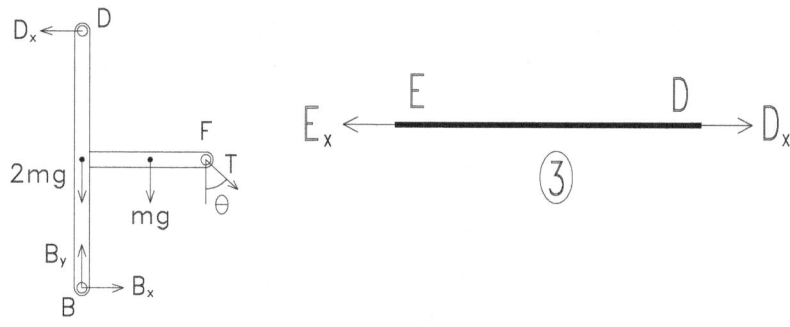

Si se aplica al sólido 2 el teorema de la cantidad de movimiento, y se considera únicamente la ecuación escalar que corresponde a la dirección vertical quedará:

$$\Sigma F_y = m a_{G_y}$$
$$B_y - 3mg - T\cos\theta = 3m2\alpha\ell$$

Despejando el valor de B_y resultará:
$$B_y = 3m(g + 2\alpha\ell) + T\cos\theta$$
lo cual, sustituido en la ecuación del par motor, permitirá obtener
$$M = 8mg\ell + \frac{44}{3}m\ell^2\alpha + 2T\ell\cos\theta$$

10.- La figura representa un vehículo con un sistema de frenado. En un ensayo de frenada, la acción del muelle hace que la zapata D roce con el tambor de radio **r** con una determinada fuerza. El coeficiente de fricción entre la zapata y el tambor es μ. En el instante inicial se conocen **v** y **a** del chasis, según se indica en la figura. No hay deslizamiento entre las ruedas y el suelo. Tiene masa **m** cada una de las ruedas homogéneas, así como el conjunto chasis-freno. Se considera despreciable la masa del tambor de la rueda sobre la que se ejerce la frenada. Este sistema presenta su centro de masa en G.
Determinar:

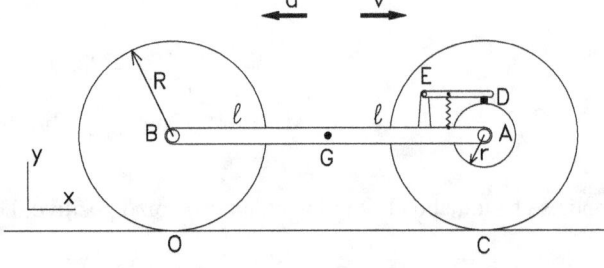

a) Fuerza normal F_0 en D en el instante inicial.

b) Valor de la reacción C_y sobre la rueda en el instante inicial.

c) Se considera ahora que la fuerza que realiza la zapata sobre el tambor sigue una ley $F = F_0(1+\theta)$, donde θ es el ángulo girado por las ruedas (en radianes) desde el momento en que se empieza a frenar. Determinar, en este supuesto, el espacio total recorrido por el vehículo hasta parar.

SOLUCIÓN

a) La cinemática del problema no plantea ninguna dificultad, por lo que se aborda de inmediato la parte dinámica. Los diagramas del sólido libre que se necesitan son:

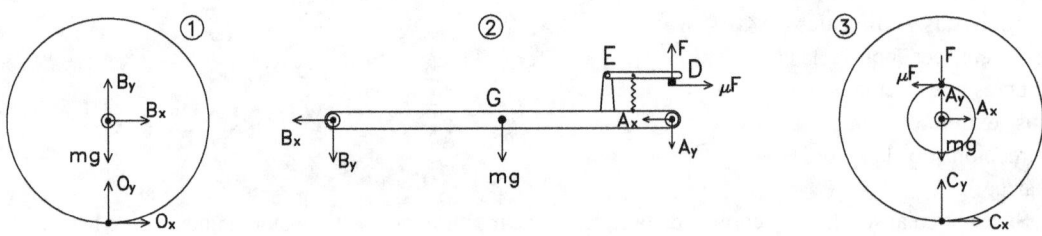

El diagrama 3 presenta al conjunto formado por la rueda y el tambor de frenado (son un mismo sólido); se observa la fuerza F que efectúa la zapata sobre el tambor, así como la consecuente fuerza de fricción que aparece, oponiéndose al movimiento. El diagrama 2 corresponde al sistema formado por el chasis y el sistema de frenado. Interesa trabajar con este sistema y no desmembrarlo en cada uno de sus componentes, puesto que no hay datos sobre la masa individual de cada uno de ellos y, además, tampoco se piden reacciones en las uniones que se dan en el sistema. El diagrama 1 no presenta nada especial.

Del diagrama 3 interesa plantear el teorema del momento cinético en el punto C, puesto que así aparecen sólo dos incógnitas, entre ellas, la fuerza F de frenado. Se considera el sentido de giro antihorario como positivo para todo el problema.

$$M_C = I_C \alpha$$
$$-A_x R + \mu F(R+r) = \frac{3}{2} mR^2 \alpha \qquad (1)$$

Con el fin de determinar A_x, se plantea el teorema de la cantidad de movimiento en dirección x para el sistema 2.

$$F_x = ma_{G_x}$$
$$-B_x - A_x + \mu F = -m\alpha R \qquad (2)$$

Aparece ahora una nueva incógnita B_x, que se calculará aplicando el teorema del momento cinético en el punto O de la rueda 1. Es decir

$$M_O = I_O \alpha$$
$$-B_x R = \frac{3}{2} mR^2 \alpha \qquad (3)$$

De (3) se halla B_x inmediatamente:

$$B_x = -\frac{3}{2} mR\alpha$$

que, sustituyéndose en (2), y teniendo en cuenta (1), da lugar al siguiente sistema de dos ecuaciones con las dos incógnitas A_x y F:

$$\left. \begin{array}{r} A_x - \mu F = \frac{5}{2} mR\alpha \\ -A_x R + \mu F(R+r) = \frac{3}{2} mR^2 \alpha \end{array} \right\}$$

Para hallar F con facilidad, se propone resolver el sistema por reducción, multiplicando la primera de estas ecuaciones por R, sumándose después la segunda. De este modo, se halla la fuerza F, que en el instante inicial se denomina F_0:

$$F_0 = F = \frac{1}{\mu} \frac{4mR^2 \alpha}{r}$$

b) En este caso interesa plantear el teorema de la cantidad de movimiento en dirección **y** para la rueda 3:
$$F_y = 0$$

$$-F + A_y - mg + C_y = 0 \qquad (4)$$

donde F se ha determinado en el apartado anterior. La ecuación contiene entonces dos incógnitas: C_y y A_y. Para hallar A_y, se plantea el teorema del momento cinético en el punto B para el sistema 2; dado que la aceleración del punto B pasa por el centro de masas del sistema analizado, se utiliza la expresión simplificada del teorema:

$$M_B = I_B \alpha$$

Como, además, el sistema considerado se traslada, quedará:

$$-\mu F r - 2 A_y \ell + 2 F \ell - mg\ell = 0 \qquad (5)$$

Ahora se puede despejar A_y de (5), para sustituirla en (4) y determinar C_y. Resultando:

$$C_y = \frac{3}{2} mg + \mu F \frac{r}{2\ell}$$

c) En este caso es necesario plantear el teorema de la energía cinética:

$$W = \Delta T \qquad (6)$$

donde la variación de la energía cinética es

$$\Delta T = T_f - T_0 = -T_0 = -\left[2 \cdot \frac{3}{2} mR^2\omega^2 + \frac{1}{2}mR^2\omega^2\right] = -\frac{7}{2}m\omega^2 R^2 \qquad (7)$$

y el trabajo será el efectuado por la fuerza de rozamiento

$$W = -\int \mu F \, ds$$

donde ds es el diferencial de desplazamiento del punto D de la rueda respecto a la palanca de frenado, $ds = r d\theta$; por otra parte la fuerza μF es la fuerza de frenado sobre la rueda, $\mu F = \mu F_0 (1+\theta)$, en consecuencia

$$W = -\int_0^\theta \mu F_0 (1+\theta) \, r d\theta = -\mu F_0 r \int_0^\theta (1+\theta) \, d\theta = -\mu F_0 r \left[\theta + \frac{\theta^2}{2}\right] \qquad (8)$$

donde el signo menos viene dado por ser un trabajo de rozamiento que se opone al movimiento.

Sustituyendo ahora (7) y (8) en (6):

$$-\mu F_0 r\left[\theta+\frac{\theta^2}{2}\right]=-\frac{7}{2}mR^2\omega^2$$

de modo que se obtiene una ecuación de segundo grado:

$$\frac{\theta^2}{2}+\theta-\frac{7mR^2\omega^2}{2\mu F_0 r}=0$$

en la que sólo la solución positiva tiene sentido físico. Por tanto:

$$\theta=-1+\sqrt{1+\frac{7mR^2\omega^2}{\mu F_0 r}}$$

Finalmente, el espacio recorrido **s** será el ángulo girado por la rueda (en radianes) multiplicado por el radio R de la misma. Es decir:

$$s=\theta\cdot R=\left[-1+\sqrt{1+\frac{7mR^2\omega^2}{\mu F_0 r}}\right]R$$

6.2. Problemas propuestos

11.- Un disco homogéneo de masa **m** se mueve libremente, sin rozamiento, sobre un plano horizontal. En el instante que se ilustra, el disco gira con velocidad angular ω_0 conocida. En este momento, se aplica una fuerza constante en módulo y dirección F, también conocida, por medio de una cuerda arrollada a su periferia. Determinar:

a) Aceleración del punto A del disco en el instante considerado.

b) Velocidad angular ω del disco cuando haya dado media vuelta.

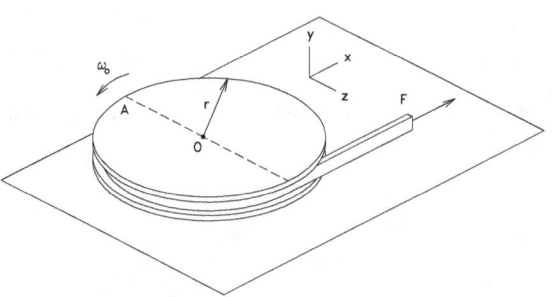

12.- Dos ruedas idénticas están montadas en un bastidor y giran sin deslizar sobre el plano horizontal. En el instante de la figura, el dispositivo parte del reposo e inicia su movimiento con aceleración a conocida. La barra de conexión BC, de masa **m**, está fijada a la rueda delantera mediante un pasador en B. En el otro extremo de la barra existe una ranura por cuyo interior puede moverse, sin rozamiento, el pivote C fijado en la rueda trasera. Sabiendo que G es el centro de masas de la barra, hallar las reacciones en B y C en el instante considerado.

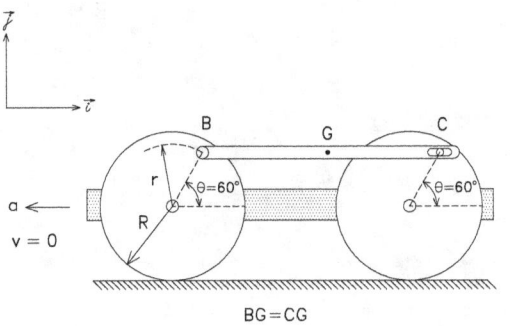

13.- El dispositivo de la figura está situado en un plano vertical. La barra homogénea AB tiene longitud 2l y masa m. Su extremo B está articulado a un collar que puede deslizar, sin rozamiento, por la guía vertical BO. El otro extremo, A, está unido por un pasador al centro de un disco homogéneo, de masa **m** y radio **r**, que rueda sin deslizar. El resorte OB tiene una rigidez **k** conocida y su longitud natural es **r**.

Suponiendo que el sistema parte del reposo en una posición inicial en la que $\theta=60°$, determinar la velocidad angular ω de la barra en la posición en la que $\theta=90°$.

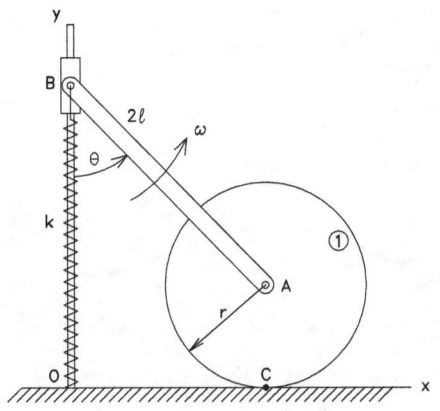

14.- El sistema mecánico que se ilustra está contenido en un plano vertical y está constituido por dos discos homogéneos de masa **m** cada uno y una barra, igualmente homogénea, también de masa **m**. La rueda superior gira en torno a su centro D, que está fijo, con velocidad angular ω constante y conocida. El disco inferior de centro B rueda, sin deslizar, por el plano horizontal, accionado por la barra de conexión BC. En el instante que se ilustra, determinar:

a) Aceleraciones angulares α_1 y α_2.

b) Fuerza horizontal B_x de la barra sobre el disco inferior.

c) Reacción horizontal C_x de la rueda superior sobre la barra.

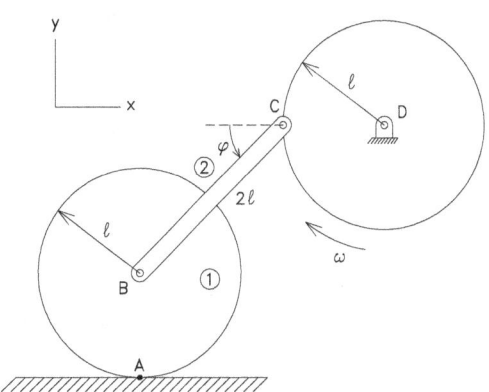

15.- El dispositivo de la figura parte del reposo, en la posición indicada, bajo la acción de un par de valor M conocido. En el movimiento subsiguiente el disco rueda sin deslizar. En el instante inicial la aceleración angular de la barra CB vale $\alpha_1 = 3M/(34m\ell^2)$ con el mismo sentido que el par M. Si cada sólido tienen masa m, determinar en el instante inicial:

a) Aceleración angular de cada sólido.

b) Reacciones en A y en B sobre la barra 2.

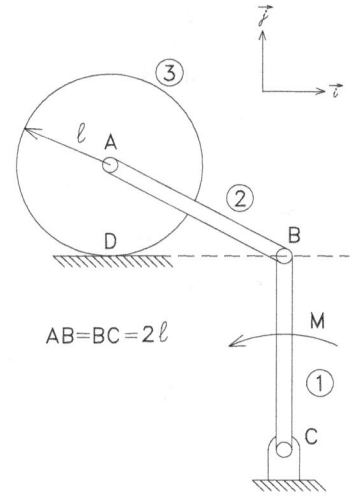

16.- La barra y el disco son homogéneos y de masa **m** cada uno. El radio del disco es **r**, mientras que la longitud de la barra es 2ℓ. El sistema está situado en un plano vertical y se abandona, en reposo, en una posición en la que θ es prácticamente nulo. En el transcurso del movimiento subsiguiente el extremo B de la barra se mantiene en contacto con la pared lisa vertical, mientras que el disco rueda sin deslizar sobre la superficie horizontal. Determinar en un instante genérico:

a) Velocidad angular ω y aceleración angular α de la barra, en función del ángulo θ.

b) Componentes horizontal y vertical de la reacción sobre la barra en el punto A.

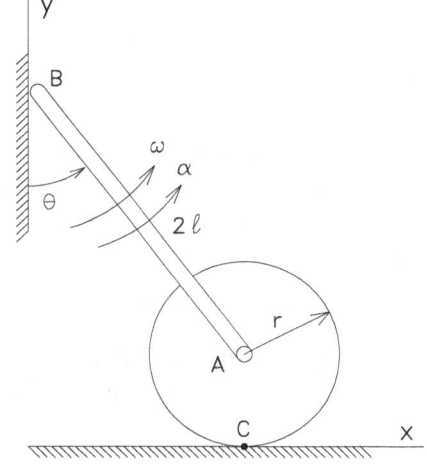

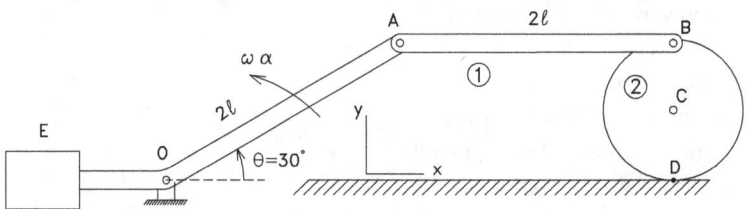

17.- El dispositivo de la figura se mueve en un plano vertical. La barra acodada EOA gira, con velocidad angular ω y aceleración angular α conocidas, como consecuencia de la existencia del contrapeso, de masa desconocida, situado en el extremo E. La rueda homogénea no desliza en D y tiene la misma masa **m** que la barra AB. En el instante que se ilustra, la barra AB está en posición horizontal. Determinar en este instante:

a) Aceleraciones angulares α_1 y α_2.

b) Reacción horizontal B_x sobre la rueda.

c) Reacción vertical A_y sobre la barra AB.

18.- En el dispositivo de la figura tanto las barras como la rueda son homogéneas y tienen masa **m** cada una de ellas. El sistema parte del reposo en la posición $\theta=0$ Si el disco rueda sin deslizar en el contacto D, se pide:

a) Determinar los valores de ω y α en función de θ.

b) Encontrar, en función de ω y α, los valores de las dos componentes de la fuerza que actúa sobre el disco en el punto C.

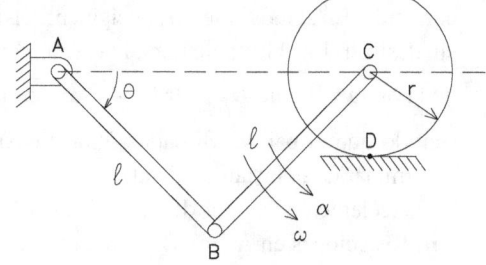

19.- El mecanismo de la figura se mueve en un plano vertical. La barra EF gira, con ω constante y conocida, bajo la acción del motor que se ilustra. El disco 1, de masa **m**, no desliza en el contacto A con el plano inclinado. La barra CD, también de masa **m**, está soldada a la barra vertical EB en el punto C. Determinar en el instante de la figura:

a) Aceleraciones angulares α_1 y α_2.

b) Fuerza de rozamiento F en el punto A.

c) Momento flector M en la soldadura C.

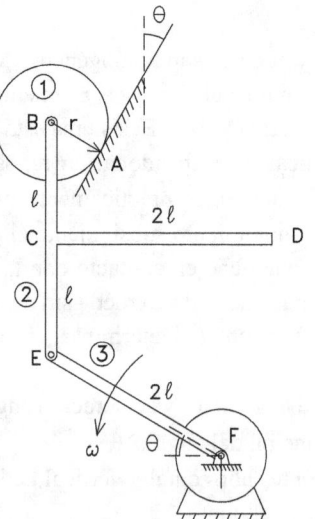

20.- El dispositivo de la figura se mueve en un plano horizontal. El disco de radio R y masa **m** gira entorno a O y, en una fase de su movimiento, tiene Ω constante y conocida por la acción de un motor (no dibujado). La pieza 2 en forma de ele está articulada al disco mediante el pasador A; cada uno de sus brazos tiene masa **m** y longitud ℓ. Esta pieza se mantiene constantemente en contacto, en el punto P, con el tope como consecuencia de la acción del resorte EC, de rigidez **k** y longitud natural nula. Todos los contactos son lisos.
Determinar en función de los datos y para el instante de la figura:

a) La velocidad angular ω_2
b) La aceleración a_r de P_1 relativa a la pieza 2. (Estudiar el movimiento de P por composición de movimientos).
c) La reacción N en el contacto P.
d) El momento M del motor sobre el disco 3.

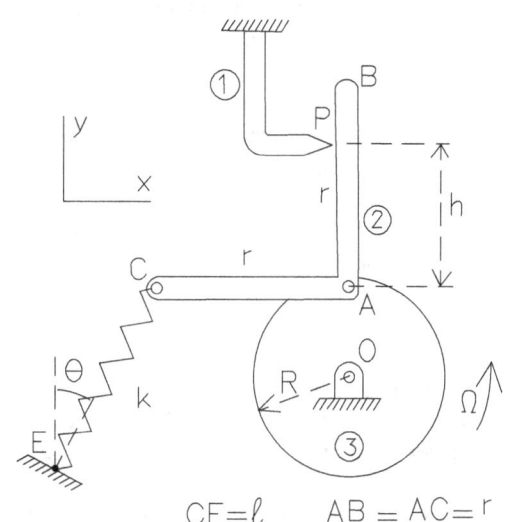

$CE = \ell \qquad AB = AC = r$

Evaluación final 18/1/2000

21.- La figura muestra un esquema, de geometría simplificada, de la suspensión posterior progresiva de una moto.

En el esquema se supone el chasis fijo y que las barras 1 y 3 pueden girar alrededor de los puntos D y E respectivamente.

Del sólido triangular 2 se conoce la inercia I_G y la masa, 4**m**, igual que la de la barra 1, mientras que la barra 3 tiene masa **m**. El detalle muestra la posición del centro de masas de la pieza 2. Determinar:

a) Velocidad de acortamiento del muelle en este instante.
b) Aceleraciones angulares de los sólidos 2 y 3.
c) Valor de la fuerza F que hace el muelle en este momento (3 ecuaciones).
d) Valor de la componente horizontal de la fuerza en C (una ecuación).

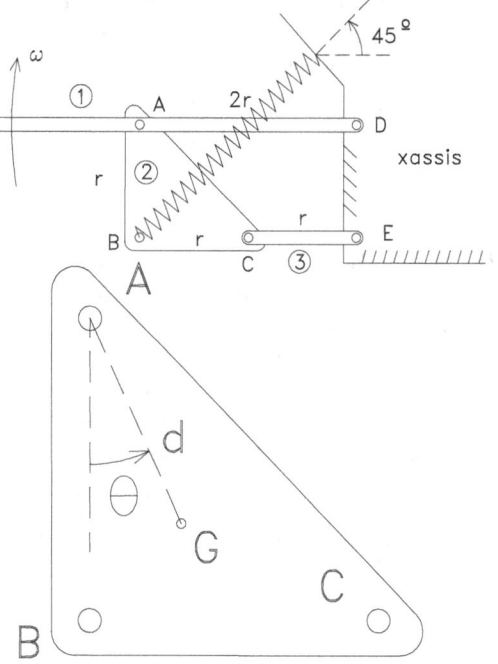

Evaluación final 25/6/1999

22- La figura es un esquema simplificado de una maquina minicargadora que, en el instante considerado, se mueve con aceleración conocida. El sólido 3 es la palanca HLBD, de masa **m**, que gira con ω y α conocidas como consecuencia de la acción del cilindro hidráulico AB, de masa despreciable. La carga que se está desplazando es un disco de masa **m** y radio **r** que no presenta fricción con la palanca. En los puntos A, B y D existen articulaciones de pasador. El centro de masas del conjunto palanca-disco se encuentra en G y el momento de inercia del conjunto, respecto del punto D vale I_D. Por último, la barra HL es homogénea y su masa es **m'**. Determinar:

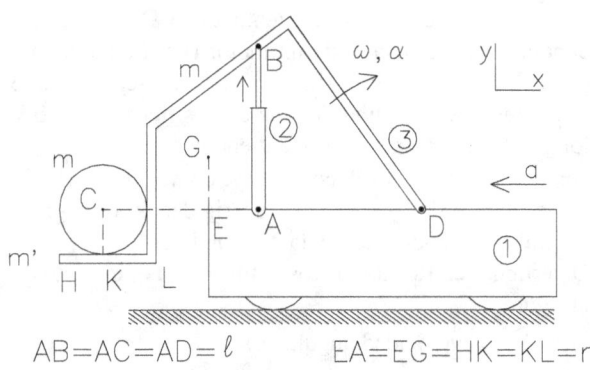

a) Aceleración de alargamiento del cilindro hidraulico.
b) Aceleración absoluta del punto C
c) Fuerza que ejerce el cilindro hidraulico en B.
d) Momento flector en el punto L.

Evaluación final 9/1/2001

23.- En el esquema que se ilustra, la barra 3 (CD), de longitud 3ℓ y masa **m**, gira alrededor del punto D y está unida mediante un pasador a la barra 2. En el instante que se representa forma un ángulo φ con la vertical y un ángulo de 90° con la barra 2. Ésta (CE) tiene una longitud 4ℓ, una masa **m** y su centro de gravedad se halla en el punto B. El contacto entre los sólidos 1 y 2, se produce en el punto B, y es de rodadura sin deslizamiento, con un coeficiente de fricción μ. La superficie de contacto del sólido 1 es un arco de circunferencia de radio R y centro el punto O. Este sólido, de masa m, gira alrededor del punto A con velocidad angular ω constante y conocida. La distancia $AO = \ell$. Determinar:

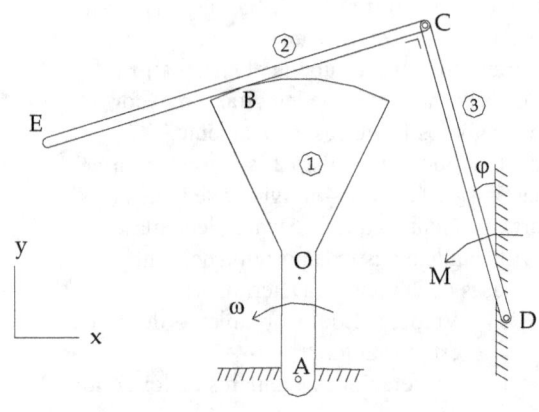

a) Velocidad y aceleración angulares de las barras 2 y 3 ($\omega_2, \omega_3, \alpha_2, \alpha_3$).
b) Ecuaciones necesarias para determinar el par M que se debe aplicar a la barra 3 para conseguir que el sólido 1 se mueva con velocidad angular ω constante.

Evaluación final 15/1/2002

24.- El dispositivo de la figura consta de un disco 1 que rueda sin deslizar en el punto C. En el centro del disco se ha dispuesto un resorte de constante **k** y de longitud natural ℓ. En este mismo punto, el disco está unido por medio de una articulación de pasador a la barra 2, cuyo extremo opuesto desliza, sin rozamiento, por el interior de una guía vertical. El sólido 4 se cuelga del extremo B de la barra 2 mediante un cable inextensible que pasa por una polea fija 3. Tanto el disco como la polea tienen radio **r**, la barra tiene longitud ℓ. Los cuatro sólidos tienen masa **m** cada uno de ellos. Determinar:

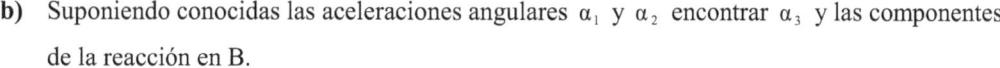

a) La velocidad angular de la barra 2, ω_2, en función de θ, supóngase que el sistema parte del reposo en $\theta=0$ y que, en el instante inicial, los puntos A, B y D están alineados en la horizontal.

b) Suponiendo conocidas las aceleraciones angulares α_1 y α_2 encontrar α_3 y las componentes de la reacción en B.

Evaluación final 20/602003

25.- El dispositivo de la figura está situado en un plano vertical. En el instante considerado la barra acodada DEF, cuya masa se desconoce, gira con velocidad angular ω y aceleración angular α conocidas. La barra FH, de masa **m**, está articulada a la anterior mediante un pasador en F, su otro extremo, H, se

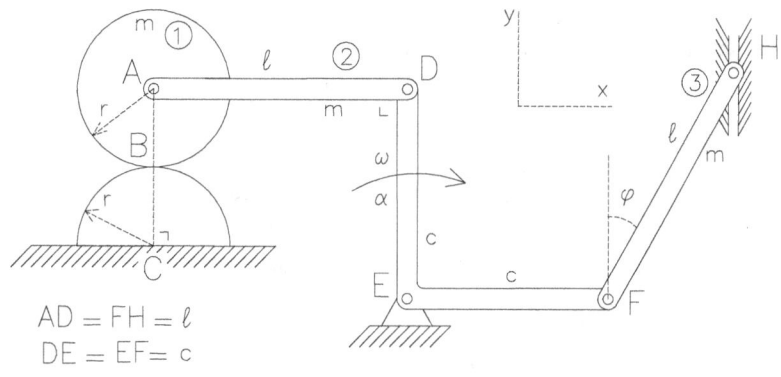

mueve a lo largo de una guía vertical lisa. La barra DA, también de masa **m**, está articulada en D a la barra acodada y se encuentra, en este instante, en posición horizontal; su otro extremo, A, está articulado al centro de un disco, de masa **m** y radio **r**, que se mueve rodando sin deslizar sobre la pieza semicircular fija de centro C. (en el contacto B no hay deslizamiento). Los ángulos en C, D, E son rectos en el instante en cuestión. Utilizando la base indicada determinar:

a) La aceleración angular α_2.

b) La fuerza A_y.
c) La aceleración α_1.
d) Las componentes de la reacción en B.

Evaluación final 7/1/1999

26.- El extremo A de la barra de la figura puede moverse por el interior de la guía horizontal apoyado en el cojinete de masa despreciable. En el instante que se ilustra el punto A tiene velocidad nula. La barra, de masa **m** y longitud 2ℓ, está inclinada un ángulo θ respecto a la vertical y tiene velocidad angular conocida ω. Determínese, en este instante, utilizando la base que se indica y trazando diagramas cinemáticos y diagramas dinámicos claros:
   a) Valor de la reacción N en el punto A en función de ω y de α.
   b) Valor de la aceleración angular α en función de **m**, ℓ, θ, ω.

27.- El dispositivo que se ilustra se encuentra en un plano vertical. El disco 3, de masa **m** y radio **r**, puede girar alrededor del punto E articulado a la bancada. La barra 2 horizontal, de masa **m** y longitud 2r, está articulada mediante sendos pasadores al centro del disco en D y al punto medio de la barra vertical 1 en C. Esta última barra se encuentra sometida a la acción de una fuerza horizontal conocida en H, y a la de un resorte de longitud natural **r**/2 en B, en este instante la distancia AB es **r**. Si el dispositivo se abandona, en reposo en el instante de la figura, determinar:

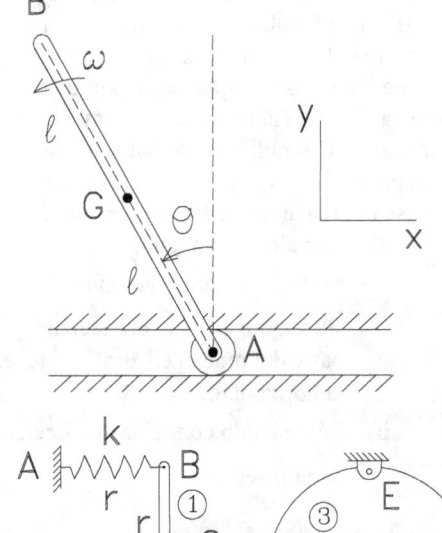

   a) Aceleraciones angulares α_1 y α_2.
   b) La energía cinética del sistema suponiendo que el sistema, en lugar de partir del reposo iniciase su movimiento con velocidades angulares ω_1, ω_2 y ω_3 respectivamente.
   c) La aceleración angular α_2 que tendría el sólido 2 resultante de aplicar una soldadura entre las barras horizontal y vertical en el punto C, tal como ilustra la figura. Todas las acciones se mantendrían de la misma manera que en el primer apartado y se supondrá que el sistema parte del reposo. (El momento de inercia del sólido en forma de T es conocido.)

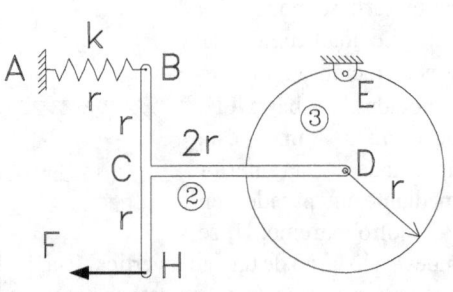

Evaluación final 13/6/1998

28.- El cursor 2 desliza, sin rozamiento, a lo largo de la guía horizontal. El disco 1 está articulado mediante un pasador al cursor en el punto O. El sistema se mueve en un plano vertical. Cada uno de los sólidos considerados tiene una masa **m**. Determinar:

    a) Cuáles de las cuatro magnitudes siguientes son conservativas:
        a. Cantidad de movimiento en dirección x.
        b. Cantidad de movimiento en dirección y.
        c. Momento cinético respecto O.
        d. Energía cinética.

    b) Los vectores $\vec{P}$ y $\vec{H}_o$, suponiendo que en el instante considerado el cursor se mueve con velocidad **u** y el disco gira con velocidad angular $\dot{\theta}$.

Evaluación final 27/1/1997

7. RESPUESTAS A LOS PROBLEMAS PROPUESTOS

7.1 Problemas de cinemática de la partícula

13) $\vec{a}_A = \begin{Bmatrix} a + \Omega^2 \ell + 2\ell(\Omega^2 - \omega_1^2)\,\text{sen}\theta \\ 4\omega_1 \Omega \ell \cos\theta \\ -2\omega_1^2 \ell \cos\theta \end{Bmatrix}$

14) $\vec{a}_A = \begin{Bmatrix} \omega^2 x - \dot{\omega} r + \ddot{x} \\ \omega^2 r - \dot{\omega} x - 2\omega \dot{x} \end{Bmatrix}$

15) $\vec{a}_A = \begin{Bmatrix} -\omega^2 x \\ \dot{\omega} x + 2\omega \dot{x} \end{Bmatrix}$

16) $\vec{V}_B = \begin{Bmatrix} V_0 \cos\gamma \\ pr \\ \omega r + V_0 \text{sen}\gamma \end{Bmatrix}$,, $\vec{a}_B = -\begin{Bmatrix} a_0 \cos\theta + (\omega^2 + p^2) r \\ 0 \\ a_0 \text{sen}\theta \end{Bmatrix}$

17) $\vec{a}_B = \begin{Bmatrix} -ag\cos\theta - (\dot{\theta}^2 + p^2)\,d/2 \\ 0 \\ ag\,\text{sen}\theta - \dot{\theta}^2 h \end{Bmatrix}$

7.2 Problemas de cinemática del espacio

11.- a) $\vec{\omega} = \begin{bmatrix} \omega_c \\ -\omega_c \\ 0 \end{bmatrix}$ b) $\vec{v}_D = 2\omega_c r \vec{k}$ $\vec{a}_D = -2\omega_c^2 r \vec{j}$ c) $\vec{a}_A = \begin{bmatrix} 2\omega_c^2 r \\ 2\omega_c^2 r \\ 0 \end{bmatrix}$ $\vec{\alpha} = -\omega_c^2 \vec{k}$

12.- a) $\vec{p} = \begin{bmatrix} \dfrac{(\Omega+\omega)(R - r\cos\theta)}{r(1 + \text{sen}\theta + \cos\theta)} \\ -\dfrac{\Omega[R + r(1+\text{sen}\theta)] + \omega(R - r\cos\theta)}{r(1 + \text{sen}\theta + \cos\theta)} \\ 0 \end{bmatrix}$ b) $\tau = \dfrac{2\pi R}{p_x r - \Omega R}$

No, puesto que estas componentes

c) son constantes en una base movil

$$\vec{a} = -\frac{2\pi}{\tau} p_x \vec{k}, \text{ con } \vec{\Omega}_b = \frac{2\pi}{\tau} \vec{j}$$

13.- a) $\vec{\omega} = \begin{bmatrix} -\omega_c \text{sen}\varphi \\ -\omega_c \cos\varphi \\ 0 \end{bmatrix}$ y $\vec{\omega}_r = \begin{bmatrix} -\omega_c \text{sen}\varphi \\ -\omega_c (1+\cos\varphi) \\ 0 \end{bmatrix}$, donde $\omega_c = \frac{2\pi}{\tau}$ b) $\begin{array}{l}\vec{\omega}_\rho = \vec{\omega} \\ \vec{\omega}_\pi = 0\end{array}$

c) $\vec{a}_A = \begin{bmatrix} -\omega_c^2 r(1-\cos^2\varphi) \\ -\omega_c^2 r \text{sen}\varphi (1+\cos\varphi) \\ 0 \end{bmatrix}$ d) $\vec{a}_D = \begin{bmatrix} -\omega_c^2 r\cos\varphi (1+\cos\varphi) \\ \omega_c^2 r \text{sen}\varphi (1+\cos\varphi) \\ 0 \end{bmatrix}$

14.- a) $\vec{\omega}_2 = \begin{bmatrix} \omega_1 \\ \omega_r \\ 0 \end{bmatrix} = \begin{bmatrix} \omega_1 \\ \omega_1 \frac{Z_4 Z_2}{Z_3 Z_1} \\ 0 \end{bmatrix}$ b) $\vec{v}_E = \omega_r r \vec{k}$ c) $\vec{\alpha} = \omega_r \omega_1 \vec{k}$ d) $\vec{a}_F = \begin{bmatrix} -\omega_r^2 r \\ 2\omega_r \omega_1 r \\ 0 \end{bmatrix}$

15.- a) $\vec{\omega}_4 = \vec{\omega}_3 + \vec{p} = \begin{bmatrix} \omega_3 \cos\varphi + p \\ \omega_3 \text{sen}\varphi \\ 0 \end{bmatrix}$ con $\omega_3 = \frac{\omega_1 R_1 r}{R_1 r - R_2 R}$, $p = \frac{\omega_1 R_1 R_2}{R_1 r - R_2 R}$; $\vec{\alpha}_4 = -\omega_3 p \text{sen}\varphi \vec{k}$ b) $\vec{a}_c = 0$

c) $\vec{a}_Q = \begin{bmatrix} -\omega_3 p r \text{sen}\varphi \\ \omega_3 p (R_2 + r\cos\varphi) \\ 0 \end{bmatrix}$

16.- a) $\vec{\Omega}_e = \begin{bmatrix} \omega_x \\ \omega_y \\ \Omega \end{bmatrix} = \begin{bmatrix} -\frac{\Omega \ell}{\ell-r} \\ \frac{v-\Omega \ell}{\ell-r} \\ \Omega \end{bmatrix}$ donde $\Omega = \frac{a}{v}$; $\vec{\Omega}_\rho = \begin{bmatrix} \omega_x \\ \omega_y \\ 0 \end{bmatrix}$, $\vec{\Omega}_\pi = \begin{bmatrix} 0 \\ 0 \\ \Omega \end{bmatrix}$

b) $\vec{\alpha} = \begin{bmatrix} -\Omega \omega_y \\ \Omega \omega_x \\ 0 \end{bmatrix}$ c) $\vec{v}_D = \begin{bmatrix} 2\omega_y (\ell-r) \\ -2\omega_x (\ell-r) \\ 0 \end{bmatrix}$; $\vec{a}_D = \begin{bmatrix} -\Omega^2 \ell + 2\Omega \omega_x (\ell-r) \\ 2\Omega \omega_y (\ell-r) + a - \Omega^2 \ell \\ -(\omega_x^2 + \omega_y^2)(\ell-r) \end{bmatrix}$

d) $\vec{a}_{A_1}^r = -\omega_1^2 r\, \vec{j}$ donde $\omega_1 = \dfrac{\Omega \ell}{r}$ **e)** $\vec{a}_{A_1} = \begin{bmatrix} -\Omega^2 \ell \\ a-(\Omega^2+\omega_1^2)r \\ 0 \end{bmatrix}$

17.- a) $\vec{\omega} = \begin{bmatrix} \omega_x \\ \omega_y \\ 0 \end{bmatrix} = \begin{bmatrix} \Omega\dfrac{R}{r+h} \\ \Omega \\ 0 \end{bmatrix}$; $\vec{\alpha} = -\Omega^2 \dfrac{R}{R+h} \vec{k}$

b) El EIR pasa por C y tiene una inclinación $\tan\beta = \omega_y/\omega_x = (r+h)/R$, o sea, es la recta CD, como es fácil deducir geométricamente.

c) Es el cono de revolución engendrado por la recta CD al girar en torno al eje vertical DF.

d) $\vec{a}_{c_1} = \begin{bmatrix} -\omega_y \omega_x r \\ \omega_x^2 r \\ 0 \end{bmatrix}$

18.- a) $\vec{\alpha} = \dfrac{\Omega\omega}{k}\vec{j}$; $\vec{a}_E = \begin{bmatrix} \Omega^2\ell + 2\Omega\dfrac{\omega}{k}R \\ \Omega^2 d \\ \dfrac{\omega^2}{k^2}R \end{bmatrix}$ **b)** $\vec{a}_G = (-\Omega^2 \ell + 2\Omega\omega r\cos\theta)\vec{i}$ **c)** $\vec{v}_\lambda = \begin{bmatrix} \dfrac{\Omega d}{2} \\ 0 \\ \dfrac{\Omega d}{2} \end{bmatrix}$

El EIRD pasa por un punto situado a $d/2\,\vec{j}$ del punto C y tiene la dirección de la velocidad angular $\Omega(\vec{i}-\vec{k})$.

19.- a) $\vec{\omega}_r = \omega_r\, \vec{i} = -\dfrac{v}{r\cos\theta}\vec{i}$; $\vec{v}_D = \begin{bmatrix} -\Omega R \\ \omega_r r(\cos\theta+1) \\ 0 \end{bmatrix}$ **b)** $\vec{a}_A = \begin{bmatrix} -\Omega^2 r\,\text{sen}\theta \\ -\Omega^2 R \\ \omega_r v \end{bmatrix}$

No, ya que $\vec{\omega}\times\vec{v}_C \neq 0$, donde $\vec{\omega} = \begin{bmatrix} \omega_r \\ 0 \\ \Omega \end{bmatrix}$.

c) El eje instantaneo tiene la direccion de $\vec{\omega}$, y pasa por el punto I cuya posicion es

$$\overrightarrow{CI} = \dfrac{(-\Omega v, -\Omega^2 R, \omega_r v)}{\Omega^2 + \omega_r^2}$$

20.-a) $\vec{\omega}_3 = \begin{bmatrix} 0 \\ p \\ \omega \end{bmatrix}$, $\vec{a}_3 = -\omega p \,\vec{i}$, donde $\omega = \dfrac{2\Omega d - pr}{2d}$ **b)** $\vec{v}_B = \dfrac{2\omega d^2}{2d-r}\vec{k}$

21.- $\vec{\omega}_G = \begin{Bmatrix} 0 \\ 0 \\ \omega + v/d \end{Bmatrix}$ $\vec{\alpha} = \begin{Bmatrix} -\omega \dfrac{v}{rg\cos\theta} \\ 0 \\ 0 \end{Bmatrix}$ $\vec{a}_G = \begin{Bmatrix} 0 \\ \omega^2 d + v^2/d + 2\omega v \\ 0 \end{Bmatrix}$

22.- $\vec{\omega}_A = \begin{Bmatrix} 0 \\ 0 \\ \dfrac{\omega r}{R-r} \end{Bmatrix}$ $\vec{a}_{B_1} = \begin{Bmatrix} -\Omega^2 R g \sen\theta\cos\theta \\ \omega g \omega_A R + \Omega^2 R g \sen^2\theta \\ 0 \end{Bmatrix}$

23.- $\vec{\alpha}_3 = \begin{Bmatrix} \Omega\dot\varphi\cos\theta \\ -\Omega\dot\theta\cos\theta \\ \dot\theta\dot\varphi + \Omega\dot\varphi\sen\theta \end{Bmatrix}$ $\vec{v}_B^{\,r} = \begin{Bmatrix} -\dot\varphi r \\ v \\ 0 \end{Bmatrix}$

$\vec{a}_A = \begin{Bmatrix} -2\Omega(\dot\theta\ell\sen\theta + v\cos\theta) \\ a - \dot\theta^2\ell + \Omega^2\ell\cos^2\theta \\ \Omega^2\ell\cos\theta\sen\theta - 2v\dot\theta \end{Bmatrix}$ $\vec{a}_B = \begin{Bmatrix} -2\Omega\big(\dot\theta(\ell\sen\theta + r\cos\theta) + v\cos\theta\big) \\ a - \dot\theta^2\ell + \Omega^2\ell\cos^2\theta + \Omega(-2\dot\varphi + \Omega\sen\theta)r\cos\theta \\ \Omega^2\ell\cos\theta\sen\theta - 2v\dot\theta - \dot\theta^2 R - (\Omega\sen\theta - \dot\varphi)^2 r \end{Bmatrix}$

24.- $\Omega_{ch} = -(\omega+p)\dfrac{R}{2\ell}\vec{k}$ $\vec{\Omega}_{rod} = \begin{Bmatrix} \dfrac{1}{2}(\omega+p) \\ \dfrac{1}{2}(\omega-p) \\ 0 \end{Bmatrix}$ $\vec{a}_{I_A} = \begin{Bmatrix} 0 \\ -\Omega_{ch} g\omega R \\ \omega^2 R \end{Bmatrix}$ $\vec{a}_A = \begin{Bmatrix} 0 \\ \Omega_{ch} g\omega R \\ 0 \end{Bmatrix}$

25- $\vec{\Omega}_2 = \begin{Bmatrix} 0 \\ -\Omega \\ 2\Omega \end{Bmatrix}$ $\dot{\vec{\Omega}}_2 = \begin{Bmatrix} -2\Omega^2 \\ 0 \\ 2\dot\Omega \end{Bmatrix}$ $\vec{a}_C = \begin{Bmatrix} \dot\Omega b\,\tg\psi - b/2\,\Omega^2 \\ -\Omega^2 b\,\tg\psi - \dot\Omega b \\ 2\Omega^2 b\,\tg\psi \end{Bmatrix}$

26- $\vec{\omega}_3 = \begin{Bmatrix} -\dfrac{2\dot{\psi}dgc}{bga}\text{sen}\beta \\ -\dfrac{\dot{\psi}d}{b}\left(\dfrac{2c}{a}\cos\beta+1\right) \\ 0 \end{Bmatrix}$ $\vec{a}_6 = \begin{Bmatrix} -\ddot{\psi}j\dfrac{d}{b} \\ 0 \\ 0 \end{Bmatrix}$ $\vec{a}_{A_6} = \begin{Bmatrix} \ddot{s}g\cos j - \omega_4^2(b-s\cos j)-\dot{j}^2 sg\cos j \\ -\ddot{s}g\text{sen}j+\dot{j}^2 sg\text{sen}j \\ -2\omega_4\dot{j}sg\text{sen}j \end{Bmatrix}$

27- $\vec{p} = \begin{Bmatrix} \dfrac{\Omega(d-Rg\text{sen}\theta)}{R} \\ 0 \\ 0 \end{Bmatrix}$ $\vec{\omega}_3 = \begin{Bmatrix} \Omega g\text{sen}\theta - \dfrac{pgR}{r} \\ \Omega g\cos\theta - \dfrac{p(R-r)}{r} \\ 0 \end{Bmatrix}$

$\vec{\alpha}_3 = \begin{Bmatrix} 0 \\ 0 \\ \dfrac{pg\Omega}{r}\left[(R-r)\text{sen}\theta + R\cos\theta\right] \end{Bmatrix}$ $\vec{v}_{d_3}=0$

28. $\vec{a}_{B_1} = \begin{Bmatrix} -\alpha r + \Omega^2\ell\cos\theta(1+\text{sen}\theta)-\Omega^2 d\cos^2\theta - \dot{\theta}^2 d \\ \ddot{\theta}d - \dot{\theta}^2 r - \Omega^2\text{sen}\theta(\ell - r\text{sen}\theta + d) - 2(\omega-\dot{\theta})\dot{\theta}r \\ \Omega\dot{\theta}(2r\cos\theta + d(\text{sen}\theta+1)) + 2\Omega(\omega-\dot{\theta})r\cos\theta \end{Bmatrix}$

$\overrightarrow{OI} = \dfrac{1}{\dot{\theta}^2+\Omega^2}\begin{Bmatrix} \Omega^2\ell\cos\theta \\ -\Omega^2\ell\text{sen}\theta \\ 0 \end{Bmatrix}$

7.3. Problemas de cinemática plana

11.- a) $\omega_3 = \dfrac{\omega\cos\theta}{4}$ b) $a_B = \dfrac{3\omega^2\ell}{2}$

c) $\alpha_2 = \dfrac{5}{4}\omega^2\cos\theta + 2\omega_3^2 + \dfrac{\alpha\,\text{sen}\,\theta}{2}$

7 Resultados

12.- a) $\vec{a}_A^c = 0$ **b)** $a_r = \dfrac{\omega^2 r^2}{\ell \cos^3\theta}\left(\dfrac{\mathrm{sen}^2\theta}{2} + \mathrm{sen}\theta\right)$ ↓

13.- a) $\vec{v}_C = \dfrac{v_A}{2}(\sqrt{3}\,\vec{i}+\vec{j})$ **b)** $\omega_5 = \dfrac{v_A}{\sqrt{2}\,\ell}$ ↗

c) $\alpha_3 = \dfrac{1}{4\ell}\left(\dfrac{7v_A^2}{4\sqrt{3}\,\ell} + a_A\right)$ **d)** $\vec{a}_E = \left(\dfrac{a_A}{2} + \dfrac{v_A^2}{\sqrt{2}\,\ell}\right)\vec{i} + \dfrac{a_A}{2}\vec{j}$

14.- a) $v_E = \dfrac{\omega\ell}{\mathrm{sen}\theta}$ ↗ **b)** $v_r = \omega\ell\cos\theta$ ↘

c) $a_E = \dfrac{\omega^2\ell}{\mathrm{sen}\theta}\left(\dfrac{1}{\mathrm{tg}\theta} + \dfrac{1}{\mathrm{tg}^2\theta}\right) + \dfrac{\omega^2\ell}{\cos\theta}$ ↙ **d)** $\alpha_4 = \omega^2\mathrm{sen}\theta\cos\theta(1-2\mathrm{sen}^2\theta)$ ↙

15.- a) $\omega_1 = \dfrac{(\Omega R - \omega r)(R-r)}{\ell^2}$ ↗ , donde $\ell^2 = (R-r)^2 + d^2$

b) $\alpha_1 = \dfrac{(\Omega^2 R - \omega^2 r)d}{\ell^2} - \dfrac{2(\Omega R - \omega r)^2(R-r)d}{\ell^4}$ ↗ **c)** $\vec{a}_{B_1} = \begin{bmatrix} \omega_1^2 d - \alpha_1(R-r) \\ -\omega^2 r - \alpha_1 d - \omega_1^2(R-r) \end{bmatrix}$

16.- a) $v_E = \dfrac{v_D}{2}$ ↗ **b)** $a_E^n = \dfrac{v_D^2}{4R}$ ↘ $a_E^t = \dfrac{v_D^2}{4R} - \dfrac{a_D}{2}$ ↗ **c)**

$a_r = \dfrac{v_D^2}{4R} + \dfrac{a_D}{2}$ ↘ **d)** $\omega_1 = \dfrac{v_D}{6R}$ ↙

e) $a_A^c = \dfrac{v_D^2\sqrt{3}}{6R}$ ↙ donde $\theta = 30^\circ$s

17.- a) $\omega_3 = \dfrac{\omega R}{\ell\,\mathrm{sen}\theta}$ ↗ ; $\omega_2 = \dfrac{\omega R}{h\,\mathrm{tg}\theta}$ ↗ **b)** $\alpha_3 = \dfrac{\omega_2^2 h}{\ell\,\mathrm{sen}\theta} - \dfrac{\omega_3^2}{\mathrm{tg}\theta}$ ↗ donde $\theta = 45^\circ$

c) $\vec{a}_\varsigma = \begin{bmatrix} \omega_1^2(R+r) \\ -\alpha_2 r \end{bmatrix}$, donde $\omega_1 = \dfrac{\omega R + \omega_2 r}{R+r}$ ↗ y $\alpha_2 = \dfrac{\omega^2 R}{h} - \dfrac{\omega_3^2\ell}{h\,\mathrm{sen}\theta} + \dfrac{\omega_2^2}{\mathrm{tg}\theta}$ ↗

18.- a) $$\omega_1 = \frac{\omega\ell\cos\varphi - v\sen\varphi}{\ell\cos\varphi}\circlearrowright \quad , \quad \omega_2 = -\frac{\omega\ell\sen\varphi + v\cos\varphi}{r}\circlearrowright$$

b) En un contacto sin deslizamiento, las componentes de las aceleraciones de los puntos materiales son iguales en la dirección de la tangente al contacto.
$$\alpha_2 = \frac{\omega^2\ell\cos\varphi - 2\omega v\sen\varphi - \omega_1^2\ell\cos\varphi}{r}\circlearrowright$$

c) $\vec{a}^r_{A_2} = -(\omega_2-\omega_1)^2 r\vec{j}$ $\qquad \vec{a}^a_{A_2} = -\omega_1^2\ell\cos\varphi\,\vec{i} - \alpha_1\ell\cos\varphi\,\vec{j} \qquad \vec{a}^c_{A_2} = 0$

19.- a) $$\omega_2 = \frac{\omega\ctg j}{r}\circlearrowright \quad \vec{a}_H = \omega_2^2 r\vec{j}$$

b) $$\alpha_2 = \frac{\omega^2 c}{r} - \frac{\omega_1^2 b}{r\cos\varphi}\circlearrowright \quad \text{,donde } \omega_1 = \frac{\omega c}{b\cos\varphi}\circlearrowright$$

c) $$\alpha_4 = \frac{\omega^2 b}{(b+h)\tg\varphi} - \frac{\omega_3^2}{\tg\varphi}\circlearrowright \quad , \text{ donde } \omega_3 = \frac{\omega b}{b+h}\circlearrowright$$

20.- a) $$\omega_2 = \frac{\omega_1(R+2r)+\omega_B(R+r)}{r}\circlearrowright \quad \alpha_2 = \frac{\alpha_1(R+2r)+\alpha_B(R+r)}{r}\circlearrowright$$

b) Es la velocidad del punto geométrico A respecto el sólido 1 o bien respecto el sólido 2.
$\vec{V}_{SA} = (\omega_B + \omega_1)(R+2r)\vec{i}$

21.- $\quad a_E^n = \dfrac{\omega^2 r^2 \cos^2\varphi}{1} \quad \alpha_1 = \dfrac{\omega^2 r}{2\tg^2\varphi} \quad \alpha_2 = \dfrac{\omega^2 r}{2\tg^2\varphi} + \left(\omega_2^2 + \omega^2/2\right)\cotg\varphi$

22.- $\quad V_{F_4} = -\sqrt{2}\,l\omega_3\sen\beta \quad \omega_5 = \dfrac{\sqrt{2}\,l\omega_3\cos\beta}{d} \quad \alpha_3 = -6\omega_1^2$

23.- $\quad v_{C_2/3} = \omega\ell(1+\tg\theta) \quad a_{C_2/3} = \omega^2\ell(1-\tg\theta) + \dfrac{\omega^2\ell}{\sen^2\theta\cos\theta} - 2\omega^2\ell(1+\tg\theta)\tg\theta$

24.- $\omega_1 = -2\omega\dfrac{R}{d}\sen^2\theta \quad \alpha_4 = \dfrac{\omega^2 R}{d}\cos\theta\left(1+\dfrac{2R\sen\theta}{d}\right) \quad \alpha_1 = -\dfrac{2\omega^2 R}{d}\cos\theta\left(1+\dfrac{3R\sen\theta}{d}\right)$

25-
$$\omega_4 = \frac{u g \cos\varphi + (2\omega g R - v)\sen\varphi}{s}$$

$$\vec{a}^c_{A_4} = \left[\frac{2(u g \cos\varphi + (2\omega g R - v)\sen\varphi)}{s}(u g \cos\varphi + (2\omega g R - v)\sen\varphi)\right]\vec{j}$$

$$\vec{a}_{A_4/3} = \left\{a g \sen\varphi + \left[u g \cos\varphi + (2\omega g R - v)\sen\varphi\right]^2 s + \omega^2 R \sen\varphi\right\}\vec{i}$$

26-
$$v_A = \frac{1}{b}\left[\omega_3 \ell \sqrt{d^2 + c^2}\left(\cos\beta + \sen\beta \, \tg\psi\right)\right]$$

$$\vec{a}_{C_2} = -\frac{1}{\sen\psi}\left(\omega_3^2 \ell \cos(\beta-\psi) + \alpha_3 \ell \sen(\beta-\psi) + \alpha_2 r\right)\vec{j}$$

27-
$$\vec{v}_E = \frac{\omega g r}{2}\vec{i} \qquad \vec{a}_E = \left(\omega g v_r + \alpha_3 r - \frac{\omega^2 R}{4} - \frac{v_r^2}{R}\right)\vec{i}$$

28.-
$$v_{A_2/1} = \frac{\omega_5 R - \omega_1 \ell}{\tg\theta} \qquad \alpha_2 = \frac{\omega_2^2 \ell \cos\theta + 2\omega_1 v_{A_2/1}}{\ell \cos\theta} \qquad \omega_2 = \frac{\omega_5 R - \omega_1 \ell}{\ell \sen\theta}$$

7.5 Problemas de dinámica del espacio

11.- a) $\vec{\Omega} = \begin{bmatrix} 0 \\ p \\ \omega \end{bmatrix}$ $\dot{\vec{\Omega}} = \begin{bmatrix} -\omega p \\ 0 \\ \alpha \end{bmatrix}$ b) $M = 0$ c) $\vec{A} = \begin{bmatrix} \dfrac{m\omega^2 a}{2} + \dfrac{I\alpha}{2a} \\ -m\alpha a \\ \dfrac{mg}{2} + \dfrac{I_2 p\omega}{2a} \end{bmatrix}$ $\vec{B} = \begin{bmatrix} \dfrac{m\omega^2 a}{2} - \dfrac{I\alpha}{2a} \\ 0 \\ \dfrac{mg}{2} - \dfrac{I_2 p\omega}{2a} \end{bmatrix}$

12.- $\dot{\psi} = \dfrac{mg\ell}{I_2 \dot{\varphi}}$

13.- a) $\vec{a}_A = \begin{bmatrix} -p^2 b - 2p\dot{\psi}b\cos\theta + \dot{\psi}^2 h \sen\theta\cos\theta - \dot{\psi}^2 b \cos^2\theta \\ 2\dot{\psi}pb\sen\theta - \dot{\psi}^2 h \sen^2\theta + \dot{\psi}^2 b \sen\theta\cos\theta \\ 0 \end{bmatrix}$

b) $\vec{B}=\begin{bmatrix} mgsen\theta+m\dot{\psi}^2hsen\theta cos\theta \\ mgcos\theta-m\dot{\psi}^2hsen^2\theta \\ 0 \end{bmatrix}$ c) $(I'-I)\dot{\psi}^2cos\theta+I'\dot{\psi}p-mgh=0$

14.- a) $\vec{A}=\begin{bmatrix} 0 \\ \dfrac{I\ddot{\theta}}{2\ell}+\dfrac{cmg}{2}cos\theta sen\varphi+\dfrac{mc}{2}(\dot{\theta}^2+\dot{\varphi}^2)sen\varphi-\dfrac{mg}{2}sen\theta \\ -\dfrac{I\dot{\theta}\dot{\varphi}}{2\ell}-\dfrac{mc\dot{\varphi}^2cos\varphi}{2}-\dfrac{mcgcos\theta cos\varphi}{2\ell} \end{bmatrix}$ b) $M_1=mcgsen\theta cos\varphi$

15.- a) $\ddot{\theta}^2=-\dfrac{\ell}{I_2}(mg-F_0)cos\theta+\dfrac{I_1-I_3}{I_2}\dot{\psi}^2cos^2\theta$

b) $A_3=\dfrac{mgsen\theta}{2}+m\dfrac{\ell}{4}\left(\dot{\psi}^2sen\theta cos\theta-\ddot{\theta}\right)-\dfrac{F_0sen\theta}{4}-\left(\dfrac{I_3-I_2-I_1}{\ell}\right)\dot{\psi}\dot{\theta}sen\theta$

donde $\ddot{\theta}=\dfrac{1}{I_2}\left[(mg-F_0)\dfrac{\ell}{2}-(I_1-I_3)\dot{\psi}^2cos\theta\right]sen\theta$

16.- a) $M_2=I\alpha sen\varphi$, $M_3=I'\alpha cos\varphi$

b) $\vec{B}=\begin{bmatrix} m\alpha\ell \\ m\omega^2\ell-\dfrac{mg\ell}{r}+\dfrac{(I'-I)}{r}\omega^2sen\varphi cos\varphi+\dfrac{I'}{r}\omega\dot{\theta}sen\varphi \\ mg \end{bmatrix}$

17.- a) $T=m\left[\dfrac{Ig+M_2r}{I_1+mr^2}\right]$

b) $B_1=-M\dot{\psi}h$ $\quad B_2=\dfrac{I_2\dot{\psi}}{2d}-\dfrac{M\dot{\psi}^2h}{2}$ $\quad B_3=-\dfrac{I_1\omega\dot{\psi}}{2d}+\dfrac{T}{2}+\dfrac{Mg}{2}$

$A_1=0$ $\quad A_2=-\dfrac{I_2\dot{\psi}}{2d}-\dfrac{M\dot{\psi}^2h}{2}$ $\quad A_3=\dfrac{I_1\omega\dot{\psi}}{2d}+\dfrac{T}{2}+\dfrac{Mg}{2}$

18.- a) $\quad B_1 = -\dfrac{mg\cos\theta}{2} - \left(\dfrac{I_1\omega}{d} + mr\right)\dfrac{mg\ell\cos\theta}{mr\ell + I_2}\quad A_3 = B_3 = -\dfrac{I_2}{2}\times\dfrac{mg\,\text{sen}\,\theta}{mr\ell + I_2}$

$\quad\quad\quad A_1 = -\dfrac{mg\cos\theta}{2} - \left(-\dfrac{I_1\omega}{d} + mr\right)\dfrac{mg\ell\cos\theta}{mr\ell + I_2}\quad A_2 + B_2 = 0$

b) $\quad\quad \omega = \dfrac{mrd}{2I_1} - \dfrac{I_2 d}{2I_1\ell}$

19.- $\quad \vec{A} = \begin{bmatrix} m\ddot{\psi} \\ m\dot{\psi}^2 c \\ 2mg+T \end{bmatrix},\quad \vec{N} = \begin{bmatrix} -I_{23}\dot{\psi}^2 + mgc - I_2\dot{\theta}\dot{\psi} \\ I_{23}\ddot{\psi} - T(d-\ell)\text{sen}\,\varphi \\ 0 \end{bmatrix}$

20.- a) $\quad \vec{a}_G = \begin{bmatrix} 2\ell\dot{\psi}\dot{\varphi}\,\text{sen}\,\varphi \\ -\ell(\dot{\psi}^2+\dot{\varphi}^2)\cos\varphi \\ -\ell\dot{\varphi}^2\,\text{sen}\,\varphi \end{bmatrix}$

b) $\quad \vec{E} = \begin{bmatrix} 2m\ell\dot{\psi}\dot{\varphi}\,\text{sen}\,\varphi \\ -\dfrac{mg}{2\tg\varphi} - m\dot{\psi}^2\ell\cos\varphi - m\dfrac{\dot{\varphi}^2 l}{2}\cos\varphi - \dfrac{I_2\dot{\theta}\dot{\psi}}{2b\tg\varphi} \\ \dfrac{mg}{2} - \dfrac{m\ell\dot{\varphi}^2}{2}\text{sen}\,\varphi - \dfrac{I_2}{2b}\dot{\theta}\dot{\psi} \end{bmatrix},\quad \vec{M} = \begin{bmatrix} 0 \\ 0 \\ 2mbl\dot{\psi}\dot{\varphi}\,\text{sen}\,\varphi \end{bmatrix}$

c) $\quad D = \dfrac{-E_2\ell\,\text{sen}\,\varphi + E_3\ell\cos\varphi}{b\,\text{sen}\dfrac{\varphi}{2}}\quad$ (a tracción)

21.- a) $\quad \vec{a}_A = \begin{bmatrix} -\omega^2 b(1+2\text{sen}\,\theta)\cos\theta \\ 2\dot{\theta}^2 b + \omega^2 b(1+2\text{sen}\,\theta)\text{sen}\,\theta \\ -4\omega\dot{\theta}b\cos\theta \end{bmatrix}$

b)
$$2C_3b+M_1=-I'\dot\theta\Omega+(2I-I')\omega\dot\theta\cos\theta$$
$$M_2=-I'\omega\dot\theta\mathrm{sen}\theta$$
$$-bF\cos\theta-2bC_1=(I'-I)\omega^2\mathrm{sen}\theta\cos\theta+I'\omega\Omega\mathrm{sen}\theta$$
$$-mg\mathrm{sen}\theta+F\cos\theta+C_1=-m\omega^2b(1+2\mathrm{sen}\theta)\cos\theta$$
$$-mg\cos\theta-F\mathrm{sen}\theta+C_2=2m\dot\theta^2b+m\omega^2b(1+2\mathrm{sen}\theta)\mathrm{sen}\theta$$
$$C_3=-4m\omega\dot\theta b\cos\theta$$

c) $T=\dfrac{1}{2}m\left[4\dot\theta^2b^2+\omega^2b^2(1+2\mathrm{sen}\theta)^2\right]+\dfrac{1}{2}\left[I\omega^2\mathrm{sen}^2\theta+I'(\Omega+\omega\cos\theta)^2+I\dot\theta^2\right]$

$M_y=-I_2\ddot\theta+I\omega\omega_z$
$M_z=I_2\dot\omega_z+I\omega\dot\theta$

22.- $C_x+mg\mathrm{sen}\theta=m\ddot\theta\ell \quad \ddot\theta=\dfrac{I\omega g\omega_z+mg\ell\mathrm{sen}\theta}{I_2+m\ell^2} \quad \dot\omega_z=-\dfrac{I\dot\theta\omega}{I_2}$

$C_y=0$
$C_z-mg\cos\theta=m\dot\theta^2\ell$

23.- $\vec H_C=m\left\{\begin{array}{c}\dot\psi c^2+\dfrac{1}{4}\dot\psi r^2-\omega cr\\(\omega r-\dot\psi c)(b+r)+\dfrac{1}{2}\omega r^2\\0\end{array}\right\} \quad T=m\left[\dfrac{r^2}{4}\left(\dfrac{\dot\psi^2}{2}+3\omega^2\right)+\dfrac{\dot\psi^2 c^2}{2}-\omega\dot\psi rc\right]$

24.- $\vec a_A=\left\{\begin{array}{c}-4\dot\psi\dot\varphi h\mathrm{sen}\varphi\\2h(\ddot\varphi+\dot\psi^2\cos\varphi\mathrm{sen}\varphi)\\2h(\dot\varphi^2+\dot\psi^2\cos^2\varphi)\end{array}\right\} \quad D_y=0 \quad II_B=\dfrac{1}{2}m\begin{pmatrix}\dfrac{1}{2}r^2+4h^2 & 0 & 0\\0 & \dfrac{1}{2}r^2+4h^2 & 0\\0 & 0 & r^2\end{pmatrix}$

$$Fh\cos\varphi-2hmg\cos\varphi+I\ddot\varphi+(I-I_3)\dot\psi^2\cos\varphi\mathrm{sen}\varphi-I_3\dot\psi\omega$$
$$M_2-D_xh=(I_3-2I)\dot\psi\dot\varphi\mathrm{sen}\varphi+I_3\dot\varphi\omega$$
$$M_3=I_3\dot\varphi\dot\psi\cos\varphi$$
$$D_x=-ma_{A1}$$
$$B_2+F\cos(2\varphi)-mg\cos\varphi=ma_{A2}$$
$$B_3+F\mathrm{sen}(2\varphi)-mg\mathrm{sen}\varphi=ma_{A3}$$

25.-
$$\vec{a}_o = \begin{Bmatrix} -\alpha r \operatorname{sen}\varphi - 2\omega r\dot{\varphi}\cos\varphi \\ -r\dot{\varphi}^2 \operatorname{sen}\varphi - \omega^2 r \operatorname{sen}\varphi \\ -r\dot{\varphi}^2 \cos\varphi \end{Bmatrix} \quad \vec{a}_2 = \begin{Bmatrix} \omega\Omega\operatorname{sen}\varphi \\ -\Omega\dot{\varphi}\cos\varphi + \omega\dot{\varphi} - \dot{\Omega}\operatorname{sen}\varphi \\ -\Omega\dot{\varphi}\operatorname{sen}\varphi + \alpha - \dot{\Omega}\cos\varphi \end{Bmatrix}$$

$$r\operatorname{sen}\varphi A_z - rF\cos\varphi - rB_y\cos\varphi = I\Omega\omega\operatorname{sen}\varphi$$
$$-rA_x\cos\varphi + rB_x\cos\varphi = -I\dot{\Omega}\operatorname{sen}\varphi - I\Omega\dot{\varphi}\cos\varphi - I\omega\dot{\varphi}$$
$$-rA_x\operatorname{sen}\varphi + rB_x\operatorname{sen}\varphi = I\left(\dot{\Omega}\cos\varphi - \Omega\dot{\varphi}\operatorname{senj} + \alpha\right)$$
$$A_x + B_x = mga_{ox}$$
$$-F + B_y = mga_{oy}$$
$$A_z - mg = mga_{oz}$$
$$2A_x r\operatorname{sen}\varphi = mk^2\alpha$$

26.-
$$\vec{\omega}_{esf} = \begin{Bmatrix} 0 \\ \dfrac{\omega gR}{rg\cos\theta} \\ -\omega \end{Bmatrix} \quad \vec{a}_C = \begin{Bmatrix} \alpha_r rg\cos\theta \\ 0 \\ 0 \end{Bmatrix}$$

$$A_x + B_x = mg\alpha_r \cos\theta$$
$$A_y = 0$$
$$A_z + B_z = mgg$$
$$(B_z - A_z)rg\operatorname{sen}\theta + A_y rg\cos\theta = \dfrac{I\omega^2 R}{rg\cos\theta}$$
$$-A_x = B_x$$

27.-
$$\dfrac{d\vec{H}_{G_2}}{dt} = \begin{Bmatrix} \dot{H}_x\cos\varphi + \dot{H}_y\operatorname{sen}\varphi \\ -\dot{H}_x\operatorname{sen}\varphi + \dot{H}_y\cos\varphi \\ \dot{H}_z \end{Bmatrix} \quad \begin{array}{l} \dot{H}_x = (I_x + I_z - I_y)\omega\dot{\varphi}\cos\varphi \\ \dot{H}_y = (I_x - I_y - I_z)\omega\dot{\varphi}\operatorname{sen}\varphi \\ \dot{H}_y = (I_y - I_x)\omega^2\operatorname{sen}\varphi\cos\varphi \end{array}$$

$$C_1 = 2mg$$
$$C_2 = 0$$
$$C_3 = m\omega^2\ell$$
$$M_1 - C_3\ell = \dot{H}_x\cos\varphi + \dot{H}_y\operatorname{sen}\varphi$$
$$M_2 + mg\ell = -\dot{H}_x\operatorname{sen}\varphi + \dot{H}_y\cos\varphi$$
$$M_3 - C_1\ell = \dot{H}_z$$

28.-
$$\vec{\Omega}=\begin{Bmatrix} p \\ -\dot\psi\cos\theta \\ \dot\psi\sen\theta \end{Bmatrix} \quad \dot{\vec{\Omega}}=\begin{Bmatrix} \dot p \\ \dot\psi p\sen\theta \\ \dot\psi p\cos\theta \end{Bmatrix} \quad \vec{a}_C=\begin{Bmatrix} 2a\dot\psi p\cos\theta+a\dot\psi^2 \\ p^2a+\dot\psi^2(a\sen\theta-\ell)\sen\theta \\ \dot\psi^2\cos\theta(a\sen\theta-\ell)-\dot p a \end{Bmatrix}$$

$$A_1=0$$
$$A_2=m\left[\frac{a}{3}p\dot\psi\cos\theta-\frac{1}{2}\left(g\cos\theta+\dot\psi^2\ell\sen\theta\right)\right]$$
$$A_3=B_3=\frac{m}{2}\left(g\sen\theta-\dot\psi^2\ell\cos\theta\right)$$
$$B_2=-m\left[\frac{a}{3}p\dot\psi\cos\theta+\frac{1}{2}\left(g\cos\theta+\dot\psi^2 l\sen\theta\right)\right]$$
$$M=\frac{1}{3}ma^2\dot\psi^2\sen\theta\cos\theta$$

29.-
$$\vec{a}_E=\left[\frac{\omega^2}{2\cos\varphi}\ell\tg^2\varphi\left(\cos^2\varphi+1\right)+p^2\ell\sen\varphi\right]\vec{j} \quad \dot{\vec{\Omega}}_1=\begin{Bmatrix} p\dfrac{\omega}{2}\tg\varphi \\ 0 \\ \dfrac{\omega^2\tg\varphi}{4\cos^2\varphi} \end{Bmatrix}$$

$$\vec{a}_G=\ell\begin{Bmatrix} -p^2\sen^2\varphi-\omega_1^2 \\ -p^2\sen j\cos\varphi-\dot\omega_1 \\ 2p\omega_1\cos\varphi \end{Bmatrix} \quad \omega_1=\frac{\omega}{2}\tg\varphi$$
$$\dot\omega_1=\frac{\omega^2\tg\varphi}{4\cos^2\varphi}$$

$$D_1+E\sen\varphi-mg\cos\varphi=ma_{G_1}$$
$$D_2+E\cos\varphi+mg\sen\varphi=ma_{G_2}$$
$$D_3=ma_{G_3}$$
$$M_1=(I_2-I_3)p\omega_1\sen\varphi$$
$$M_2-\ell D_3=-(I_2+I_3)p\omega_1\cos\varphi$$
$$\ell(D_2-E g\cos\varphi)=I_3\dot\omega_1-I_2p^2\sen\varphi\cos\varphi$$

7.6 Problemas de dinámica plana

11.- a) $\quad \vec{a}_A=-\dfrac{F}{m}\vec{i}+\omega_0^2 r\,\vec{k} \qquad$ b) $\quad \omega=\sqrt{\dfrac{4F}{mr}\pi+\omega_0^2}$

12.-
$$B_x=-ma\left(1+\frac{r}{R}\sen\theta\right),\quad C_x=0$$
$$C_y=B_y=ma\frac{r}{2R}\cos\theta+\frac{mg}{2}$$

13.- $$\omega = \frac{1}{2}\sqrt{3\left(\frac{g}{\ell}+\frac{k}{m}\right)}$$

14.- a) $\alpha_1 = \omega^2 + \dfrac{2\omega_2^2}{\cos\varphi}$, donde $\omega_2 = \dfrac{\omega}{2\cos\varphi}$; $\alpha_2 = \omega_2^2 \operatorname{tg}\varphi$

b) $B_x = \dfrac{3}{2}m\ell\alpha_1$ **c)** $C_x = B_x + m\ell\left(\alpha_1 - \alpha_2 \operatorname{sen}\varphi - \omega_2^2 \cos\varphi\right)$

15.- a) $\begin{array}{l}\alpha_2 = 0 \\ \alpha_3 = 2\alpha_1\end{array}$ **b)** $A_x = \dfrac{9M}{34\ell}$ $\quad A_y = -\dfrac{6M}{17\ell\sqrt{3}} + \dfrac{mg}{2}$

$B_x = -\dfrac{15M}{34\ell}$ $\quad B_y = \dfrac{6M}{17\ell\sqrt{3}} + \dfrac{mg}{2}$

16.- a) $\omega^2 = \dfrac{g(1-\cos\theta)}{\ell\left(\dfrac{2}{3}+3\cos^2\theta\right)}$ $\quad \alpha = \dfrac{3\left(2+18\cos\theta - 9\cos^2\theta\right)g\operatorname{sen}\theta}{2\ell\left(2+9\cos^2\theta\right)^2}$

b) $\omega_1 = \dfrac{2\omega\ell\cos\theta}{r}$ $\quad \alpha_1 = \dfrac{2\ell}{r}\left(\alpha\cos\theta - \omega^2\operatorname{sen}\theta\right)$

c) $A_x = -3m\ell\left(\alpha\cos\theta - \omega^2\operatorname{sen}\theta\right)$ $\quad A_y = m\left(g - \alpha\ell\operatorname{sen}\theta - \omega^2\ell\cos\theta\right)$

17.- a) $\alpha_1 = \alpha\dfrac{\sqrt{3}}{2} - \dfrac{\omega^2}{4}$ $\quad \alpha_2 = \alpha + \omega^2\left(\dfrac{3+2\sqrt{3}}{2}\right)$

b) $B_x = -\dfrac{3}{8}m\ell\alpha_2$ **c)** $A_y = m\ell\left(\dfrac{\sqrt{3}}{3}\alpha - \dfrac{5\omega^2}{12}\right) - \dfrac{mg}{2}$

18.- a) $\omega^2 = \dfrac{3g\operatorname{sen}\theta}{(1+12\operatorname{sen}^2\theta)\ell}$ $\quad \alpha = \dfrac{\dfrac{3}{2}g\ell\cos\theta(1-12\operatorname{sen}^2\theta)}{\ell^2(1+12\operatorname{sen}^2\theta)^2}$

b)
$$C_x = 3m\ell(\alpha\,\text{sen}\theta + \omega^2\cos\theta)$$
$$C_y = C_x\,\text{tg}\theta + \frac{mg}{2} + m\omega^2\ell\,\text{sen}\theta + \frac{m\alpha\ell}{\cos\theta}\left[\text{sen}^2\theta - \frac{1}{6}\right]$$

19.- a) $\alpha_1 = 2\omega^2\dfrac{\ell}{r}\,\text{tg}\theta$ ⟩ $\quad\alpha_2 = \dfrac{\omega^2}{\cos\theta}$ ⟩

b) $F = \dfrac{1}{2}m\alpha_1 r$ **c)** $M = \dfrac{4}{3}m\alpha_2\ell^2 - 2m\omega^2\ell^2\,\text{sen}\theta + mg\ell$ ⟩

20.- $\quad\omega_2 = \dfrac{\Omega g R}{h}\quad \vec{a}_r = \left(\Omega^2 R + \omega_2^2 h\right)\vec{j}$

21.-
$$v_{ac} = \omega gr\sqrt{2} \quad \alpha_2 = -\alpha_3 = -2\omega^2$$
$$F = -\sqrt{2}m\left[4\alpha_2 d\,\text{sen}\theta + \frac{r\alpha_3}{3} + \frac{17g}{2}\right]$$
$$C_x = -\left(\frac{I_G}{2r} + 2m\frac{d^2}{r}\right)\alpha_2 + 4m\omega^2 d\cos\theta + F\frac{\sqrt{2}}{4} + \frac{2mgd\,\text{sen}\theta}{r}$$

22.-
$$\vec{a}_{al} = \alpha g\ell\vec{j} \quad \vec{a}_C = (2\omega^2\ell - a)\vec{i} + 2\alpha\ell\vec{j}$$
$$F = \frac{I_D\alpha + 2m(g\ell + gr - ar)}{\ell}\quad M = -(m+m')(gr - 2\alpha\ell r) - m'r^2\left(\omega^2 - \frac{\alpha}{3}\right)$$

23.-
$$\omega_2 = \frac{\omega\,\text{sen}\varphi}{2}\quad \omega_3 = \frac{\omega(R+\ell\cos\varphi)}{3\ell}$$
$$\alpha_2 = \frac{12\omega_3^2\ell + \omega^2\left[(2+\text{sen}\varphi)^2 R - 4(R+\ell\cos\varphi)\right]}{8\ell}\quad \alpha_3 = \frac{\omega^2\,\text{sen}\varphi + 2\omega_2^2}{3}$$
$$M = 3m\ell^2\alpha_3 - \frac{3mg\ell\,\text{sen}\varphi}{2} + 3\ell C_y\,\text{sen}\varphi + 3\ell C_x\cos\varphi$$
$$-(\mu\cos\varphi + \text{sen}\varphi)B - C_x = m\ell\left[(3\omega_3^2 - 2\alpha_2)\,\text{sen}\varphi - \omega^2\,\text{sen}\varphi\cos\varphi\right]$$
$$-(\mu\,\text{sen}\varphi - \cos\varphi)B - mg - C_y = m\ell\left[(2\alpha_2 - 3\omega_3^2)\cos\varphi - \omega^2\,\text{sen}^2\varphi\right]$$
$$B = \frac{16m\ell\alpha_2}{24} + mg(\cos\varphi + \alpha_2\ell - 3\omega_3^2\ell)$$

24.-
$$\omega_2 = \sqrt{\frac{6mg\,\text{sen}\theta - 6k\ell(\cos\theta-1)^2}{11m\ell}}$$

$$T = m\left(g + \omega_2^2\ell\,\text{sen}\theta - \alpha_2\ell\cos\theta + \frac{1}{2}mr\alpha_3\right) \quad N = \frac{m\ell\alpha_2}{3\,\text{sen}\theta} - \frac{T}{\text{tg}\theta} - \frac{1}{2}mr\alpha_1$$

25.-
$$\alpha_2 = \frac{\omega^2 c}{\ell}\left(\frac{c}{2r}-1\right) \quad A_y = -m\left(\frac{g}{2} + \frac{\ell\alpha_2}{3} + \frac{\omega^2 c}{2}\right)$$

$$\alpha_1 = -\frac{\alpha c}{r} \quad B_x = -\frac{m\alpha c}{2} \quad B_y = A_y - m\left(g + \alpha_2\ell + \omega^2 c\right)$$

$$\alpha_3 = \frac{\omega^2 c}{\ell\cos\varphi} \quad H = \frac{m\ell\alpha_3}{3\cos\varphi} - \frac{m\omega^2 c}{2} - \frac{m\,\text{tg}\varphi}{2}(g+\alpha c)$$

26.-
$$N = \frac{mg}{1+3\,\text{sen}^2\theta} \quad \alpha = \frac{3g\,\text{sen}\theta}{\ell(1+3\,\text{sen}^2\theta)}$$

27.-
$$\alpha_1 = \frac{3(F-kr/2)}{mr} \quad \alpha_2 = \frac{9g}{16r}$$

$$T = mr^2\left(\frac{7\omega_3^2}{4} + \frac{8\omega_2^2}{3} + \frac{\omega_1^2}{6}\right) \quad \alpha_2 = \frac{r(3mg - F + kr/2)}{I_D}$$

28.-
$$P_x \quad E \quad \vec{P} = \begin{Bmatrix} -2u + r\dot\theta\cos\theta \\ r\dot\theta\,\text{sen}\theta \\ 0 \end{Bmatrix} \quad \vec{H}_o = \frac{3}{2}mr^2\dot\theta\vec{k}$$

www.ingramcontent.com/pod-product-compliance
Lightning Source LLC
Chambersburg PA
CBHW082324220526
45470CB00008B/2391